采购与供应链管理

主　编　高志刚　朱春浩　郭　锐
副主编　申　菲　于春艳　喻时运　王　攀　严　莎

北京理工大学出版社
BEIJING INSTITUTE OF TECHNOLOGY PRESS

图书在版编目（CIP）数据

采购与供应链管理 / 高志刚，朱春浩，郭锐主编 .
北京：北京理工大学出版社，2024. 7.
ISBN 978 - 7 - 5763 - 4371 - 7

Ⅰ. F25

中国国家版本馆 CIP 数据核字第 2024UV2443 号

责任编辑：陈莉华　　　文案编辑：李海燕
责任校对：周瑞红　　　责任印制：李志强

出版发行 / 北京理工大学出版社有限责任公司
社　　址 / 北京市丰台区四合庄路 6 号
邮　　编 / 100070
电　　话 / (010) 68914026 (教材售后服务热线)
　　　　　(010) 63726648 (课件资源服务热线)
网　　址 / http://www. bitpress. com. cn

版 印 次 / 2024 年 7 月第 1 版第 1 次印刷
印　　刷 / 涿州市新华印刷有限公司
开　　本 / 787 mm × 1092 mm　1/16
印　　张 / 18.75
字　　数 / 352 千字
定　　价 / 92.00 元

前　言

党的二十大报告全文两处提到供应链，可见供应链重要性和安全性被提到新的高度。

中国供应链安全问题越加突出。党的二十大报告第四部分，明确提出：“我们要坚持以推动高质量发展为主题，把实施扩大内需战略同深化供给侧结构性改革有机结合起来，增强国内大循环内生动力和可靠性，提升国际循环质量和水平，加快建设现代化经济体系，着力提高全要素生产率，着力提升产业链供应链韧性和安全水平，着力推进城乡融合和区域协调发展，推动经济实现质的有效提升和量的合理增长。”党的二十大报告第十一部分明确提出：“增强维护国家安全能力，坚定维护国家政权安全、制度安全、意识形态安全，确保粮食、能源资源、重要产业链供应链安全，维护我国公民、法人在海外合法权益，筑牢国家安全人民防线。”

《采购与供应链管理》作为商贸管理类专业核心课程，肩负着党的二十大使命，为国家培养供应链管理人才，为国家的供应链安全做贡献。因此，本教材编写团队进行了精心策划，将理论与实践相结合所形成的课堂教学构架的凝练和提升，把采购与供应链管理领域的优秀实践与相关前沿理论融合贯穿于全书。

本教材分为三个模块：模块一是采购管理（项目一至项目七），内容包括认知采购管理、分析采购需求和供应市场、制订采购计划、选择采购方式、分析与控制采购成本、选择与管理供应商、采购谈判与签订合同；模块二是供应链管理（项目八至项目九），内容包括认知供应链和供应链管理、设计与优化供应链；模块三是采购与供应链操作及案例分析（项目十至项目十一），内容包括动态模拟采购与供应链运作——实施啤酒配送游戏、分析采购与供应链案例。本教材以知识、能力、素质协调发展为指导思想，以培养学生自主学习能力为首要任务，以案例分析贯穿教材始终，以下是其特色及创新之处。

1. 贯通素养园地，注重核心素养培养

培养“为党守初心，为国担使命”且具备采购综合素质的人才，即具备塑造诚信采购的道德品质、坚韧采购的心理素质、敬业采购的职业精神、和谐采购的团队协作和沟通能力。培养服务祖国一带一路交通建设的国际化视野和创新意识，以阳光采购提升企业信誉，以绿色采购塑造企业可持续竞争力。

2. 校企双元共同开发教材，本教材邀请武汉船舶职业技术学院紧密型合作企业——苏宁易购集团股份有限公司参与合作开发教材。苏宁易购湖北分公司人力资源总监喻时运参与教材编写，为教材提供了很多企业真实案例和资料，突出校企双主体育人，将课程育人、采购业务、作业管理三线并行。

3. 紧密结合“1+X”证书

通过本课程的学习，可以帮助获取相关职业证书：采购员、采购师、供应链管理师、物流服务师、连锁经营管理师等。课程以教育部最新颁布的连锁经营与管理专业教学标准、连锁经营管理师国家职业技能标准、物流管理职业技能等级证书（中级）标准等为依据，直接对接“1+X”证书。

4. 信息化加持，让学习更方便

本教材每个项目嵌入 2~3 个二维码链接，学生可以直接扫描观看学习视频，学习方便更快捷，学习兴趣更浓。

5. 实践可操作性强，有利于教学方法改革，理论性强，在借鉴国内外相关书籍已有的成果基础上，注重导入案例与教学内容的贴合性，确保案例与教学内容的匹配。另外，本教材借鉴了“啤酒游戏”精髓，开发了适合我们学生的动态模拟采购与供应链运作——啤酒配送游戏，融合了其他专业课程内容，从而有利于培养学生的动手能力、独立解决问题的能力，使学生的知识能够转化成技能，从而适应经济与社会发展需要。

6. 内容简洁，体系新颖，结构合理。把采购与供应链管理分成三个模块编写，有利于对采购和供应链管理进行理解并把握。教材以企业真实的采购业务为主线构建教材体系，在结构体系与内容的安排上体现了由简单到复杂、由易到难的渐进过程，在形式与结构方面力求体现创新，注重内容的完整性和系统性，突出本课程核心理论和方法。

本教材由武汉船舶职业技术学院高志刚、朱春浩、郭锐担任主编，苏宁易购集团股份有限公司湖北分公司人力资源总监喻时运提供了大量企业真实案例和资料，崇文书局有限公司申菲、武汉船院于春艳、王攀、严莎老师参与了编写工作。高志刚编写项目一～项目七；朱春浩编写项目八；郭锐编写项目九～项目十一；于春艳负责主审。

北京理工大学出版社对本课程的开发和教材编写工作给予了大力支持，在编写过程中还借鉴和吸收了国内外专家和学者的大量研究成果，在此一并表示感谢。

我们虽然力求做到教材编写的及时性、准确性，但因水平有限，书中如有不妥之处，敬请读者和学界同仁不吝指教。

编　者

目　录

模块一　采购管理

模块二　供应链管理

模块三　采购与供应链操作及案例分析

模块一

采购管理

课堂笔记

项目一 认知采购管理

项目概述

企业为了不断形成自己的产品和服务，除了企业本身已有的人力、物力资源外，还需要不断地从市场中获取各种资源，特别是各种原材料、设备、工具等，这就需要采购，或者叫物资供应。而这方面的工作就是由采购管理来承担的。因此，可以把企业的基本职能分解成物资采购、物资生产和物资销售三大部分。物资采购职能占整个企业基本职能的1/3。在现代生产方式中，只有有了市场需要，再根据市场需要来设计产品或服务，才能计划生产。生产确定以后，才能根据生产的需要来设计策划物资采购。

采购职能是各个企业所共有的职能，也是企业经营的起始环节，同样也为企业创造价值。随着企业规模的不断扩大及精细管理系统的广泛应用，采购职能日益突出，它不仅是保证生产正常运转的必要条件，而且也为企业降低成本、增加盈利创造条件。

案例导入

采购成本“利润杠杆效应”

从事物资采购的人员都知道，采购行业存在的一条“铁律”，那就是批量越大，砝码越重，资源获取能力、市场议价能力和风险控制能力就越强。某石化物装中心在采购氯碱厂510片离子膜时就充分运用了这一“铁律”——将510片离子膜和其

课堂笔记

主设备 10 台电解槽进行捆绑打包采购，取得了意想不到的降本效果。

某石化氯碱厂烧碱装置二号离子膜共有 10 台电解槽，每台电解槽由 166 片单元槽组成，每片单元槽有一片进口离子膜，离子膜是电解槽的核心部分。某石化物装中心在接到氯碱厂要采购 510 片进口离子膜的需求计划后，马上会同客户进行了细致的技术交流，综合考虑性能价格比和采购风险，最终放弃了报价低但交货风险较大的日本某公司，与报价虽高但交货风险低的美国某公司展开洽谈。通过测算，10 台电解槽和 510 片离子膜捆绑采购预计采购金额超过两亿元。采购量越大，采购方的议价话语权越强。于是采购方通过将两项物资捆绑在一起招标，要求供应商对包内物资分项报价及列出交货周期，通过这种方式将离子膜的真实价格显现出来。最终每件离子膜价格与上年比直降低了 5 791 元，合同额与上一年比降低了 295 万元；即使与日本某公司报价相比，也节约了 141 万元。

由上述案例中我们可以看出，采购成本是企业经营成本中最大的一部分，一般在 40% ~ 70%。企业采取灵活多样的采购策略可以降低采购成本，获得较大的效益。有研究表明，降低采购成本 1% ，对企业利润增长的贡献平均为 10% 以上。因此，控制采购成本对企业来说意义重大。

企业在采购过程中，要认真分析采购行为特点，制定具体的采购制度，切实做好采购成本控制工作。只有这样才能让采购成本控制更具有实效性，也更能满足企业的实际需求。企业要想做好采购成本控制工作，就要从以下几个方面来提高采购效率，降低采购成本。

思考

结合案例思考：采购管理的重要性。

任务一　认知采购、采购管理

学习目标

◇知识目标

理解采购和采购管理的概念。

熟悉采购相关概念及其各概念之间的联系和区别。

了解采购的种类。

◇能力目标

掌握采购的基本原则。

掌握采购管理的主要内容。

课堂笔记

◇素养目标

培养学生的价值交换意识。

知识储备

一、采购概述

（一）采购的相关概念

1. 基本概念

（1）狭义的采购是指买东西，也是企业根据需求提出采购计划，审核计划，选择供应商，经过商务谈判确定价格、交货及相关条件，最终签订合同并按要求收货付款的过程。这种以货币换取物品的方式，是最普通的采购途径，无论个人还是企业机构，为了满足消费或者生产的需求都是以购买的方式来进行。因此，在狭义的采购之下，买方一定要先具备支付能力，才能换取他人的物品来满足自己的需求。

（2）广义的采购是指除了以购买的方式占有物品之外，还可以采用各种途径来取得物品的使用权，以达到满足需求的目的。广义的采购主要通过租赁、借贷和交换等途径来完成。

（3）可以从以下几个方面来全面理解采购的概念。

①采购是从资源市场获取资源的过程。采购对于生产或生活的意义，在于它能提供生产或生活所需要但自己缺乏的资源。这些资源，既包括生活资料，也包括生产资料；既包括物资资源（如原材料、设备、工具等），也包括非物资资源（如信息、软件、技术、文化用品等）。资源市场由能够提供这些资源的供应商组成，从资源市场获取这些资源都是通过采购的方式来进行。采购的基本功能是帮助人们从资源市场获取他们所需要的各种资源。

②采购是商流过程和物流过程的统一。采购的基本作用是将资源从资源市场的供应者转移到用户的过程。在这个过程中，一是要实现将资源的所有权从供应者转移到用户，二是要实现将资源的物质实体从供应者转移到用户。前者是一个商流过程，主要通过商品交易、等价交换来实现商品所有权的转移；后者是一个物流过程，主要通过运输、储存、包装、装卸、流通加工等手段来实现商品空间位置和时间位置的转移来使商品实实在在地到达用户手中。采购过程实际上是这两个方面的完整结合，缺一不可；只有这两个方面都完全实现了，采购过程才算完成了。因此，采购过程实际上是商流过程与物流过程的统一。

③采购是一种经济活动。采购是企业经济活动的主要组成部分。所谓经济活动，就是要遵循经济规律，追求经济效益。在整个采购活动过程中，一方面，获取了资源，保证了企业正常生产的顺利进行，这是采购的效益；另一方面，在采购过程中也会发生各种费用，这就是采购成本。若想追求采购经济效益的最大化，就要不断降低采购

采购与供应的两个观点

课堂笔记

成本，以最少的成本去获取最大的效益，而要做到这一点，科学采购是个必备因素。科学采购是实现企业经济利益最大化的基本利润源泉。

2. 相关概念

（1）订购、购置和购买：采购与订购、购置和购买的概念是不同的。订购是采购过程的一部分，它是指依照事先约定的条件向供应商发出采购订单；另外，它还被用在并没有询问供应商的条件下直接发出采购订单的情况，比如电话订购，因为电话订购的产品已经列在供应商的产品目录中。实际上，订购与采购过程的最后几道程序有关。购置是意义稍微广泛一点的术语，它包括从供应商处获取的产品送至最终目的地所经历的所有活动，主要用于对固定资产的采购。采购比购买的含义更广泛、更复杂，购买主要指狭义的采购。

（2）供应：在欧美，供应包括采购、存储和接收在内的更广泛的含义；在我国，供应一词的基本含义是指供应商提供产品或服务的过程，它偏重于物流活动，而采购更偏重于商流活动。

（3）开发原料来源：在物流领域里越来越流行的一个术语是开发原料来源。它包括寻找供应源，保证供应的连续性，确保供应的替代源，搜集可获得资源的知识等活动，这些活动中的多数与采购过程中的寻找和选择供应商有关。

二、采购类型

（一）按采购商品的品种性质分类

按采购商品的品种性质可将采购分为常规品采购、紧缺品采购、生鲜品采购和时令品采购等多种采购。

（1）常规品采购：常规品的共同特点是供大于求，根据品种重要性的不同又可以分成重要品采购和非重要品采购。

（2）紧缺品采购：紧缺品的共同特点是求大于供。

（3）生鲜品采购：生鲜商品也可称为易腐商品，属不易保存的商品。

（4）时令品采购：时令品即季节性物品。

（二）按采购主体分类

按采购主体的不同进行分类，可将采购分为私人采购、团体采购、企业采购和政府采购。

（1）私人采购：私人采购是以满足家庭或个人的需要而进行的采购。

（2）团体采购：团体采购，通常是指某些团体通过大批量地向供应商订购，以低于市场价格获得产品或服务的采购行为。

（3）企业采购：企业采购是指企业供应部门通过各种渠道，从外部购买生产经营所需物品的有组织的活动。

（4）政府采购：政府采购又称统一采购或公共采购，是指各级政府及其所属实体为了开展日常的政务活动和为公众提供社会公共产品或公共服务的需要，在财政的监督下，以法定的方式、方法和程序（按国际规范一般应以竞争性招标采购为主要方式），从国内外市场上为政府部门或所属公共部门购买所需货物、工程和服务的行为。

（三）按采购技术分类

按采购技术可将采购分为传统采购和现代采购。

（1）传统采购：传统采购模式是一般每个月末，企业各个单位（部门）报下个月的采购申请计划到采购部门，然后采购部门把各个单位（部门）的采购申请计划汇总，形成一个统一的采购计划，根据这个采购计划，分别派人出差到各个供应商处去订货，然后策划组织运输，将所采购的物资运输回来并验收入库，存放于企业的仓库中，以满足下个月的物资需要。这种采购以各个单位的采购申请计划为依据，以填充库存为目的，管理较简单、粗略，市场反应不灵敏、库存量大、资金积压多、库存风险大。

（2）现代采购：现代采购技术主要有定量订货法采购、定期订货法采购、MRP采购、JIT 采购、供应链采购和电子商务采购等。

①定量订货法采购：定量订货法采购是预先确定一个订货点和一个订货批量，再随时检查库存，当库存下降到订货点时，发出订货。订货批量的大小每次都相同，都等于规定的订货批量。

②定期订货法采购：定期订货法采购是预先确定一个订货周期和一个最高库存水准，再以确定的订货周期，周期性地检查库存，发出订货。每次的订货量等于规定的最高库存水准与检查库存时实际库存量的差额。

③ MRP 采购：MRP(Material Requirement Planning)采购，即物料需求计划采购，主要应用于生产企业。它是由企业采购人员采用 MRP 应用软件，制订采购计划来进行采购。MRP 采购的原理是根据主生产计划（MPS）、产品结构清单（BOM）以及产品及其零部件的库存量，逐步计算求出产品的各个零部件、原材料应该投产的时间、投产数量，或订货时间、订货数量，即制订出所有零部件、原材料的生产计划和采购计划，再按照这个采购计划进行采购。

④ JIT 采购：JIT（Just In Time）采购，也叫准时化采购，是一种完全以满足需求为依据的采购方法。采购方根据需要对供应商下达订货指令，供应商在指定的时间，将指定的商品按规定的品种、数量送到指定的地点。

⑤供应链采购：供应链采购是一种供应链机制下的采购模式。

⑥电子商务采购：电子商务采购是一种在电子商务环境下的采购模式。它的基本原理是：由采购人员通过网络，在网上寻找供应商和所需品种，在网上洽谈贸易、订货甚至支付货款，而在网下送货、进货，从而完成全部的采购活动。

（四）按采购职能的范围和目标分类

按采购职能的范围和目标可将采购分为商业领域采购、公共领域采购和制造

课堂笔记

业采购。

（1）商业领域采购：商业领域采购是为了转售而进行的采购和储存货物。

（2）公共领域采购：公共领域采购包括中央和地方政府以及其他公共服务部门，为了向公众提供公共服务而进行的采购。

（3）制造业采购：制造业采购是为了制造、加工货物或材料而进行的采购。

三、采购的地位、作用和原则

在传统思维里，采购就是拿钱买东西，目的就是以最少的钱买到最好的商品。但是，随着市场经济的发展、技术的进步和竞争的日益激烈，采购已由单纯的商品买卖发展成为一种职能，一种可以为企业节省成本、增加利润、获取服务的资源。总体而言，采购已由战术地位提高到战略地位。

采购与供应的重要性

（一）采购的地位

采购已经成为企业经营的一个核心环节，是获取利润的重要资源，它在企业的产品开发、质量保证、整体供应链及经营管理中起着极其重要的作用。走出传统的采购认识误区，正确确定采购的地位，是当今每个企业在全球化、信息化市场经济竞争中赖以生存的一个基本保障，更是现代企业谋求发展壮大的一个必然要求。采购在企业中具有举足轻重的地位。采购曾经一度被认为是一种注重文书交易的行政职能，采购的重点是降低成本。近年来，企业才开始意识到采购活动本质上是具有战略意义的作用。

1. 采购的价值地位

采购成本是企业成本管理中的主体，采购是企业管理中“最有价值”的部分。在全球范围内的工业企业的产品成本构成中，采购的原材料及零部件成本占企业总成本的比例随行业的不同而不同，大体在 30%～90%，平均在 60%以上。从世界范围来说，一个典型的企业，一般采购成本（包括原材料、零部件）要占 60%、工资和福利占 20%、管理费用占 15%、利润占 5%。而在现实中，许多企业在控制成本时将大量的时间和精力放在不到总成本 40%的企业管理费用及工资和福利上，而忽视其主体部分——采购成本，其结果往往是事倍功半，收效甚微。

2. 采购的供应地位

采购从供应的角度来说，是整体供应链管理中“上游控制”的主导力量。在工业企业中，利润是同制造及供应过程中的物流和信息流流动速度成正比的。在商品生产和交换的整体供应链中，每个企业既是顾客，又是供应商。为了满足最终顾客的需求，企业都力求以最低的成本将高质量产品以最快的速度供应到市场上，以获取最大利润。从整体供应链的角度来看，企业为了获得尽可能多的利润，都会想方设法加快物料和信息的流动，这样就必须依靠采购的力量，充分发挥供应商的作用，因为占成本 60%的物料及相关的信息都与供应商息息相关。供应商提高其供应可靠性和灵活性、缩短交货周期、增加送货频率，这可以极大地改进工业企业的管理水平，如缩短生产总周期、提高生产效率、减少库存、增强对市场需求的应变力等。

此外，随着经济一体化及信息全球化的发展，市场竞争日益激烈，顾客需求的提升驱使企业按库存生产，而竞争的要求又迫使企业趋向于争取按订单设计生产环境。企业要解决这一矛盾只有将供应商纳入到自身的生产经营过程中，将采购及供应商的活动看成是自身供应链的一个有机组成，才能加快物料及信息在整体供应链中的流动，从而可将顾客所希望的库存成品向前推移为半成品，进而推移为原材料，这样既可减少整个供应链的物料及资金负担（降低成本、加快资金周转等），又可及时将原材料、半成品转换成最终产品以满足客户的需要。在整体供应链管理中，"即时生产"是缩短生产周期、降低成本和库存，同时又能以最快的交货速度满足顾客需求的有效做法，而供应商的"即时供应"则是开展"即时生产"的主要内容。

3. 采购的质量地位

质量是产品的生命。采购物料不只是价格问题（而且大部分不是价格因素），更多的是需考虑质量水平、质量保证能力、售后服务、产品服务水平、综合实力等。有些东西虽买得很便宜，但经常需要维修、经常不能正常工作，这大大增加了使用的总成本；如果买的是假冒伪劣商品，就会蒙受更大的损失。一般企业都根据质量控制的时序将其划分为采购品质量控制（Incoming Quality Control，IQC）、过程质量控制及产品质量控制。

由于产品中价值的 60% 是经采购由供应商提供，毫无疑问，产品的"生命"由采购品质量控制得到保证，也就是说企业产品"质量"不仅要在企业内部限制，更多地应控制在供应商的质量过程中，这也是"上游质量控制"的体现。供应商上游质量控制得好，不仅可以为下游质量控制打好基础，同时可以降低质量成本，减少企业来货检验费（降低 IQC 检验频次，甚至免检）等。经验表明，一个企业要是能将 1/4 到 1/3 的质量管理精力花在供应商的质量管理上，那么企业自身的质量（过程质量及产品质量）水平起码可以提高 50%以上。可见，通过采购将质量管理延伸到供应商，是提高企业自身质量水平的基本保证。

采购能对质量成本的削减做出贡献。当供应商交付产品时，许多公司会做进料检查和质量检查。采购任务的一部分是使企业的质量成本最小化，所采购货物的来料检查和质量检查成本的减少，可以通过选择那些将生产置于完善的控制之下并拥有健全的质量组织的供应商来实现。然而，通常这还不够，因为许多公司的经验表明，造成质量不佳的大多数原因是与企业缺少内部程序和组织有关。

采购不但能够减少所采购的物资或服务的价格，而且能够通过多种方式增加企业的价值，这些方式主要有支持企业的战略、改善库存管理、稳步推进与主要供应商的关系、密切了解供应市场的趋势。因此，加强采购管理对企业提升核心竞争力

课堂笔记

也具有十分重要的意义。

（二）采购的作用

1. 直接作用

采购在以下几个方面对经营的成功具有重大贡献。

（1）采购可以通过实际成本的节约显著提高销售边际利润。在采购上每节约 1 美元就是为公司营业利润增加 1 美元。

（2）通过与供应商一起对质量和物流进行更好的安排，采购能为更高的资本周转率做出贡献。

（3）通过适当的调整修饰，供应商能够对公司的改革过程做出重大贡献。

（4）提供信息源的作用。采购部门与市场的接触可以为企业内部各部门提供有用的信息。这主要包括价格、产品的可用性、新供应源、新产品及新技术的信息，这些信息对企业中其他部门都非常有用。供应商所采用的新营销技术和配送体系很可能对营销部门大有好处；而关于投资、合并、兼并对象及当前和潜在的顾客等方面的信息，对营销、财务、研发和高层管理都有一定的意义。

2. 间接作用

除了直接降低采购价格，采购职能也能够以一种间接的方式对公司竞争地位的提高做出贡献，这种间接贡献以产品品种的标准化、质量成本（与检查、报废、修理有关的成本）的降低和产品交货时间的缩短等形式出现。在实践中，这些间接贡献通常比直接节省的资金更加实在。

（1）产品标准化。采购可以通过争取减少产品种类，降低成本价格，这可以通过具体的标准产品的标准化（而非供应商品牌）和（或）标准供应商得以实现，这可以降低对某些供应商的依赖性，更好地使用竞标的方法，并减少库存物品。

（2）减少库存。西方对管理的解释中，库存被看成是对计划的保证，这是由难以预测输出物流而引起的（销售预测很难给出，或者不做销售预测）。另外，也应归咎于交付所采购原料的无规律。计划问题经常借助库存来解决，通过向供应商不断地施加要求并且予以执行，做出仔细的交货安排或与供应商之间的专门库存协议（如委托库存协议），采购可以对库存占用资本的减少做出重要贡献。

（3）递增的柔性。迫于国际竞争的压力，越来越多的公司正尝试实施柔性制造系统，这些系统适合于提高公司的市场反应。其他一些方法也为生产中质量提高、库存最小化和更高周转率的实现做出了贡献。

这种系统的实施（即通称的制造资源计划、看板管理和准时计划）要求供应商具有良好的素质，采购必须把这些要求施加于仔细选择的供应商身上。把提高供应商的表现也作为目标的采购方针将一定会对公司在其最终用户市场的竞争力上带来好处。

（4）对产品设计和革新的贡献。随着科技进步，产品的开发周期在极大地缩短，产品开发同步工程应运而生。以汽车为例，20 世纪 50 年代其开发周期约为 20 年，

20 世纪 70 年代缩短到 10 年，20 世纪 80 年代缩短到 5 年，20 世纪 90 年代则进一步缩短到 3 年左右。企业能够做到如此，是与供应商早期参与开发分不开的。通过采购让供应商参与到企业产品开发中，不仅可以利用供应商的专业技术优势缩短产品开发时间、节省产品开发费用及产品制造成本，还可以更好地满足产品功能性的需要，提高产品在整个市场上的竞争力。冯•锡培尔指出，成功的工业革新常常是从供应商和买方的相互深入作用中得出的，积极地寻求这种相互作用是采购的任务。通过这种方式，采购能够对产品的持续革新和改进做出积极贡献，这将导致公司在其最终用户市场取得更为强大的竞争地位。其他的著作也表明，就革新流程而言，采购职能和供应商可以起到启动作用。

（5）鼓励采购协作。过去这些年，许多公司都采用了一种事业部结构，事业部有着相当大的自主权。在这样一种结构中，每一位事业部经理都需要报告其全权负责部门的损益情况。因此，事业部经理要对收入和成本，包括原料成本负责。在这种情况下，作为一个集体的公司能够在一个较小的供应基础上，在一般原料需求的协调采购中获得较大的好处。

3. 在业务改善中的潜在作用

调查得出的结论显示，采购部门在采购流程的初始阶段的参与程度是相当低的。采购部门的作用在请求报价时变得更加重要；然而，这些报价被评估以后，采购部门的参与程度又逐渐减少；但在采购流程的最后阶段，也就是采购合同已经拟订后和订单等待发出时，采购部门的参与程度达到最高。显然，发票的核对通常是由采购部门和会计部门共同负责。

采购主要涉及采购流程的运营活动，这就解释了多数采购部门的行政取向。当这种情况应用于某一公司时，会包含一定的风险。首先，行政工作有可能会妨碍买方花费更加充裕的时间对其战术和更加战略的任务进行充分研究；其次，行政取向可能妨碍以一种更具战略性的眼光来看待采购和供应管理的发展。这两点是许多组织中的采购和供应管理扮演了具有巨大改善潜力的业务领域的根本原因。

采购管理在企业管理中占有至关重要的地位，采购环节是整个经营中关键的一环。因此，做好采购工作和采购管理，是企业在激烈的市场竞争中发展的基本条件。

四、采购管理概述

（一）采购管理的概念

在实际工作中，有许多人对采购管理工作认识不清，把采购管理工作与采购工作等同起来。如果不能认清什么是采购管理，就不可能很清楚地认清采购管理工作的内容、职能和意义，也就不能认清采购管理在企业中的地位和作用，也就不可能做好企业采购管理工作。

所谓采购管理，是指为保障企业物资供应而对企业采购活动进行的管理活动。

课堂笔记

采购管理是对整个采购活动进行计划、组织、指挥、协调和控制的活动。采购管理是管理活动，不仅面向全体采购人员，也面向组织内其他人员，一般由企业的采购科（部、处）长、供应科（部、处）长或企业副总（以下统称为采购科长）来承担其保证整个企业物资供应的使命，其权力是可以调动整个企业的资源。采购与采购管理虽然有联系，但也有根本性区别，主要区别如下：

采购是一种作业活动，是为完成指定的采购任务而进行具体操作的活动，一般是由采购员承担。

而采购管理是管理活动，是面向整个企业的，不但面向企业全体采购员，而且也面向企业组织其他人员（进行有关采购的协调配合工作），一般由企业的采购科（部、处）长、供应科（部、处）长、企业副总来承担。采购与采购管理的区别如表 1-1 所示。

表 1-1　采购与采购管理的区别

项目	活动	对象	执行者
采购	采购	采购任务	采购员
采购管理	管理	整个企业	采购科

（二）采购管理的职能

1. 保障供应

采购管理的首要职能，是要实现对整个企业的物资供应，保证企业生产和生活的正常进行。企业生产需要原材料、零配件、机器设备和工具，生产线一旦开动，这些东西必须样样到位，缺少哪一样，生产线就会受阻。

2. 供应链管理

传统的采购管理观念，一般把保障供应看成是采购管理唯一的职能。但是随着社会的发展，特别在 20 世纪 90 年代供应链的思想出现以后，人们对采购管理的职能有了进一步的认识，即认为采购管理应当还有第二个重要职能，那就是供应链管理，尤其是上游供应链的管理。

3. 资源市场信息管理

采购管理的第三个职能是资源市场的信息管理。在企业中，只有采购管理部门天天和资源市场打交道，除了是企业和资源市场的物资输入窗口之外，同时也是企业和资源市场的信息接口。所以采购管理除了保障物资供应、建立起友好的供应商关系之外，还要随时掌握资源市场信息，并反馈到企业管理层，为企业的经营决策提供及时且有力的支持。

（三）采购管理的目标

1. 保障供应

采购管理需根据企业的总体经营目标，安排好各项采购活动，保证把所需要的

课堂笔记

物资按时采购进来，及时地供应到生产、生活的需求者手中，保证不缺货，保障生产和生活的顺利进行。这是采购管理的基本目标。

2. 保证质量

保证质量，即保证采购的货物能够达到企业生产所需要的质量标准，保证企业用之生产出来的产品个个都是质量合格的产品。

3. 节约采购成本

采购过程决定着产品成本的主体部分，涉及许多费用。一辆汽车如果生产成本为5万元，则其生成过程的生产费用大约只有1万元（占20%左右），其余约4万元（占80%左右）都是由采购过程造成的，包括原材料成本、采购费用、进货费用、库存费用、资金占用费用等。因此采购管理的好坏，一个重要的指标是看它是否把产品成本降到最低。采购管理的一个重要目标就是降低成本。

五、采购管理的内容与过程

（一）采购管理组织

采购管理组织，是采购管理最基本的组成部分，为了搞好企业复杂繁多的采购管理工作，需要有一个合理的管理机制、一个精悍的管理组织机构、一些能干的管理人员和操作人员。

（二）需求分析

需求分析，是要弄清楚企业需要采购什么品种、需要采购多少、什么时候需要什么品种、需要多少等问题。作为全企业的物资采购供应部门，应当掌握全企业的物资需求情况，制订物料需求计划，从而为制订出科学合理的采购订货计划做准备。

（三）资源市场分析

资源市场分析，是根据企业所需求的物资品种，分析资源市场的情况，包括资源分布情况、供应商情况、品种质量、价格情况、交通运输情况等。资源市场分析的重点是供应商分析和品种分析。分析的目的，是为制订采购订货计划做准备。

（四）制订采购订货计划

制订采购订货计划，是根据需求品种情况和供应商的情况，制订出切实可行的采购订货计划，包括选定供应商、供应品种、具体的订货策略、运输进货策略以及具体的实施进度计划等。解决什么时候订货、订购什么、订多少、向谁订、怎样订、怎样进货、怎样支付等这样一些具体的计划问题，为整个采购订货规划一个蓝图。

（五）采购计划实施

采购计划实施，是把上面制订的采购订货计划分配落实到人，根据既定的进度进行实施。具体包括联系指定的供应商、进行贸易谈判、签订订货合同、运输进货、到货验收入库、支付货款以及善后处理等。有了这样的具体活动，就完成了一次完整的采购活动。

（六）采购评估与分析

采购评估，是在采购完成以后对这次采购的评估，或月末、季末、年末对一定时期内的采购活动的总结评估。采购评估主要在于评估采购活动的效果、总结经验教训、找出问题、提出改进方法等。通过总结评估，可以肯定得到的成效、发现问题、制定措施、改进工作，不断提高采购管理水平。

（七）采购监控

采购监控，是指对采购活动进行的监控活动，包括对采购有关人员、采购资金、采购事物活动的监控。

（八）采购基础工作

采购基础工作，是指为建立科学、有效的采购系统，需要进行的一些基础建设工作，包括管理基础工作、软件基础工作、硬件基础工作。

六、采购管理的重要性

企业的基本职能是为社会提供产品和服务。这个基本职能可以分解成物资销售、物资生产和物资采购三个子职能。这三个子职能中，按重要性排序，物资销售第一。在市场经济中，没有销售，就没有市场，没有市场则一切都免谈。只有有了市场需要，再根据市场需要来设计产品或服务，才能进行物资生产。物资生产确定以后，才能根据物资生产的需要来设计策划物资采购。

采购管理的作用及不同阶段

物资采购的重要性虽然排在末位，但并不意味着它不重要。其重要性表现在以下几个方面：

第一，物资采购为企业保障供应、维持正常生产、降低缺货风险创造条件。很显然，物资供应是物资生产的前提条件，生产所需要的原材料、设备和工具都要由物资采购来提供。没有采购就没有生产条件，没有物资供应就不可能进行生产。

第二，物资采购供应的物资的质量好坏直接决定了本企业生产的产品质量的好坏。能否生产出合格的产品，取决于物资采购所提供的原材料以及设备工具的质量的好坏。

第三，物资采购的成本构成了物资生产成本的主体部分，其中包括采购费用、进货费用、仓储费用、流动资金占用费用以及管理费用等。物资采购的成本太高，将会大大降低企业生产的经济效益，甚至亏损，致使物资生产成为没有意义的事情。

第四，物资采购是企业和资源市场的关系接口，是企业外部供应链的操作点。只有通过物资采购部门人员与供应商的接触和业务交流，才能把企业与供应商联结起来，形成一种相互支持、相互配合的关系。在条件成熟以后，可以组织成一种供应链关系，那样就会使企业在管理方面、效益方面都登上一个崭新的台阶。

第五，物资采购是企业与市场的信息接口。物资采购人员直接和资源市场打交

课堂笔记

道。资源市场和销售市场是交融混杂在一起的，都处在大市场之中。所以，物资采购人员比较容易获得市场信息，可以为企业及时提供各种各样的市场信息，供企业进行管理决策。

第六，物资采购是企业科学管理的开端。企业物资供应是直接和生产相联系的。物资供应模式往往会在很大程度上影响生产模式。例如，实行准时采购制度，则企业的生产方式就会改成看板方式，企业的生产流程、搬运方式也都要做很大的变革；如果要实行供应链采购，则需要实行供应商掌握库存、多频次小批量补充货物的方式，这也将大大改变企业的生产方式和搬运方式。所以，物资采购部门每提供一种科学的物资采购供应模式，必然会要求生产方式、物料搬运方式都做相应的变动，共同构成一种科学管理模式。可见，这种科学管理模式是以物资采购供应作为开端而运作起来的。

技能训练

一、任务的提出

某公司销售收入是 1 000 万元，税前利润率 5%，采购成本为销售收入的 50%，人工成本 200 万，固定成本及管理成本 250 万。

二、任务的实施与要求

如果要使公司税前利润翻番增加到 100 万，请问：

（1）企业销售量增加百分之多少？

（2）产品价格需要提高百分之多少？

（3）人工成本需要降低百分之多少？

（4）固定和管理成本需要降低百分之多少？

（5）采购成本需要降低百分之多少？

（6）分析采购成本控制在企业管理中的重要作用。

任务二　认知采购业务流程

学习目标

◇知识目标

掌握采购作业的基本流程。

理解订单的跟踪和跟催的含义。

课堂笔记

掌握采购验证环节常用的方法。

◇能力目标

能够根据采购基本流程进行采购作业。

◇素养目标

培养学生标准化意识。

知识储备

一、采购业务的基本程序

采购的基本程序会因为采购品来源、采购方式以及采购对象等不同，而在作业细节上有若干差异，但对于基本的程序每个企业则大同小异。

采购作业流程通常是指有制造需求的厂家选择和购买生产所需要的各种原材料、零部件等物料的全过程。在这个过程中作为制造业的购买方，首先，要寻找相应的供应商，调查其产品在数量、质量、价格、信誉等方面是否满足购买要求；其次，在选定了供应商之后，要以订单方式传递详细的购买计划和需求信息给供应商并商定结款方式，以便供应商能够准确地按照客户的性能指标进行生产和供货；最后，要定期对采购物料的管理工作进行评价，寻求提高效率的采购流程创新模式。所以，采购作业流程体系是涵盖从采购计划的制订、供应商的认证、合同签订与执行，到供应商管理的全部过程。结合国内外研究理论和实践，以下是采购的基本程序。

（一）提出需求

任何采购都产生于企业中某个部门的确切需求。负责具体业务活动的人应该清楚地知道本部门独特的需求：需要什么、需要多少、何时需要。这样，采购部门就会收到这个部门发出的物料需求单。当然，这类需求也可以由其他部门的富余物料来加以满足。但是，或早或晚公司必然要进行新的物料采购。有些采购申请来自生产或使用部门，有些采购申请来自销售或广告部门，对于各种各样办公设备的采购要求则由办公室的负责人或公司主管提出。通常，不同的采购部门会使用不同的请购单。

采购部门还应协助使用部门预测物料需求。采购部经理不仅应要求需求部门在填写请购单时尽可能采用标准化的格式及少发特殊订单，而且应督促尽早地预测需求以免出现太多的紧急订单。有时未及时了解价格变化和整个市场状况，为了避免供应终端的价格上涨，采购部门必须要发出一些期货订单。采购部门和供应商早期参与合作会带来更多信息，从而可以避免或削减成本，加速产品推向市场的进度并能带来更大的竞争优势。

（二）描述需求

采购部门如果不了解使用部门到底需要些什么，就不可能进行采购。出于这个目的，就必然要对需要采购的商品或服务有一个准确的描述。准确地描述所需要的商品或服务是采购部门和使用部门，或跨职能采购团体的共同责任。如果通过某种调整，公司可能获得更多的满足，那么采购部门就应该对现存的规格提出质疑。由于未来的市场情况起着很重要的作用，因此采购部门和提出具体需求的部门在确定需求的早期阶段进行交流就具有重要的意义；否则，轻则由于需求描述不够准确而浪费时间，重则会产生严重的财务后果并导致供应的中断及公司内部关系的恶化。

由于在具体的规格要求交给供应商之前，采购部门是能见到它的最后一个部门，因此需要对规格进行最后一次检查。如果采购部门的人员对申请采购的产品或服务不熟悉，这种检查就不可能产生实效。任何关于采购事项描述的准确性方面的问题都应该请采购者或采购团队进行咨询，采购部门不能想当然地处理。

采购的成功始于采购要求的确定，应制定适当的办法来保证明确对供应品的要求，更重要的是让供应商完全理解。这些办法通常包括：

（1）制定规范、图纸和采购订单的书面程序。

（2）发出采购订单前的公司与供应商的协议。

（3）其他与所采购物品相适应的方法。

（4）在采购文件中包含清晰地描述所订购产品或服务的数据，如产品的精确辨认和等级、检查规程、应用的质量标准等。

（5）所有检验方法和技术要求应指明相应的国家和国际标准。在很多企业中，物料单是描述需求最常用的单据。

（三）选择可能的供应来源，评价供应商

供应商是企业外部影响企业生产运作系统运行的最直接因素，也是保证企业产品的质量、价格、交货期和服务的关键因素。因此，在原有供应商中要选择成绩良好的厂商，并对其进行评价。

（四）确定适宜的价格

确定了可能的供应商后，就要进行价格谈判，确定适宜的价格。

（五）发出采购订单

对报价进行分析并选择好供应商后，就要发出订单。

（六）订单的跟踪、跟催和稽核

采购订单发给供应商之后，采购部门应对订单进行跟踪和催货，并进行稽核。企业在采购订单发出时，同时会确定相应的跟踪接触日期。一些企业甚至会设有一些专职的跟踪和催货人员。

跟踪是对订单所做的例行跟踪，以便确保供应商能够履行其货物发运的承诺。如果产生了问题，如质量或发运方面的问题，采购方就需要对此尽早了解，以便及时采取相应的行动。跟踪需要经常询问供应商的进度，有时甚至有必要到供应商厂家去走访。不过这一措施一般仅用于关键的、大额的和提前期较早的采购事项。通常，

课堂笔记

为了及时获得信息并知道结果，跟踪是通过电话进行的，现在一些公司也使用由计算机生成的简单表格，以查询有关发运日期和在某一时点采购计划完成的百分比。

催货是对供应商施加压力，以便按期履行最初所做出的发运承诺、提前发运货物或加快已经延误的订单所涉及的货物发运。如果供应商不能履行发运的承诺，采购部门就会以此取消订单或进行罚款。催货应该只是用于采购订单中一小部分，因为如果采购部门对供应商能力已经做过全面分析的话，那么，被选中的供应商就应该是那些能遵守采购合约的可靠的供应商。而且，如果公司对其物料需求已经做了充分的计划工作，如不是特殊情况，就不必要求供应商提前发运货物。

稽核是依据合约规定，对采购的物资予以严格检验入库。

（七）核对发票

采购合同上应明确产品验证体系。该验证体系应在采购合同签订之前由供应商和采购方达成协议。下面方法的任何一种均可用于产品验证：

（1）采购方信赖供应商的质量保证体系。

（2）供应商提交检查检验数据和统计的程序控制记录。

（3）当收到产品时由采购方进行抽样检查或检验。

（4）在发送前或在规定的程序中由采购方进行检查。

（5）由独立的认证机构进行认证。

采购方必须在采购合同上明确指出最终用户（若有最终用户参与）是否在供应商的场地进行验证活动，供应商应提供所有设施和记录来协助检验。

（八）交货不符与退货处理

如果厂商所交货物与合约规定不符而验收不合格，应依据合约规定退货，并立即办理重购，予以结案。

（九）结案

无论对验收合格的货物进行的付款，还是对验收不合格的货物进行的退货，均需办理结案手续，清查各项书面资料有无缺失，绩效好坏等，再签报高级管理层或权责部门核阅批示。

（十）记录与档案维护

凡经过结案批示后的采购案件，应列入档案登记编号分类，予以保管，以便参阅或事后发生问题的查考。档案应该具有一定保管期限。

二、采购的原则

采购决策应该以正确的商业导向为基础，反映跨职能的方法，并且以改善公司的采购底线成本为目的。

（一）商业原则

要发展一个采购和供应战略，就必须对公司的全盘经营方针有一个彻底的理

课堂笔记

解。被公司视为目标的最终用户市场是什么？那些市场中未来的主要发展会是什么？公司所要面临的是什么样的竞争？公司在制定价格政策时有什么余地？原料价格的上涨能以何种程度转接到最终用户身上？或这种方法是否可行？公司会在新产品和新技术方面如何投资？何种产品会在未来一年中退出市场？理解这些问题是十分重要的。

（二）全面的跨职能原则

采购决策不能孤立地制定，并且不能仅以采购业绩的最优为目标。制定采购决策时应该考虑这些决策对于其他主要活动的影响（如生产计划、物料管理和运输）。因此，制定采购决策需要以平衡所有总成本为基础。例如，在购买一条新的包装流水线时，不仅要考虑初始投资，而且要考虑将来用于购买辅助设备、备件和服务的成本。此外，供应商还应保证在包装流水线的技术经济寿命内将计划外的停工时间保持在最低水平。供应商卖出设备是一回事，在许多年里同一家供应商对同一套设备进行令人满意的服务则是另一回事。这个例子表明了采购和需要做出的不同类型选择的复杂性。因此，要在某种环境下做出决策，就要在所有受其影响的领域中使用一种跨职能的，并且以团队为基础的方法。采购和供应战略只有与所有领域和有关的（高级）经理紧密合作才能有效地发展。采购和供应经理将会引导这种观点和远景的发展。

（三）成本底线原则

采购并不应该只作为一种服务职能起作用，还应该符合其用户的要求而不至于用户提出过多问题。相反，采购应当向其内部用户提出一种有益的、可获利的异议。他们应该始终如一地追求提高公司所购买的产品和服务的性能价格比。为了完成这一任务，采购部门应该能够提出现有的产品设计、所使用的原料或部件的备选方案和备选的供应商。

技能训练

一、任务的提出

采购业务是企业非常重要的活动，熟悉采购业务流程是我们必须掌握的基本技能。每个学校业务部门或者职能部门定期或者不定期需要采购大量办公用品，请根据要求完成以下调研任务。

二、任务的实施与要求

走访自己专业所在的二级学院，调研该二级学院采购办公用品的流程和步骤，任务要求如下：

（1）画出二级学院办公用品采购流程图。

课堂笔记

（2）分析该采购流程的利弊。

（3）根据所学知识对采购流程提出改进建议。

任务三　设计采购组织和采购岗位

学习目标

◇知识目标

了解常见的采购组织方式。

熟悉几种常见的采购管理机制。

了解采购相关岗位对人员的要求。

◇能力目标

掌握几个常见的采购管理岗位职责。

◇素养目标

培养学生岗位责任意识。

知识储备

一、设计采购组织

采购组织是企业为了有效地实施采购活动以保证生产或服务顺利进行而建立的一个组织。采购组织的工作状况直接影响整个企业的运作流程与竞争优势。

（一）采购组织方式

在建立一个有效的采购组织过程中，有必要了解策略、结构和授权之间的关系，因为一旦企业的目标确立后，必须拟定一定的策略来达到目标，而策略又必须要有适当的人员编制与组织结构来执行。

1. 分权式的采购组织

分权式的采购组织是将与采购相关的职责和工作分别授予不同的部门来执行。如物料或商品需求计划可能由制造部门或商品销售部门来拟订；采购工作可能由采购或商品部门掌管；库存的责任则可能分属不同的部门：产成品（商品）归属销售部门，在制品归属制造部门，原料或零部件则归属于物料或仓储部门。

在这种分权式的组织方式中，采购部门只承担物料管理中的一部分功能与责任，有关物料计划或商品需求计划、采购及库存的主管部门分属不同的指挥系统。

这种分权式的采购组织，由于职责过于分散，往往造成权责不清、目标冲突、浪费资源等后果。

课堂笔记

2. 集权式的采购组织

集权式的采购组织是将采购的职责与工作集中授予一个部门来执行。为了建立一个综合物料体系，因而设立一个管理责任一体化的组织体系，此物料管理部门通常负责生产管理、采购及仓储等。

企业基于策略性目标的考虑以及人事结构的安排，其采购组织也可能是介于分权与集权之间的混合式。譬如，为了达到零库存的目的，许多制造业的公司将采购部门的工作扩大到包含物料需求计划及请购单作业，但未包含仓储及运送功能。

另外，也有许多从事批发或零售的企业为了推行“买卖一体化”的经营策略，采购部门的工作包括产品开发、市场调查、卖场规划和毛利率的控制，采购部门转变为独立的商品部等。

（二）采购管理机制

采购管理机制要解决采购由谁管、管什么以及怎样管的问题，即解决采购管理的权限范围、审批机制和决策程序问题。

1. 采购管理机制与采购管理组织的关系

采购管理组织是一个运作组织结构。它很具体，且根据一定的运作规则进行采购管理。同样的一个组织结构，在不同的机制下其权限范围、审批程序和决策程序都不一样，一旦采购管理机制定下来，就需要一定的采购管理组织来实施。这个采购管理组织是实施这种采购管理机制的工具和运作模式，是这种采购管理机制的具体化和模式化的体现，它保证了这种管理机制的实现。

2. 几种采购管理机制

（1）基于采购的采购管理机制。

基于采购的采购管理机制，是为了采购而设立的采购管理组织通常采取的采购管理机制。这种组织机构的特点是：采购任务很明确，包括采购什么、采购多少，甚至包括到哪儿去采购，都已经有明确规定，而且都是由别人规定的，该组织只要按此执行就可以了。这种采购管理组织所做的工作，是整理所收到的采购任务单，再分配落实到各个采购员，督促各个采购员按时执行，并把采购的货物送达各个需求者。

这是一种最简单、最基本，也是最落后的采购管理机制。这种采购管理组织不需要进行资源市场分析、货品选择、供应商选择，也不需要考虑物流优化、库存量控制、降低采购成本等一系列问题。它不需要对需求者承担更多的责任，只要把需求者需要采购的东西采购回来、交给他们即可。这样，在采购管理和需求者之间没有形成一种利益共享的关系。

（2）基于生产的采购管理机制。

基于生产的采购管理机制，是为了生产的需要而建立的采购管理组织通常采取

课堂笔记

的采购管理机制。由于一个生产企业有多个车间，每个车间所需的原材料、零部件、设备和工具等，在品种、数量、时间上各不相同。采购部门通过研究各个车间的需求规律，为各个车间统一制订订货计划，这样能更全面地满足生产的需要。这种根据生产的需要来考虑采购问题的制度，就是一种基于生产的采购管理机制。

基于生产的采购管理组织的基本特点是：采购管理组织不是简单地负责采购，它还要为生产服务，是站在生产的角度来进行采购。这种采购管理组织的权限范围广，它要综合考虑生产的需要和整体效益最高来制定产品的自制或采购决策，根据这个决策所产生的采购需求来研究需求规律、制订采购任务计划，进行采购。

（3）基于销售的采购管理机制。

基于销售的采购管理机制，是为了满足企业销售的需要而建立的采购管理组织通常采取的采购管理机制。一般流通企业或生产企业（包括生产流通型企业）设立的采购管理组织采取这样的管理机制。

（三）采购部门的组织机构

1. 产品结构式

它是指将企业所需采购的产品分为若干类，每个或几个采购人员分成一组负责采购其中一种或几种商品的组织形式。这种形式适用于所需采购的商品较多、专业性较强、商品间关联较少的企业。

2. 区域结构式

区域结构式是指将企业采购的目标市场划分为若干个区域，每一个或几个采购人员负责一个区域的全部采购业务。这种组织形式便于明确工作任务和绩效考核，有利于调动员工的积极性及与供应商建立良好的人际关系，也适合于交易对象及工作环境差异性大的企业。

3. 顾客结构式

顾客结构式是指将企业的采购目标市场按顾客的属性进行分类，每个或几个采购人员负责同一类顾客的组织形式。这种组织形式可使员工较为深入地了解顾客的需求情况及存在的问题，通常适用于同类顾客较为集中的企业。

4. 综合式

综合考虑了上述三种因素的重要程度和关联状况，稍具一定规模的企业在采购量较大且作业过程复杂、交货期长等情况下可以选择此种结构形式。

二、采购部门的职责

从全面质量管理的角度来看，采购部门的职责开始于获得请购单之前，并延续至填发订购单之后，所包括的一切与采购工作直接或间接相关的活动。因此，就企业整体而言，采购工作的优劣牵涉到其他部门是否能相互配合和协调。下面就相关部门的职责分述如下：

课堂笔记

（一）请购部门的职责

（1）非存量管制物料的申请。

（2）拟订请购物料的规格及其他需求条件，包括数量、用途及交货日期等。

（3）采购物料规格的确认与验收。

（4）重大请购物料预算的编制或估价。

（二）物料管理部门的职责

（1）根据生产计划拟订物料需求计划。

（2）制定企业主要物料存量管理水准。

（3）物料交货进度的管理。

（4）缺料的稽催。

（三）仓储部门的职责

（1）请购单的处理（收件、登记、转送等）。

（2）物料的验收、存储与发放。

（3）呆料、废料的处理。

（4）存量管制物料的申请。

（四）采购部门的职责

（1）审查请购单的内容，包括是否有采购的必要、请购单上的规格与数量等是否恰当。

（2）与技术品质管制等部门人员共同参与合格厂商的甄选。

（3）执行采购功能，包括询价、比价、议价及订购。

（4）交货的协调与稽催。

（5）物料的退货与索赔。

（6）物料来源地开发与价格调查。

（7）采购计划与预算的编订。

（8）国外采购的进口许可申请、结汇、公证、保险、运输及报关等事务的处理。

（9）供应商的管理。

（10）采购制度、流程、表单等的设计与改善。

（五）财务部门的职责

（1）物料采购预算的审核。

（2）各处物料与劳务付款方式的规定。

（3）物料付款凭证的审查与支付。

（4）供应商违约赔偿、扣款等的执行。

三、采购岗位设置与职责

采购部门内部的作业层面及管理阶层的职责表述如下：

课堂笔记

（一）作业层面的职责

（1）品质方面：①能够明确说明规格；②提供客观的验收标准给供应商；③参与品质问题的解决；④协助供应商建立品质管理制度；⑤尊重供应商的专业技术。

（2）交货方面：①给供应商明确而合理的交货期；②提供长期的需求计划给供应商；③使供应商同意包装及运输方式的要求；④协助供应商处理交货问题。

（3）价格方面：①给供应商公平的价格；②让供应商分享共同推行价值分析的成果；③尽快付款。

（4）其他方面：①对供应商的问题及意见尽快回复；②提供技术及检测仪器，使供应商提供更佳产品；③使供应商尽早参与产品的设计。

（二）管理阶层的职责

（1）采购经理的职责：①拟定采购部门工作方针与目标；②负责主要原料或物料的采购；③编制年度采购计划与预算；④签核订购单与合约；⑤采购制度的建立与改善；⑥撰写部门周报或月报；⑦主持采购人员教育培训；⑧建立与供应商的良好关系；⑨督导采购部门全盘业务及人员考核；⑩主持或参与采购相关业务的会议，并做好部门间的协调工作。

（2）采购科长的职责：①分派采购人员及助理的日常工作；②负责次要原料或物料的采购；③协助采购人员与供应商就价格、付款方式、交货日期等进行谈判；④采购进度的追踪；⑤保险、公证、索赔的督导；⑥审核一般物料采购方案；⑦进行市场调查；⑧对供应商进行考核。

（3）采购员的职责：①经办一般性物料采购；②查访供应商；③与供应商就价格、付款方式、交货日期等进行谈判；④要求供应商执行价值工程的工作；⑤确认交货日期等；⑥一般索赔案件的处理；⑦处理退货；⑧收集价格情报及替代品资料。

（4）助理的职责：①请购单、验收单的登记；②订购单与合约的缮打；③交货记录及稽催；④访客的安排与接待；⑤采购费用的申请与报支；⑥进出口文件及手续的申请；⑦电脑作业与档案管理；⑧承办保险、公证事宜。

在人事管理比较正规的企业中，上述各个不同层次采购人员的职责，都会在职位工作说明书中详细记载。总之，采购部门的职责已逐渐从传统的作业性（Operational）工作，提升为策略性（Strategic）工作，显示采购部门已参与公司长期发展的决策，这也证明了采购部门在公司里的地位正“步步高升”。

技能训练

一、任务的提出

采购管理的相关岗位是大学生比较喜欢的，对大学生来说具有一定挑战性。

课堂笔记

为了让同学们做到有的放矢，在将来采购管理职位应聘中有一定的竞争优势，同学们需要提前了解采购管理相关岗位的要求，在大学期间做好相关知识的储备和相关技能的锻炼。

二、任务的实施与要求

（1）了解目前市场比较热门的招聘求职网站。

（2）搜索采购管理相关岗位的工作内容描述和对求职者的要求。

（3）根据自己的条件，对比采购管理岗位招聘要求，找出自身存在的问题和今后努力的方向。

（4）将整个调研和分析过程写成一篇报告上交。

拓展阅读

如何遏制采购腐败?

曾有一位民营企业的采购经理说："我明明知道采购员们收取好处费，可是我既没有办法查，也没法管。因为这一切都是在私下进行的，而且非常普遍。"很多企业家，尤其是民营企业家一定对此非常关心，因为采购中的腐败行为不仅侵蚀着企业的利益，而且对整个企业文化会造成破坏性的影响。挑战不仅来自采购人员的操守，还来自采购员的业务素质。谈判中无原则的让步、合同之外的私下利益承诺、对生产需求的陌生和对市场环境的麻木，都会对采购活动的绩效产生负面影响。

在跨国公司里，其实也不同程度地存在着上述的情况。但不容置疑的是，跨国公司中的采购腐败行为要少于国内企业，采购人员素质要高于国内企业。尤其与那些顶级的跨国公司相比，更是如此。

我们所关心的是，同样是中国的经营环境，同样是中国人（在华跨国公司中，采购部门绝大多数是中国人）为什么会产生这种差异？ 当然，收入是必须考虑的因素。一般来说，跨国公司的薪水要高于本土企业的2~3倍，总监这一级别可能差距会更大，这有利于跨国公司吸引人才。但是，这显然不是根本原因，因为跨国公司的采购人员发生采购腐败的机会甚至比国内企业还要多。这究竟是为什么？ 在跨国公司，考核制度、企业文化和采购制度建设是限制采购腐败的三种主要手段，有些做法非常值得国内企业借鉴。

1. 绩效考核

考核不但是调动员工积极性的主要手段，而且是防止业务活动中非职业行为的主要手段，在采购管理中也是如此。可以说，绩效考核是防止采购腐败的最有力的武器。好的绩效考核可以达到这样的效果：采购人员主观上必须为公司的利益着想，

课堂笔记

客观上必须为公司的利益服务，没有为个人谋利的空间。

如何对采购人员进行绩效考核？跨国公司有许多很成熟的经验可以借鉴，其中的精髓是量化业务目标和等级评价。在年中和年初（或年底），跨国公司都会集中进行员工的绩效考核和职业规划设计。针对采购部门的人员，就是对采购管理的业绩回顾评价和未来的目标制定。在考核中，交替运用两套指标体系，即业务指标体系和个人素质指标体系。

业务指标体系主要包括：

（1）采购成本是否降低？卖方市场的条件下是否维持了原有的成本水平？

（2）采购质量是否提高？质量事故造成的损失是否得到有效控制？

（3）供应商的服务是否增值？

（4）采购是否有效地支持了其他部门，尤其是生产部门？

5. 采购管理水平和技能是否得到提高？

当然，这些指标还可以进一步细化。如采购成本可以细化为：购买费用、运输成本、废弃成本、订货成本、期限成本、仓储成本等。把这些指标一一量化，并同上一个半年的相同指标进行对比所得到的综合评价，就是业务绩效。

应该说，这些指标都是硬的，很难加以伪饰，所以这种评价有时显得很“残酷”，那些只会搞人际关系而没有业绩的采购人员这时就会“原形毕露”。

在评估完成之后，将员工划分成若干个等级，或给予晋升、奖励，或维持现状，或给予警告或辞退。可以说，这半年一次的绩效考核与员工的切身利益是紧密联系在一起的。

对个人素质的评价相对就会灵活一些，因为它不仅包括现有的能力评价，还包括进步的幅度和潜力。主要内容包括：谈判技巧、沟通技巧、合作能力、创新能力、决策能力等。这些能力评价都是与业绩的评价联系在一起的，主要是针对业绩中表现不尽如人意的方面，如何进一步在个人能力上提高。为配合这些改进，那些跨国公司为员工安排了许多内部的或外部的培训课程。

在绩效评估结束后，安排的是职业规划设计。职业规划设计包含下一个半年的主要业务指标和为完成这些指标需要的行动计划。这其中又有两个原则：第一是量化原则，这些业务指标能够量化的尽量予以量化，如质量事故的次数、成本量、供货量等。第二是改进原则，在大多数情况下，仅仅维持现状是不行的，必须在上一次的绩效基础上，有所提高，但提高的幅度要依具体情况而定。

在下一次的绩效考核中，如不出现不可抗力。必须以职业规划设计中的业务指标为基础。国内企业也进行绩效考核，但是，这些考核有些流于形式。其缺陷就是没有量化的指标和能力评价，考核时也不够严肃，同时缺乏培训安排。那些供应商们为什么要给采购员“好处费”？为什么带采购员出入高级娱乐场所？无非是想提高价格或在质量、效率方面打折扣，如果采购员参与这些腐败行为，也许具体情节不为人知，但必然体现在其业务绩效上。如果有绩效考核这个“紧箍咒”，采购腐败的机会成本就会大得多。所以，绩效考核是减少采购腐败主观因素的法宝。

当然，绩效考核更多的作用是提高员工的工作积极性，但对于防止采购腐败也不失为有效的措施。

2. 企业文化和采购制度建设

在西方人的眼里，个人的关系和企业之间的关系是截然分开的。一切在谈判桌上、在合同中解决。在中国人眼里，企业关系首先是个人关系，很多问题在饭桌上解决，合同只是形式。私下的交易比谈判桌上的讨价还价更重要。

正是在这个意义上，国内企业如果想根治采购腐败，就必然要付出更大的努力。职业风范和敬业精神应该受到鼓励，员工应首先为企业的利益着想，而不是把个人利益放在首位。这种风气如果不能形成，抑制采购腐败就是空话。在这个方面，高层经理的率先垂范比什么都重要。

在制度上，为了规范跨国采购行为，适应在不同文化背景下开展业务，那些最好的跨国公司编写了诸如《对外业务开展手册》《全球采购人员手册》等制度和政策说明，每个不同国家的采购员人手一份。这些手册不仅宣告公司对于腐败行为的处理规定，还具体地运用案例和情境告诉采购员该做什么不该做什么。比如，跨国公司规定，只有存在回请机会的前提下，才可以出席供应商的宴会；在出差的发票上必须注明费用发生的时间、地点等。这些做法是值得我们借鉴和思考的。

培训能提高采购员的素质。抑制采购腐败只是采购员管理最基本的要求。采购活动的质量首先是采购人员素质的体现，这是毋庸置疑的。在业务素质方面，谁都知道人具有非常大的可塑性，而差别关键在学习的机会和意愿。一位在国内企业工作，后跳槽到外企的采购经理说，在外企一年的学习比他在原来的国内企业三年所学的东西还多。

在那些大型的跨国公司，一般都有针对性对采购员的跨国培训团队。这些团队分布在地区总部或集团总部，培训师则从那些优秀的采购员中选拔或高薪外聘。培训的内容包括：采购的理论与技巧、谈判技巧、法律、货币和财务知识、产品知识和内部业务流程等。培训的方式则极为灵活，很少采用讲课或理论探讨的方法，一般都是采购人员现身说法，用发生在自己身上的事例作为活教材，进行集体探讨，而培训师则精心进行组织和总结。参加过这类培训让人对某类问题“豁然开朗”。而一位跨国公司的地区培训总监曾充满自信地说：“人与人之间的差异来自培训”。

一些跨国公司还利用岗位轮换的方法来培训那些有潜力的采购员。一个采购主管晋升到采购经理之前，有些公司会把他送到生产、计划或后勤部门进行几个月实习。而那些跨国公司的采购总监，只要是中国人，则几乎无一例外地参加过在国外进行的高级培训或岗位轮换。

课堂笔记

诚然，国内企业在短期内还无法建立采购员的培训体系，但这不等于说国内企业的采购员不需要培训。在这个时代，没有持续的、艰苦的学习就会被时代所淘汰，每一个行业都是如此。从某种意义上说，培训甚至是一种“福利”，是对员工未来的承诺。跨国公司的经验是非常值得我们学习的。

素养园地

社会担当

——抗疫有“招”：招商局“组合拳”展现“大国央企”担当

2020年年初，突如其来的新冠肺炎疫情席卷全球。招商局集团有限公司（简称“招商局”）秉持“以商业成功推动时代进步”的企业使命，率先捐款近3亿元人民币，积极支援全国抗疫防疫工作。招商局充分发挥自身业务特长和优势资源，扩大采购生产渠道，全力筹措防疫物资。在疫情暴发初期，全国多地抗疫前线防护物资供应相继告急，招商局依托其全球业务布局搭建起多渠道、广覆盖的采购网保障，加急筹措医用口罩、防护服、外科手套、护目镜、消毒液等紧缺物资。特别是在全国疫情防控阻击战进入白热化阶段后，招商局挖掘各种渠道资源，累计采购防疫用品87万件，第一时间捐赠给疫情严重地区，为防疫一线提供有力物资，同时，以定点扶贫县湖北省蕲春县特产为原料，招商局大健康产业通过产学，研发出具有中医药特色的“蕲艾”系列防疫物资，累计生产一次性医用口罩近1 000万只、KN95口罩100多万只、蕲艾三抗手术服近万件，不仅满足了集团自身的防疫所需，而且积极助力全国抗疫防疫。

◇问题与思考

招商局在组织采购抗疫中出台了哪些组合拳？

◇内化与提升

抗疫期间，招商局充分发挥自身业务特长和优势资源，扩大采购生产渠道，全力筹措防疫物资，为防疫一线提供有力物资保障。

项目综合实训

◇实训目的

（1）了解采购作业的处理流程。

（2）学习采购管理操作。

（3）完成后面的练习题，完成一个完整的采购流程操作。

课堂笔记

◇实训案例

问题：2022 年 1 月 1 日 ABC 集团的业务一部因业务需要，需要向采购部请购一批货物，货物需求如下：

珍珠明目滴眼液 100 件

清风纸手帕 150 件

复方金钱草颗粒 80 件

货物要求 2022 年 1 月 10 日到货。

假定你是 ABC 集团，要求完成从请购、审批、选择供应商、发单的全部流程。

◇实训组织

（1）“填写请购单”，填写一张请购单。

（2）“审批请购单”，接受请购要求。审批通过生成一张采购单。

（3）“采购单维护”，找到由刚才的请购单自动生成的采购单，选择供应商。

（4）“发单”，下达订单。

（5）“收货”，跟踪订单。

◇项目小结

（1）采购职能是各个企业所共有的职能，也是企业经营的起始环节，同样也为企业创造价值。随着企业规模的不断扩大及精细管理系统的广泛应用，采购职能日益突出，它不仅是保证生产正常运转的必要条件，而且也为企业降低成本、增加盈利创造条件。

（2）采购作业基本流程：业务部门提出请购要求、采购部门接受请购要求、采购部门审核业务部门发出的请购单、选择供应商、下达订单、订单跟踪、验收货物。

思考题

（1）采购与购买的区别是什么？

（2）采购的种类有哪些？

（3）采购作业的基本流程？

（4）作为一名采购管理人员应该具备哪些基本素养和能力？

◇项目评价表

实训完成情况（40 分）	得分：
计分标准： 出色完成 30~40 分；较好完成 20~30 分；基本完成 10~20 分；未完成 0~10 分	
学生自评（20 分）	得分：
计分标准：得分 =2 × A 的个数 +1 × B 的个数 +0 × C 的个数	

课堂笔记

续表

专业能力	评价指标	自测结果	要求 （A 掌握；B 基本掌握；C 未掌握）
认识采购管理	1. 采购概念 2. 采购管理概念 3. 采购的种类	A □ B □ C □ A □ B □ C □ A □ B □ C □	理解采购和采购管理的概念，了解采购的种类，掌握采购的基本原则，掌握采购管理的主要内容
采购管理作业流程	1. 采购作业基本流程 2. 采购作业核心内容	A □ B □ C □ A □ B □ C □	掌握采购作业的基本流程，理解订单的跟踪和跟催的含义
采购组织与采购岗位	1. 采购组织方式和机制 2. 采购岗位职责和人员素质要求	A □ B □ C □ A □ B □ C □	了解常见采购组织方式，熟悉常见采购管理机制，了解采购岗位对人员的要求，掌握常见采购管理岗位职责
职业道德思想意识	1. 爱岗敬业、认真严谨 2. 遵纪守法、遵守职业道德 3. 顾全大局、团结合作	A □ B □ C □ A □ B □ C □ A □ B □ C □	专业素质、思想意识得以提升，德才兼备
小组评价（20 分）			得分：
计分标准：得分 =10 × A 的个数 +5 × B 的个数 +3 × C 的个数			
团队合作	A □ B □ C □	沟通能力	A □ B □ C □
教师评价（20 分）			得分：
教师评语			
总成绩		教师签字	

课堂笔记

项目二

分析与预测采购需求

项目概述

本项目主要介绍采购管理的基础性工作，即采购需求分析、采购预测以及供应市场分析、采购商品的细分和采购商品规格说明。通过本项目的学习使读者熟悉采购前期的基础性工作，掌握采购需求分析与预测、供应市场分析、商品细分和商品规格描述的方法，为后续采购计划的制订打好基础。

案例导入

需求分析：企业采购制胜的关键

某国有企业进口一台离心式气体压缩机，由于受疫情影响，前期对项目需求分析不充分，加之相关部门缺少沟通，采购人员缺少专业领域经验，企业片面认为对设备的技术要求越多越好，在采购文件中设置了30多个联锁回路。设备运行时，由于各回路的逻辑关系互不满足条件，多次试车均告失败，给企业生产经营带来严重影响。企业痛定思痛，吸取教训，以此为案例，加强采购需求管理，建立企业分管领导、运行部、技术部、采购部等多部门联动机制并形成制度规定。一是根据设备的特性和功能要求合理设置技术参数；二是选择合适的供应商；三是准确描述采购需求；四是做好供应商调查；五是重视技术偏离；六是与供应商签订详细的技术协议。由于企业将采购需求管理前置，注重需求分析，提高了采购管理水平，提高了采购效率，收到了很好的效果。

课堂笔记

引例思考：

1. 什么是采购需求？
2. 企业采购失败的原因是什么？

任务一　分析采购需求

学习目标

◇知识目标

了解采购需求分析的含义。

了解采购需求的特性。

掌握采购需求分析常用的方法。

◇能力目标

能够根据 ABC 分类原则对采购物资进行分类。

◇素养目标

培养学生目标意识。

知识储备

一、采购需求分析

（一）采购需求分析的含义

采购需求分析，是指根据客户的需求历史或生产计划等求出需求规律，再预测客户下一个阶段的需求品种和需求量，最后主动地组织采购订货，安排采购计划。

Campbell 的需求预测

采购需求分析的任务是解决“做什么”的问题，即全面地理解需求者的各项要求，并准确地表达所接受的需求者需求。通过对需求者的需求情况进行分析，找出他们的需求规律，从根本上弄清他们需要什么、需要多少、什么时候需要等问题。

在极简单的情况下，需求分析是很简单的。例如，在单次、单一品种需求的情况下，需要什么、需要多少、什么时候需要的问题非常明确，不需要进行复杂的需求分析。

在较复杂的采购情况下，需求分析就变得十分必要。例如，一个汽车制造企业，有上万个零部件，有很多车间、很多工序，每个车间、每个工序生产这些零部件，都需要不同品种、不同数量的原材料、工具、设备、用品，在各个不同时间需求各个不同的品种。这么多的零部件，什么时候需要什么材料？需要多少？哪些品种要单独采购？哪些品种要联合采购？哪些品种先采购？哪些品种后采购？采购多少？如果对这些问题不进行认真的分析研究，就不可能进行科学的采购工作。

在企业采购中，采购人员往往接到的是一个已经做好了的物料申请单，上面已经标明了要采购什么，采购多少，什么时候采购，采购人员只要照单买货就行了，根本不需要进行需求分析。这样，从事这种照单办事的采购员就形成了不需要进行需求分析就可以进行采购的想法。事实上，虽然采购员没有进行需求分析，但是开出那张采购单的人已经进行了详细的分析，因此，采购需求分析是进行采购工作的第一步。

（二）采购需求分析的特点

1. 需求的时间性和空间性

需求的时间性是指需求随着时间的推移而发生变化，在企业中这一变化往往反映为不同时期销售的波动。造成这种波动的原因很多，有外部经济环境的变化、政府政策的调整、科学技术的进步、消费人群习惯的改变、外来竞争者的加入等，也有一些是企业内在因素的结果，如营销策略的改变、物流战略的调整等。这种波动可能是长期的，也可能是短期的。

需求的空间性则是指在某一时间需求的地域分布，显示出企业目标市场的分散程度。

2. 需求的规律性

如果将需求的历史数据在平面坐标中按时间进行排列（即时间序列），则会呈现一定的形状或模式。如果这种模式有规律可循，则该需求就是规律性的需求。在现实生活中，大多数需求都属于规律性的需求。如果需求是断断续续，而且总体需求量低，需求时间和需求水平非常不确定，则该需求就是无规律的需求。如维修部门对已停产产品的零配件的需求就属于无规律的需求。

3. 需求的稳定性

某些产品或服务的需求会随时间的变化而变化，而某些可能在相当长的时间内保持不变。前者被称为动态需求，而后者被称为稳定需求。需求的动态变化可能影响需求的趋势、周期性或随机变动的幅度。一般来讲，需求越稳定，就越容易预测。

4. 一次性需求和长期需求

对于日报等某些时效性极强的特殊产品来讲，如果在特定时期内不能提供给市场，市场需求就会减小为零（或者需求接近于零，可以忽略不计），这样的需求称为一次性需求。但对于大多数商品或服务，虽然也有销售有效期，但相对较长，可以将需求看作是长期存在的，称为长期需求。

5. 相关需求与独立需求

当一种产品或服务的需求与任何其他产品或服务的需求无关时，称为独立需求。

课堂笔记

大多数制成品的需求属于独立需求。反之，如果一种产品或服务的需求是由其他产品或服务的需求引发的，则称为相关需求。对制造商来讲，原材料需求是由产成品需求衍生出来的相关需求。

（三）采购需求分析的特点

1. 采购需求分析涉及面广

采购需求分析涉及整个企业的各个部门、各道工序、各种材料、设备和工具以及办公用品等各种物资。其中最重要的是生产所需的原材料。

2. 采购需求分析要求具备全面的知识

采购需求分析要具备生产技术方面的知识、生产产品和加工工艺的知识，还要具备管理方面的知识并且要求会看图纸，会根据生产计划及生产加工图纸推算出物料需求量；掌握数理统计方面的知识，会进行物料性质、质量的分析及进行大量的统计分析。

（四）需求分析常用的方法

1. 运用采购需求表

要进行采购，首先需要解决采购什么、采购多少、什么时候采购的问题。而要解决这些问题，就是要解决采购员所代理的全体需求者们究竟需求什么、需求多少、什么时候需要的问题。

解决这个问题，在企业中传统的做法是让企业各个单位，层层上报采购需求表（见表 2-1）。有的是定期报，如本周报下周的计划、这个月报下个月的计划、今年报明年的计划。有的是不定期报，什么时候想起来需要买什么东西，就填一张“采购需求表”，把它交到采购部。

表 2-1　采购需求表

编号：　　　　　　　　　　　　　　　　　　　　　　　　年　月　日

类别	编号	名称及规格	单位	数量	需用日期			需求原因及用途	备注
					年	月	日		
注：1. 请购单一式二联，第一联请购部；第二联归审批部。 2. 如货品不符合要求，本公司有权拒绝收货。									
需求部门： 日期：　　年　月　日					审批负责人签字： 日期：　　年　月　日				

采购部收齐了这些采购需求表以后，把所有需要采购的物资分类整理并统计出来，这样就解决了需求什么、需要多少、什么时候需要的问题。这样的操作过程虽然可以达到解决问题的目的，但存在以下几个弊病。

（1）这种方式兴师动众，往往要麻烦很多人，造成了人力资源的浪费。

（2）只要有一个部门的采购需求表没收齐，采购部就不能进行需求的整理统计，不能得出统一的需求计划，往往耽误最佳采购时机。

（3）交上来的表往往不准确、不可靠，给采购的效果带来许多不稳定因素。

2. 统计分析

在采购需求分析中用得最多、最普遍的方法是统计分析。统计分析的任务是根据一些原始材料来分析求出客户的需求规律。在实践中，统计分析通常有以下两种方法。

（1）对采购申请单汇总统计。现在一般的企业采购都是一种这样的模式：要求下面各单位每月提交一份采购申请表，提出每个单位自己下个月的采购品种数量。然后采购科把这些表汇总，得出下个月总的采购任务表，再根据此表制订下个月的采购计划。

（2）对各个单位的销售日报表进行统计。对流通企业来说，每天的销售是用户对企业物资的需求，需求速率的大小反映了企业物资的消耗快慢。因此，从每天的销售日报表中就可以统计得到企业物资的消耗规律。消耗的物资需要补充，也就需要采购。因此，物资消耗规律也是物资采购需求的规律。

3. 采用 ABC 分析法

一个企业除了生产所需要的原材料外，还有办公用品、生活用品等，因此需要采购的物资品种是很多的。但是，这些物资的重要程度都是不一样的。有的特别重要，一旦缺货将造成不可估量的损失；有些物资则相对不那么重要，即便缺货，也不会造成多大的损失。

面对这样的情况，采购人员在进行采购管理时该怎么处理呢？这时候最有效的方法，就是采用 ABC 分析法，将所面对的成千上万的物资品种进行 ABC 分类，并且按类别实行重点管理，用有限的人力、物力、财力去为企业获得最大的效益。

ABC 分析法在实际运用过程中，通常可以参照以下步骤进行。

（1）为确定 ABC 分类，首先要选定一个合适的统计期。在选定统计期时，应遵循几个基本原则：比较靠近计划期；运行比较正常；通常情况取过去一个月或几个月的数据。

（2）分别统计所有各种物资在该统计期中的销售量（或采购量，下同）、单价和销售额，并对各种物资制作一张 ABC 分析卡，如表 2-2 所示，填上品名、销售数量、销售金额。

课堂笔记

表 2-2　ABC 分析卡

编号：	名称：		规格：		顺序号：	
单价（元）	数量	单位	金额（元）	在库天数	周转次数	货损率（%）

（3）将 ABC 分析卡按销售额由大到小的顺序排列，并按此顺序号将各物资填上物料编号。

（4）把所有 ABC 分析卡依次填写到 ABC 分析表中，如表 2-3 所示，并进行累计统计。

表 2-3　ABC 分析表

编号	名称	品种数	品种数累计（%）	单价（元）	平均库存量	平均资金占用额（元）	平均资金占用额累计（%）	分类结果

4. 物资消耗定额管理

物资消耗定额管理也是一种需求分析的好方法。通过物资消耗定额，就可以根据产品的结构零部件清单或工作量求出所需要的原材料的品种和数量。

所谓物资消耗定额，是在一定的生产技术组织的条件下，生产单位产品或完成单位工作量所必须消耗的物资的标准量，通常用绝对数表示，如制造一台机床或一个零件消耗多少钢材、生铁；有的也可用相对数表示，如在冶金、化工等企业里，用配料比、成品率、生产率等表示。

在实际操作中，物资消耗定额管理通常有以下 3 种方法。

（1）技术分析法。技术分析法具有科学、精确等特点，但在操作过程中，通常需要经过精确计算，工作量比较大。在应用中，通常可参照以下步骤。

①根据产品装配图分析产品的所有零部件。

②根据每个零部件的加工工艺流程得出每个零部件的加工工艺。

③对于每个零件，考虑从下料切削开始一直到后面所有各道加工的切削完成形成零件净尺寸 D 为止所有切削的尺寸留量 d。

④每个零件的净尺寸 D 加上所有各道切削尺寸留量 d 之和，就是这个零件的物

课堂笔记

料消耗定额 T：

$$T=D+\sum d_i \ (i=1, 2, 3, 4)$$

其中，切削留存量包括：

d_1：工尺寸留量。选择材料直径、长度时，总是要比零部件的净直径、净长度要大，超过的部分就是加工切削的尺寸留存。

d_2：下料切削留量。下料时，每个零部件的毛坯都是从一整段原材料上切断而得到的。切断每段毛坯都要损耗一个切口宽度的材料，这就是下料切削留量。

d_3：夹头损耗。一整段材料可能要切成多个零部件毛坯。在切削成多个毛坯时，总是需要用机床夹具夹住一头。如果最后一个毛坯不能掉头切削的话，则这个材料的夹头部分就不能再利用而成为一种损耗，这就是夹头损耗。

d_4：残料损耗。在将一整段材料切削成多个毛坯时，也可能出现 n 个工艺尺寸不能刚好平分一整段材料而剩余小部分不能够利用，这就是残料损耗。

【例 2-1】一个锤子，由铁榔头和一个檀木木柄装配而成，檀木木柄净尺寸为 $\phi30\times250$ mm，由 435 mm 长的圆木加工而成，平均每个木柄下料切削损耗 5 mm，长度方向切削损耗 5 mm，外圆切削损耗 2.5 mm，夹头损耗 30 mm，平均残料损耗 10 mm。铁榔头由 $\phi50$ 的 A4 钢材切成坯料经锻压加工而成。加工好的铁榔头净重 1 000 g，锻压加工损耗 200 g，柄孔成型加工损耗 200 g，下料损耗 200 g，夹头损耗为 0，残料损耗为 0。求这种锤子的物资消耗定额。如果下月需要加工 1000 个锤子，问需要采购多少物料？

物资消耗定额计算结果如表 2-4 所示。

表 2-4　物资消耗定额计算结果

产品名称			锤子						下月生产计划（1 000）
材料名称	规格	计算单位	净尺寸净重	下料损耗	加工切削损耗	夹头损耗	残料损耗	物资消耗定额	采购需求量
檀木原木	$\phi30$	m	0.25	0.005	0.005	0.03	0.01	0.3	300
圆钢 A4	$\phi50$	kg	1	0.2	0.2+0.2	0	0	1.6	1 600

求出锤子的物资消耗定额为：$\phi35$ 檀木 0.3m，A4$\phi50$ 圆钢 1.6kg。月产 1 000 个锤子，采购需求量为：$\phi35$ 檀木 300m，A4$\phi50$ 圆钢 1 600kg。

（2）统计分析法。统计分析法是根据以往生产中物资消耗的统计资料，经过分析研究并考虑计划期内生产技术组织条件的变化等因素而制定定额的方法，采用统计分析法以大量详细可靠的统计资料为基础。例如，某企业要制定某种产品的物料消耗定额，采购人员可以根据过去一段时间仓库的领料记录和同期间内产品的产出记录进行统计分析，就可以求出平均每个产品的材料消耗量。这个平均消耗量就可

课堂笔记

以看成该产品的物料消耗定额。

（3）经验估计法。经验估计法是根据技术人员、工人的实际生产经验，参考有关的技术文件和考虑企业在计划期内生产条件的变化等因素制定定额的方法。这种方法简单易行，但缺乏较为严密的科学性，因而通常精确度不高。

技能训练

一、任务的提出

每年9月份是大一新生到校报到的日子，寒窗苦读终于来到了梦寐以求的大学。很多学生第一次出远门来到一个崭新而又陌生的城市，离开父母开始了一个人的生活，不管是生活物资还是学习用品都需要购买。由于高中学业繁忙，生活上的琐事一般由父母进行打理。现在我们成年了，我们需要独立面对自己的生活了。

二、任务的实施与要求

请同学们根据自己所学知识，为大一新生的采购需求进行分析。整理一份开学物品清单。

要求：1. 物品清单要有明确的分类。

2. 物品的数量和品质等给予具体的建议。

3. 物品清单需要考虑全面。

任务二　预测采购需求

学习目标

◇知识目标

了解采购预测的含义。

理解采购预测的作用。

掌握定性预测和定量预测的方法。

◇能力目标

能够选择合适的方法进行采购需求预测。

◇素养目标

培养学生“凡事预则立不预则废”意识。

课堂笔记

知识储备

一、采购预测的含义

预测是指对尚未发生的事件或已经发生事件的未来前景所做的推测或判断。市场预测，指以市场调查所获取的信息资料为基础，运用科学的方法，对未来一定时期内市场需求的变化趋势和影响因素所做的估计和推断。

市场预测是生产社会化和市场经济的产物。在商品经济迅速发展的情况下，经济贸易已打破了地区界限、国家界限，市场规模空前广阔，竞争日趋激烈。企业迫切需要了解市场需求变化趋势和竞争对手的情况，以便进行科学的决策。因此，市场预测的必要性和重要性日益明显，已成为企业生存和发展的重要条件之一。

采购预测是指在商品采购市场调查取得的资料的基础上，综合考虑行业大环境、季节变化、安全库存、工厂产能、物流能力及整个供应链各个环节的负荷能力等相关因素，经过分析研究，并运用科学的方法来预测未来一定时期内商品市场的供求及其变化趋势，从而为商品采购决策和制订商品采购计划提供科学的依据，实现销售利润等一系列目标的过程。它是公司所有物料采购下单的基本依据。

二、采购预测的作用

采购预测有助于掌握技术和产品发展的方向及速度，发现市场供求变化和发展的规律性，为制订采购计划、决定采购策略、搞好企业经营、提高经济效益提供重要信息；有助于掌握产品处于生命周期的哪个阶段，以决定采购策略，防止采购技术落后；有利于掌握生产厂家的生产潜力，在采购时做到心中有数；有助于把握市场采购机会，避开或减少采购风险。

三、采购预测的基本步骤

（一）确定预测目标

预测目标有一般目标和具体目标之分。一般目标往往比较笼统、抽象，如反映市场变化趋势、市场行情变动、供求变化等；具体目标是进一步明确为什么要预测，预测什么具体问题，要达到什么效果。

抽象的预测目标往往出现抽象的命题，如未来企业经营状况、供应商的变化、未来企业采购绩效等。这就需要把命题转化为可操作的具体问题。例如，经营状况可分解为销售量、销售率、利润额、供给量、合同出现率、采购量、价格与成本变动程度等，否则将无法选择重点、舍弃相类似项目。选择重点的方法很多，可以以商品为重点，选择销售量较大的商品或供不应求的商品、价值较高的商品、利润较大的商品；可以偏重竞争问题，也可以偏重商品质量问题、企业形象问题、产品更新问题。

课堂笔记

（二）收集、分析调查资料

1. 收集资料

市场预测建立在对客户事实分析的基础上，资料充分，可以从不同侧面、不同角度分析市场变化规律，使预测的现象趋势更加客观。资料真实，可以保证预测结果的准确性，减少非随机性误差。收集资料的过程就是调查过程。按照预测目的，主要收集以下两类资料。

（1）现象自身的发展过程资料。现象发展具有连贯性特点。现象未来变动趋势和结果，必定受该现象现实情况、历史情况的影响，因此要收集预测对象的历史资料和现实资料。

（2）影响现象发展的各因素资料。现象发展具有关联性特点。一种现象的变动，往往受许多因素或现象变动的共同影响，因此要收集与预测对象相联系的、影响较大的各因素资料，同样包括现实资料和历史资料。例如，预测汽车价格变化，则要收集主要石油生产国的产量变化、主要石油消耗国的制造业（如汽车业）产量变化、石油消耗量变化、石油输出国组织的政策变化及有关国家的能源政策等资料。

收集的预测资料可以是各种文献记录的第二手资料，也可以直接组织调查，获取第一手资料，收集的资料必须符合预测目标要求，要真实、全面、系统，不可残缺不全，也不宜过多。收集的资料要进行有用性的各项审查，再分类整理，使之系统化。

2. 分析资料

预测一般是根据现象发展的规律来测定未来趋势。对调查收集的资料只有经过综合分析、判断、归纳、推理，才能正确了解现象之间是否存在联系及联系情况；才能发现现象演变的规律性表现。分析判断是靠预测人员的知识、经验进行的。预测人员在分析资料之后，判断具体市场现象的运行特点和规律，判断市场环境和企业条件变化与影响程度，然后直接估计未来，或者确定现象演变模型，据此开展预测。预测离不开分析，分析工作的主要内容有以下 3 点。

（1）分析观察期内影响市场诸因素与采购需求的依存关系。

（2）分析预测产供销关系，“产供销”是一个有机的整体，相互依存。采购预测的关键是分析生产与市场需求的矛盾和流通渠道的变化。生产环节主要分析生产与市场需求的矛盾和供需结构适应程度，以及生产能力的变化，供应环节主要分析原材料、设备的产量及消耗使用量的变化。

（3）分析消费心理、消费倾向的变化趋势。居民收入水平和工资的变化、文化环境的变动、营销广告和促销努力程度以及消费观念的转变等都可能导致采购需求和需求结构的变化。

（三）选择市场预测方法

市场预测方法很多，按照分析市场现象特征不同，可分为定性分析预测法和定量分析预测法。

课堂笔记

1. 定性分析预测法

定性分析预测法是从市场现象的实质特点方面进行分析判断，然后做出预测的方法。定性预测依靠预测者的知识、经验和综合判断能力，根据历史资料和现实资料，对市场现象性质的变化进行推断。定性预测方法比较简单、省时间、省费用，对现象发展的方向把握较准确，它还可用于难以量化的现象预测。但定性预测容易受到预测者主观情绪的影响，必要时可与定量分析预测法结合使用。定性预测的具体方法很多，有集合意见法、专家预测法等。

（1）集合意见法。该法是由调查人员召集企业内部或企业外部的相关人员，根据个人对事件的接触与认识、市场信息、资料及经验，对未来市场做出判断预测，并加以综合分析的一种预测方法。

（2）专家预测法。该法是以专家为索取信息的对象，运用专家的知识和经验，考虑预测对象的社会环境，直接分析研究和寻求其特征规律，并推测未来的一种预测方法。

2. 定量分析预测法

定量分析预测法对市场现象的性质、特点、关系进行分析后，建立数据模型，进行现象数量变化预测。定量分析预测法又分为时间序列预测法和因果关系预测法。

（1）时间序列预测法。时间序列，也叫时间数列、历史复数或动态数列。它是将某种统计指标的数值，按时间先后顺序排列所形成的数列。时间序列预测法就是通过编制和分析时间序列，根据其所反映出来的发展过程、方向和趋势，进行类推或延伸，借以预测下一段时间或以后若干年内可能达到的水平。时间序列预测法的实施步骤如下：

第一步，收集历史资料，加以整理，编成时间序列，并根据时间序列绘成统计图。时间序列分析通常是把各种可能发生作用的因素进行分类，传统的分类方法是按各种因素的特点或影响效果分为四大类：长期趋势、季节变动、循环变动和不规则变动。

第二步，分析时间序列。时间序列中每一时期数值都是由许许多多不同的因素同时发生作用后的综合结果。

第三步，求时间序列的长期趋势（T）、季节变动（S）和不规则变动（I）的值，并选定近似的数学模式来代表它们。对于数学模式中的诸多未知参数，使用合适的技术方法求出其值。

第四步，利用模型来预测未来的长期趋势值 T 和季节变动值 S，在可能的情况下预测不规则变动值 I。然后用以下模式计算出未来时间序列的预测值 Y：

加法模式：

$$T+S+I=Y$$

乘法模式：

$$T\times S\times I=Y$$

课堂笔记

如果不规则变动的预测值难以求得，就只求长期趋势和季节变动的预测值，以两者相乘之积或相加之和为时间序列的预测值。如果经济现象本身没有季节变动或不需预测分季分月的资料，则长期趋势的预测值就是时间序列的预测值，即 $T=Y$。但要注意这个预测值只反映现象未来的发展趋势，即使很准确的趋势线在按时间顺序的观察方面所起的作用，本质上也只是一个平均数的作用，实际值将围绕它上下波动。

（2）因果关系预测法。该法先分析影响市场变动的原因及影响因素，分析影响方向、程度与形式，分析原因与结果的联系结构，然后建立适合的数学模型，以原因的变动来测算变化趋势和结果的可能水平。

（四）修正预测结果

按照预测方案和选定的预测方法，对资料进行分析判断和计算预测值，即可形成初步预测结果。预测结果要达到 100% 准确、完全符合未来实际是不可能的，一般能达到 90%左右的准确程度，就相当成功了。预测结果与实际的差别为预测误差。超过 10% 的预测误差，主要受以下因素的影响：其一，预测所用资料不完全或不真实；其二，预测人员素质偏低、能力不足；其三，受预测模型影响，选定的预测模型或新建立的预测模型本身有误，或者与现象实际运动特点出入过大；其四，预测现象所处外部环境条件或内部因素发生显著变化。

预测结果出现较小误差是允许的，也是必然的，可以根据预测现象和影响因素出现的先兆，估计预测结果的变化程度；也可以采用多种方法预测，然后比较各方法预测的可信度；还可以对定量预测结果，运用相关检验、假设检验、差值检验（或方差检验）等方法分析预测误差。分析误差大小最常用的方法是利用已定的预测方法或模型，对现期或近期的现象进行预测，然后将预测结果与观察的实际结果进行比较，误差过大的应予以放弃或修正。

（五）做出最终预测

依据原选定的资料和方法，预测结果如果误差稍大于允许值，可通过分析原因后进行调整。如果误差大幅超过允许值，并且不存在资料记录、计算笔误，则原预测结果应推倒重来。重新预测之前要对原预测方案的可靠性进行分析，对预测所用资料进行审核。方法正确，资料不全、不实的重选资料按原方法进行预测。方法不符合市场现象运行特点的要按既定预测目标重选定，再重新收集所需资料，按新方法进行预测，直至预测结果接近实际值为止，以此作为预测最终结果。

技能训练

一、任务的提出

某企业在 2020 年 4~8 月对 A 物料的需求量分别为 500 吨、530 吨、570 吨、540 吨、

550 吨；该企业 同年 3 ~9 月 B 物料的销售量分别为 200 吨、236 吨、264 吨、286 吨、340 吨、360 吨、386 吨。选择合适的方法，预测该企业 2020 年 9 月 A 物料的需求量和 10 月 B 物料的需求量。

二、任务的实施与要求

（1）5 人一组，每个小组选择一种采购需求分析方法，分析该企业年 9 月 A 物料的需求量和 10 月 B 物料的需求量。

（2）各组选一名代表，对该组的分析过程和分析结果进行课堂汇报。

（3）教师和其他小组成员进行点评。

任务三　分析采购与供应市场

学习目标

◇知识目标

了解供应市场分析的层次。

熟悉供应市场结构。

了解采购商品的细分。

掌握供应市场分析过程。

◇能力目标

能根据风险价值进行商品细分并匹配合适的采购策略。

理解并掌握采购商品的细分与规格说明，重点掌握采购商品细分方法。

◇素养目标

培养学生市场意识。

知识储备

一、供应市场分析

供应市场分析是指为满足公司目前及未来发展的需要，针对所采购的物品或服务系统进行供应商、供应价格、供应量等相关情报数据的调研、收集、整理和归纳，从而分析出所有相关要素以获取最大回报的过程。它包括供应商所在国家或地区的宏观经济分析、供应行业及其市场的中观经济分析以供应厂商的微观经济分析。

（一）供应市场分析的层次

供应市场的分析可以分为宏观经济、中观经济和微观经济 3 个主要的层次。

课堂笔记

1. 宏观经济分析

它指的是分析一般经济环境及影响未来供需平衡的因素，如产业范围、经济增长率、产业政策及发展方向、行业设施利用率、货币汇率及利率、税收政策与税率、政府体制结构与政治环境、关税政策与进出口限制、人工成本、通货膨胀、消费价格指数、订购状况等因素。

2. 中观经济分析

它集中研究特定的工业部门，并且在这个层次，很多信息都可以从国家的中央统计部门和工业机构中获得。它们有关于营利性、技术发展的劳动成本、间接成本、资本利用、订购状况、能源消耗等具体信息。这个层次主要包括以下信息：供求分析、行业效率、行业增长状态、行业生产与库存量、市场供应结构、供应商的数量与分布等。

3. 微观经济分析

它集中评估个别产业供应和产品的优势与劣势，如供应商财务审计、组织架构、质量体系与水平、产品开发能力、工艺水平、生产能力与产量、交货周期及准时率、服务质量、成本结构与价格水平，以及作为供应商认证程序一部分的质量审计等。它的目标是对供应商的特定能力和其长期市场地位进行透彻地理解。

（二）供应市场分析的原因

许多大公司，比如 IBM、美国本田、朗讯科技和飞利浦电子等公司已经引入了公司商品团队的概念，负责在全球范围内采购战略部件和材料，他们不断为所需要的材料和服务寻找第一流的供应商。最初由专业人员给予支持，再公司商品采购人员自己逐渐承担起进行采购市场研究的活动。

影响采购方进行主动的供应市场研究的主要因素有以下几个方面。

1. 技术的不断创新

无论是生产企业还是商业贸易，为保持竞争力必须致力于产品的创新和质量的改善。当出现新技术时，企业或公司在制定自制、外购决策中就需要对最终供应商的选择进行大量的研究。

2. 供应市场的不断变化

国际供应市场处在不断变化之中。国家间的政治协定会突然限制一些出口贸易，供应商会因为突然破产而消失，或被其竞争对手收购。因此，价格水平和供应的持续性都会受到影响，需求也会出现同样变化，如对某一产品的需求会急剧上升，从而导致紧缺状况的发生。买主必须预期某一产品供需状况的可能变化，并由此获得对自己的商品价格动态的更好理解。

3. 社会环境的变化

西欧相对较高的工资水平已经造成了供应商市场的变化。由于发展中国家较低的工资，有许多欧洲零售商的纺织品供应发生了变化，他们已将自己的供应基地从欧洲转移到了远东地区。

4. 汇率的变动

许多主要币种汇率的不断变化对国际化经营的买主施加了新的挑战。许多国家的高通货膨胀、巨额政府预算赤字、汇率的迅速变化都要求买主对其原料需求的重新分配做出快速反应。

5. 产品的生命周期及其产业转移

产业转移、技术进步不仅改变了供应市场的分布格局，整体上降低制造成本，也给采购的战略制定、策略实施及采购管理提出了新的要求，带来了新的变化，主要体现在：一是在自制、外购的决策中，外购的份额在增加；二是采购呈现向购买组件、成品的方向发展；三是采购的全球化趋势日益增强，同时采购的本地化趋势也伴随着生产本地化的要求得以加强；四是供应市场及供应商的信息更加透明化；五是技术发展使许多公司必须完全依赖供应商的伙伴关系。

供应市场分析中，产业的生命周期及其产业转移是很重要的内容。大致说来，传统的制造业及相关产品已由原来的发达国家转移到发展中国家，相应的新兴产业如信息技术产业等则为美国等所控制。这种产业转移反映了制造业的区域化调整，说明了不同产业的发展阶段即产业的生命周期，也会相应地导致供应市场结构的改变。

（三）供应市场的结构

市场结构通常可以分为卖方完全垄断市场、垄断性竞争市场、寡头垄断的竞争市场、完全竞争市场、买方寡头垄断市场和买方完全垄断市场（独家采购垄断市场）。竞争包括从一个供应商和多个购买者到多个供应商和一个购买者等不同的类型，对它们分别解释如下。

1. 卖方完全垄断市场

一个供应商和多个购买者。产生完全垄断的原因有自然垄断、政府垄断和控制垄断。自然垄断往往来源于显著的规模经济，如飞机发动机、中国的供电等；政府垄断是基于政府给予的特许经营，如铁路、邮政及其他公用设施等；控制垄断包括拥有专利权，拥有专门的资源等而产生的垄断。

2. 垄断性竞争市场

少量卖方和许多买方。新的卖方通过产品的差异性来区别于其他的卖方。这种市场结构是最具有现实意义的市场结构，其中存在大量的供应商，各供应商所提供的商品不同质，企业进入和退出市场完全自由。多数日用消费品、耐用消费品和工业产品的市场都属于此类。

3. 寡头垄断的竞争市场

较少量卖方和许多买方。这类行业存在明显的规模经济，市场进入障碍明显。价格由行业的领导者或者卡特尔控制。石油行业内的一个卡特尔是石油输出国组织

课堂笔记

(OPEC),它为所有成员定价。

4. 完全竞争市场

许多卖方和许多买方。在完全竞争市场中,所有的卖方和买方具有同等的重要性。大多数市场都不是完全竞争市场,但是可以像完全竞争的市场那样高效地运作。价格的确定是由分享该市场的所有采购商和供应商共同影响确定的。该市场具有高度的透明性,产品结构、质量与性能不同的供应商之间几乎没有差异,市场信息完备,产品的进入障碍小。这类市场的典型产品有铁、铜、铝等金属产品,主要存在于专业产品市场、期货市场等。

5. 买方寡头垄断市场

许多卖方和少量买方。在这种市场中买方对定价有很大的影响,因为所有卖方都在为生意激烈竞争。在这种市场中采购者十分明了彼此的行为,并且共同占据比通常较小的采购者更加有力的位置。汽车工业中半成品和部件采购者的地位就是这样的例子,一些部门采用的集团采购也容易形成这种市场。

6. 买方完全垄断市场

几个卖方和一个买方。这是和卖方完全垄断相反的情况,在这种市场中,买方控制价格。这种类型的市场的典型例子如铁路用的机车和列车的采购市场、军需物品的采购市场。

不同的供应市场决定了采购企业在买卖中的不同地位,因而必须采取不同的采购策略和方法。从产品设计的角度出发,尽量避免选择完全垄断市场中的产品,如不得已,就应该与供应商结成合作伙伴的关系;对于垄断竞争市场中的产品,应尽可能地优化已有的供应商并发展成为伙伴型供应商;对于寡头垄断市场中的产品,应尽最大可能与供应商结成伙伴型的互利合作关系;在完全竞争市场下,应把供应商看成商业型的供应业务合作关系。

(四)供应市场分析的过程

供应市场分析可能是周期性的,也可能是以项目为基础进行的。供应市场分析可以是用于收集关于特定工业部门的趋势及其发展动态的定性分析,也可以是从综合统计和其他公共资源中获得大量数据的定量分析,大多数的供应市场分析包括这两个方面,供应商基准分析就是定性分析和定量分析的结合。供应市场分析既可以是短期分析也可以是长期分析。

进行供应市场分析并没有严格的步骤,有限的时间通常对分析过程会产生一定的影响,并且每个项目都有自己的方法,所以很难提供一种标准的方法。但是一般情况下,供应市场分析主要有以下步骤。

1. 确定目标

要解决什么问题,问题解决到什么程度,解决问题的时间多长,需要多少信息,信息准确到什么程度,如何获取信息,谁负责获取信息,如何处理信息等问题都包含在一个简明概述中。

2. 成本效益分析

分析成本所包含的内容，进行分析所需要的时间，并分析获得的效益是否大于所付出的成本。

3. 可行性分析

分析公司中的哪些信息是可用的？从公开出版物和统计资料中可以得到什么信息？是否需要从国际数据库及其专业代理商中获得信息，并以较低的成本从中获得产品和市场分析？是否需要从一些部门购买研究、分析服务，甚至进行外出调研。

4. 制订分析计划的方案

确定获取信息需要采取的具体行动，包括目标、工作内容、时间进度、负责人、所需资源等。除了案头分析之外，还要与供应商面谈，加上实地研究。案头分析是收集、分析及解释任务的数据，它们一般是别人已经收集好的，在采购中这类分析用得最多；实地研究是收集、分析和解释案头分析无法得出的细节，它设法追寻新信息，通过详细的项目计划为此类分析做好准备。

5. 实施方案

在实施阶段，遵循分析方案的计划是非常重要的。

6. 撰写总结报告及评估

供应市场分析及信息收集结束后，要对所获得的信息和情报进行归纳、总结、分析，在此基础上提出总结报告，并就不同的供应商选择方案进行比较。对分析结果的评估应该包括对预期问题的解决程度，对方法和结果是否满意等。

二、采购商品分类

（一）采购商品的一般分类

1. 采购物品的 80/20 法则

采购物品的 80/20 法则的含义主要有：通常数量或者种类为 80% 的采购物品（指原材料、零部件，通常以 BOM 的品种或材料代号数来衡量）只占有 20% 的采购金额，而有 50% 的物品数的采购总金额在 2% 以下，而剩下的 20% 的物品数量则占有 80% 的采购金额，产品中原材料（含零部件）的这种 80/20 特性为采购物品的策略制定提供了有益的启示，也就是采购工作的重点应该放在价值占 80% 而数量只占 20% 的物品上，这些物品包括了战略采购品和集中采购品。此外，有 50% 的物品数可以不予重视，其运作的好坏对成本、生产等的影响甚微。

2. 采购商品的分类

采购商品分类是采购工作专业化实施的基础。1983 年 Kraljic 提出了采购物品分类模块，为该工作的开展提供了一套普遍被人接受的方法，它主要基于两个因素：一是采购物品对本公司的重要性，主要指该采购物品对公司生产、质量、供应、成

课堂笔记

本及产品等影响的大小；二是供应风险，主要指短期、长期供应保障能力，供应商的数量，供应竞争激烈程度，自制可能性大小等。依据不同采购物品的重要性及供应风险，可将它们分为战略采购品、瓶颈采购品、杠杆采购品及一般采购品，如图2-1所示。

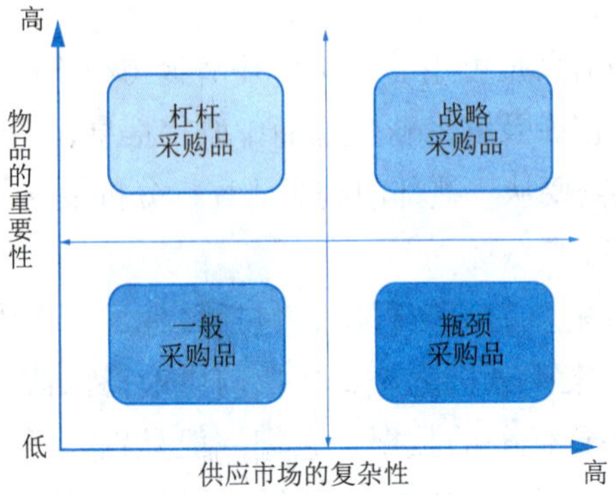

图 2-1　基于风险价值的商品细分

（1）战略采购品，指价值比例高、产品要求高，同时又只能依靠个别供应商或者供应难以确保的物品。原料是许多公司的采购总量中的重要组成部分，原料的采购通常涉及大量的资金。另外，它们部分地决定了成品的成本价格，因此它们通常被标记为战略产品。比如汽车厂需要采购的发动机和变速器，电视机厂需采购的彩色显像管及计算机厂商需要采购的微处理器等。

（2）瓶颈采购品指的是价值比例虽不算高，但供应保障不力的物品。如油漆厂用的色粉，食品行业用的维生素等。

（3）杠杆采购品是指那些价值比例较高，但很容易从不同的供应商所采购的物品。主要包括化工、钢铁、包装等原材料或标准产品等。

（4）一般采购品则包括办公用品、维修备件、标准件及其他价值低、有大量供应商的商品。维护和修理运营用品（MRO）占到了产品的80%；同时，它们占到了采购金额的20%，并且作为前述特征的结果，采购者的80%的工作与这些用品有关。MRO物品的采购具有产品类别众多、高度专一性、多数用品的消耗率不高且没有规则，以及使用者对用品的选择能够施加相当大的影响等特点。

由于数量仅占20%的战略物品与集中采购物品占据了采购价值的80%，它们的采购成本控制与降低对公司的整体成本就显得十分重要。因此，把不同时期或不同单位的同类产品集中起来进行统一、大量采购将会取得显著的降价效果。

3. 不同商品的采购策略

（1）对于战略采购品，首要的策略是要找到可靠的供应商并发展同他们的伙伴关系，通过双方的共同努力去改进产品质量、提高交货可靠性、降低成本并组织供应商早期参与本公司的产品开发。

（2）对于杠杆采购品，由于供应充足，产品的通用性强，其主要着眼点是想方设法降低采购成本，追求最低价格。通常可采取两种做法：一是将不同时期或不同单位的同类产品集中起来统一同供应商谈判，二是采用招标的方式找不同的供应商参与竞价。需要注意的是，在追求价格的同时要保证质量和供应的可靠性。一般情况下，这类物品不宜签订长期合同，且采购时要密切关注供应市场的价格走向与趋势。

（3）瓶颈采购品的策略主要是要让供应商能确保产品供应，必要时甚至可提高一些价格或增加一些成本，采取的行动是通过风险分析制订应急计划，同时与相应的供应商改善关系（最好是建立伙伴关系），以确保供应。

（4）一般采购品只占价值的 20%，在采购管理不善的情况下采购人员却往往花费大量的时间和精力去对付这些无足轻重的东西。这些物品的采购策略是要提高行政效率，采用程序化、规格化、系统化的工作作业方式等；主要措施有提高物品的标准化、通用化程度以减少物品种类，减少供应商数量，采用计算机系统、程序化作业以减少开单、发单、跟单、跟票等行政工作时间，提高工作的准确性及效率。

（二）采购商品的细分

上述分类方法是按管理的需求进行的，对这些不同类型的商品进行采购时，都会面临着各不相同的问题。为了便于进一步分析它们各自的特点，采购商品还可进行如下细分。

1. 有形商品采购

有形商品采购的内容包括原料、辅助材料、半成品、零部件、成品、投资品或固定设备，以及维护和修理运营用品（MRO 物品）。

制造企业采购清单种类

（1）原料。原料是未经转化或只有最小限度转化的材料，在生产流程中作为基本的材料存在。在产品的制造过程中，即使原料的形体发生物理或化学变化，它依然存在于产品里面。通常，原料是产品的制造成本中比率最高的项目。

（2）辅助材料（辅料）。辅助材料指的是在产品制造过程中除原料之外，被使用或消耗的材料。有些辅料与产品制造有直接的关系，但在产品制成时，辅料本身已经消失，如化学制品所需要的催化剂；有些辅料虽然还附着在产品上，但因其价值并不高而被视为辅料，比如成衣上的纽扣；有些辅料与产品制造过程没有直接的关系，只是消耗性的材料或工具，例如锉刀、钢刷或灭藻剂，包装材料及产生能量所耗用的燃料也属于辅料的范围。

（3）半成品。这些产品已经经过一次或多次处理，并将在后面的阶段进行深加工。它们在最终产品中实际存在。如钢板、钢丝和塑料薄片。

（4）零部件。它指的是不需要再经历额外的物理变化，但是将通过与其他部件相连接而被包括进某个系统中的产成品，它们被嵌入最终产品内部。比如前灯装置、灯泡、电池、发动机零件、电子零件、变速箱。

课堂笔记

（5）成品。成品主要是指用于销售而采购的所有产品，它们在经过可以忽略的价值增值后，与其他的成品和（或）制成品一起销售。如由汽车生产商提供的附件，像汽车收音机等。制造商并不生产这些产品，而是从专门的供应商那里取得这些产品。百货公司所销售的消费品也属于这个范围。

（6）投资品或固定设备。这些产品不会被立刻消耗掉，但其采购价值经过一段时间后会贬值。账面价值一般会逐年在资产负债表中报出。投资品可以是生产中使用的机器，也可以是计算机和建筑物。

（7）MRO 物品。这些产品是为保持组织的运转（尤其是辅助活动的进行）而需要的间接材料或用于消费的物品。这些物品一般由库存供应，这类物资有办公用品、清洁材料和复印纸等，也包括维护材料和备件。

2. 无形商品采购

无形商品采购主要是咨询服务和技术采购，或是采购设备时附带的服务。其主要形式有技术、服务和工程发包。

（1）技术。是指取得能够正确操作和使用机器、设备、原料的专业知识。只有取得技术才能使机器和设备发挥效能，提高产品的产出率或确保优良的品质，降低材料损耗率，减少机器或设备的故障率，这样才能达到减少投入、增加产出的目的。

（2）服务。服务是在合同的基础上由第三方（供应商、承包商、工程公司）完成的活动，它是指为了用于服务、维护、保养等目的的采购。服务包括从清洁服务和雇佣临时劳务到由专业的工程公司（承包商）为化学公司设计新生产设备的范围。这里还可能包括安装服务、培训服务、维修服务、升级服务及某些特殊的专业服务。

（3）工程发包。工程发包包括厂房、办公室等建筑物的建设与修缮，以及配管工程、动力配线工程、空调或保温工程及仪表安装工程等。工程发包有时要求承包商连工带料，以争取完工时效；有时自行备料，仅以点工方式计付工资给承包商，如此可以节省工程发包的成本。但是规模较大的企业，本身兼具机器制造和维修能力，就有可能购入材料自行施工，无论在完工品质、成本及时间等，均有良好的管制和绩效。

三、采购商品规格说明

商品规格说明的含义，商品规格是用户将需求传递给可能的供应商的主要方式。商品规格是对原材料、产品或服务的技术要求的描述。规格可以描述供应商必须满足的性能参数，或者给出产品或服务如何去做的完整的设计方案。

对采购的产品或服务定义不当或者根本不定义将导致一系列问题的产生。如果采购方都不能清楚地明白自己需要什么，又怎么能使供应商交付“好的”产品或“正确的”服务呢？所以，采购方必须在明确地定义规格之后，供应商才开始报价。

课堂笔记

（一）商品规格说明的必要性

规格说明是采购订单和采购合约的核心，规格对获得优秀品质的商品起着非常重要的作用，更能协调解决工程部门、制造部门、行销部门及采购部门之间的设计冲突。

在产品的设计方面，原料的选择对成本的确定起着非常重要的作用。产品在设计时，原料的成本会因规格已经确立而固定，并且是发生在向采购部门提出采购之前。由于市场、原料及生产方法的经常波动、持续修正、简化及改善提高等，从原始设计中就将商品规格化、标准化将会节省相当大的金额。

在采购方准备报价或者进入谈判之前，供应商需要以规格说明作为基础。规格有助于供应商决定他们是否提供这种产品或服务，并且如果提供，以什么成本提供。

（二）商品规格的类型

商品的描述可以采用多种形式，也可以是几种形式的组合。常用的描述方式主要有设计图和样图、品牌和商标、化学和物理规格、商业规格、设计规格、市场等级、原材料和制造方式的规格、功能规格等。多数企业的产品需要以上述方法中的两种或更多的方法来对产品规格进行说明。

1. 设计图和样图

规格的一般形式是工程样图或者工程设计图。这种形式的规格适用于机械加工品、铸件、锻件、压模部件、建筑、电子线路和组件等的采购。这种描述方式成本较大，这不仅在于准备蓝图或计算机程序本身的成本，而且还在于它用来描述的产品对于供应商来说往往是特别的，而不是标准化的商品，因此需要很大的花费才能生产。不过，这种描述方式是所有描述方法中最准确的一种，尤其适用于购买那些生产中需要高度完美度和精密度的产品。

2. 品牌和商标

当产品或服务由专利或商业机密保护，需求量太少而形不成规格，或者用户明确说明对某个品牌的偏好时，就需要使用品牌和商品。用品牌和商标作为规格说明会产生一些问题。比如，一家公司对一种可以在任何地方收割庄稼的拖拉机提出报价请求。规格上列出了现有的品牌、型号和当前可供选择的拖拉机的型号。采购方从供应商发现了大量的关于不同性能的问题，很可能最重要的问题是切割宽度是需要标准的 37 英寸[①] 还是 36 英寸，或者 38 英寸。然而，当现有品牌经销商不能够提供等同的设备时，就需要重新制定规格。减少这种问题的方法是在规格中容纳更多的品牌，众多品牌中总有一个可以满足用户的需求。可以列出物品主要的和必备的性能，以便确定合适的品牌，确定什么物资可以满足特殊需求，并且识别产品在大小、重量、速度和容量方面的细微差别。另一方面，使用品牌产品可能会造成对品

① 1 英寸 =2.54 厘米。

课堂笔记

牌的过度依赖。这可能会减少潜在供应商的数量，也会使采购者丧失机会，享受不到竞争带来的价格降低或者质量改进的好处。

3. 化学和物理规格

化学和物理特性决定的规格定义了采购方所想采购的原材料的特性。

4. 商业规格

商业规格描述原材料做工的质量、尺寸、化学成分、检验方法等。由于重复使用相同的材料，使产业及政府为这些材料制定了商业标准。这些商业描述了标准化项目的完整说明，它是使用大量生产系统的重要条件，对有效率的采购方而言相当重要。当材料是依据商业规格制定的时候，就可以省去许多麻烦。在商业贸易往来中，许多商品已经设立了标准规格。隶属政府的标准局或商品检验局、民间的标准化协会、工业及商业同业公会等皆致力于发展标准规格及标准检验方法。商业标准可适用于原料、装配物料、个别的零部件及配件等。

5. 设计规格

设计规格是买方为自己建立的所需要的规格，它对所需要的产品或服务给出了完整的描述，并且通常定义了通过何种流程可以制造出产品和原材料。设计规格可以使买方最大程度地控制最终结果。买方在建立设计规格时应该尽量符合产业的标准，如果必须有特别的尺寸、公差或特征时，应努力使这些“特别品”成为标准零件的附加或替代品，如此可以节省许多时间和金钱；还应该尽可能地避免因使用著名品牌或因商标或专利品造成的单一供应源所导致的过高价格。

由于确保符合公司规格的检验成本相当高，因此使用这种方法采购原料时需要特别地做好检验工作。

6. 市场等级

所谓市场等级是依据过去所建立的标准来判定某项特定的商品。此方法通常限于天然商品，这样的产品主要有木材、农产品及肉和奶制品。市场等级的主要问题是产品质量在时间方面的变动性和评定者给出的等级的连贯性。

在采用市场等级的规格方式时，检验的作用非常重要。采购具备同等级的商品时，工业用户通常运用人员的检验作为采购的技巧，如同个人购买的鞋子、衬衫、衣物之类的日常用品会自行采购一样。

7. 原材料和制造方式的规格

原材料和制造方法的规格使供应商确切了解使用什么样的原材料和如何生产所需要的产品。因为采购方向供应商阐明了如何完成工作，供应商将从品质保证中所隐含的特殊用途中解脱出来。原材料和制造方法的规格最常使用于军事服务和能源部门，近年来在产业界也是用修正后的这些规格，如颜料、钢铁、化学及药品等行业。但是这种方法在产业界中的应用还是非常小的，因为采购人员的责任太重大了。采用这种方法，规格制定及检验的成本是相当昂贵的。

这种规格描述方法的一个重要特征是由于产品的标准化，对取得优良服务及价格不会发生违反公平交易法的障碍，毕竟每个供应商使用的原料和制造方法存在相当大的差异程度。

8. 功能规格

功能规格定义了产品或服务所必须达到的成果，它们用于定义重要的设备和许多类型的服务。采购方对最终结果感兴趣，细节并不制定，而是取决于供应商。当使用了功能规格时，供应商将最大程度地确定如何满足需求，同时对最终产品的质量承担风险。

使用这种规格时，供应商的选择是非常重要的，必须要选择有能力且诚实的供应商，因为供应商必须承担设计、制造产品及品质的责任，若供应商能力不足，就无法提供许多先进的技术及制造知识；若供应商不够诚实，材料及技术则可能会相当低劣。所以使用这项规格时，必须在众多的供应商中选择最佳者，有潜力的供应商可保证品质及通过竞争提供较合理的价格。

9. 样品

样品可以用做规格。当样品满足采购方的需求时，规格将引用样品，并且声明生产的其他产品应该以样品为标准。采用样品方法通常只适用于其他的规格方法皆不适用时，颜色、印刷及等级无法以规格说明。例如，对一些商品而言，如小麦、玉米、棉花最好利用样本建立等级，是最佳的描述规格的方法。

技能训练

◇案例分析

开胶的纸盒

某制药厂开始生产一种新药。为配合新药的生产，厂计划部门指示采购部门每月提供一定规格的瓦楞纸包装纸盒 5 000 个。由于采购部过去一直定期向包装车间提供同类型纸盒供其他药品包装，因此并未向计划部门询问新的包装纸盒有无特殊要求，只是简单地向供货商追加了订货数量。但当最终新产品由库房提出准备发货时，发现产品包装纸盒开胶情况严重，达 30% 以上。产品未能及时供应客户，药厂受到一定经济损失。事后，厂领导要求采购部查清为何会出现如此严重的供应质量问题，并扣发有关采购人员全季度奖金。采购部门会同纸盒供货商，经多次调查发现，该新药与其他产品不同，要求冷库储存，从入库至发货产品通常要在冷库存放 48 小时以上，普通包装纸盒在此冷藏条件下易开胶。供货商提供适合冷藏的包装纸盒后，开胶现象未再出现。

思考

结合案例思考：从采购需求和供应市场分析的角度分析出现这个问题的根本原

课堂笔记

因在哪里?

拓展阅读

如何利用大数据分析预测未来趋势和发展机会?

利用大数据分析预测未来趋势和发展机会是一种越来越受到企业关注的战略工具。通过分析海量数据，企业可以发现潜在的市场机会、优化业务流程、改善产品和服务等。以下是一些方法和步骤，可以帮助企业利用大数据分析来预测未来趋势和发展机会。

收集和整理数据：首先，企业需要确定需要收集哪些数据，并确保这些数据是准确、完整的。可以从内部和外部多个渠道收集数据，例如企业内部的销售数据、客户数据，以及外部的市场数据、竞争对手数据等。

数据清洗和整理：收集到的数据可能存在一些噪音和错误，需要进行数据清洗和整理。这包括去除重复的数据、处理缺失值、纠正错误数据等操作，以确保数据的准确性和可靠性。

数据分析和建模：利用合适的数据分析工具和技术，对收集到的数据进行分析和建模。可以使用统计分析、机器学习、数据挖掘等方法，发现数据中的模式和趋势，并构建预测模型。

预测未来趋势和机会：基于建立的预测模型，可以通过模拟不同的情景和假设，预测未来的趋势和机会。例如，可以预测市场需求的变化、竞争对手的行动、新产品的市场反应等。

验证和调整：预测模型的准确性需要通过验证和调整来评估。可以使用历史数据进行验证，比较预测结果和实际情况的差异，并对模型进行调整和改进。

制定战略和行动计划：基于预测结果，企业可以制订相应的战略和行动计划。例如，根据预测的市场需求变化，调整产品组合和定价策略；根据预测的竞争对手行动，调整市场营销策略等。

监测和反馈：预测未来趋势和机会是一个动态的过程，需要持续监测和反馈。企业应该建立监测机制，及时获取新的数据，并对预测模型进行更新和调整，以保持预测的准确性。

总之，利用大数据分析预测未来趋势和发展机会可以帮助企业在竞争激烈的市场中获取先机，并制订相应的战略和行动计划。但需要注意的是，大数据分析并非万能的，仍然需要结合专业知识和经验进行判断和决策。

课堂笔记

素养园地

社会担当

——海外急采：中交二航局助力疫情防控

新冠肺炎疫情暴发以来，在汉央企中交集团所属中交第二航务工程局有限公司（简称“中交二航局”）深入贯彻落实党中央决策部署，积极履行央企责任。在这场没有硝烟的战斗中，中交二航局为打赢湖北保卫战、武汉保卫战贡献了央企力量，用实际行动奏响了抗疫凯歌。疫情暴发后，中交二航局向湖北省捐款500万元，企业职工自发募捐200万元，同时捐赠医用口罩4.3万余只、N95口罩3.6万余只、防护服近7 000件、护目镜2 000余个，为缓解医疗物资紧张的局面做出了积极贡献。

◇问题与思考

二航局如何满足防疫物资的采购需求？

◇内化与提升

积极履行央企责任，在这场没有硝烟的战斗中，中交二航局为打赢湖北保卫战、武汉保卫战贡献了央企力量，充分发挥海外优势，实施海外急采，用实际行动奏响了新时代的凯歌。

项目综合实训

企业市场调研

◇实训目的

（1）加深学生对采购需求分析和采购预测内涵的理解。

（2）理解采购需求分析中常用的方法。

（3）理解采购预测的基本步骤。

（4）培养学生的团队合作精神，提高归纳分析及与人沟通能力。

◇实训组织

（1）本着自愿原则，学生5人一组，每组产生组长1名，由组长分工及协调实训小组的实训任务，并带领大家完成实训任务。

（2）实训以实地调查为主，同时通过互联网、问卷调查等方式收集资料，辅助实训任务的完成。

◇实训案例

就近推荐各类企业若干家，包括商业连锁企业、小型商业企业、大型制造企业、

课堂笔记

小型制造企业，或者自主选择调研企业。

◇实训要求

（1）明确小组内成员之间的分工，尽可能调动所有成员参与的积极性，达到实训的效果。

（2）了解调研企业采购部门如何进行采购需求的分析与预测，都采用了什么方法，并做好记录。

（3）小组讨论，整理并统计各成员的发言，以便最后进行比较分析。

（4）本着互惠双赢的原则，小组讨论，依据自己的看法，提出企业采购需求分析的改进措施。

（5）小组内讨论，最后撰写企业调研报告。

◇实训成果说明

（1）实训过程中职业素养是否得到体现。

（2）小组分工是否明确和均衡，小组成员的能力是否得到充分的发挥。

（3）实训方法选择是否得当，操作是否规范。

（4）小组调研报告思路是否清晰，内容是否充实，重点是否突出。

◇项目小结

（1）采购需求分析的任务就是解决“做什么”的问题，即全面地理解需求者的各项要求，并准确地表达所接受的需求者需求。通过对需求者的需求情况进行分析，找出他们的需求规律，从根本上弄清他们需要什么、需要多少、什么时候需要等问题。

（2）供应市场分析是为满足公司目前及未来发展的需要，针对所采购的物品或服务系统进行供应商、供应价格、供应量等相关情报数据的调研、收集、整理和归纳，从而分析出所有相关要素以获取最大回报的过程。它包括供应商所在国家或地区的宏观经济分析、供应行业及其市场的中观经济分析以供应厂商的微观经济分析。

思考题

（1）采购需求分析的方法有哪些？

（2）采购需求分析常用的方法有哪些？

（3）采购预测的作用有哪些？

（4）采购预测的基本步骤是什么？

（5）采购商品的分类方法？

课堂笔记

◇项目评价表

实训完成情况（40 分）				得分：
计分标准： 出色完成 30~40 分；较好完成 20~30 分；基本完成 10~20 分；未完成 0~10 分				
学生自评（20 分）				得分：
计分标准：得分 =2×A 的个数 +1×B 的个数 +0×C 的个数				
专业能力	评价指标	自测结果	要求 （A 掌握；B 基本掌握；C 未掌握）	
采购需求分析	1. 采购需求分析含义 2. 常见采购需求分析方法 3.ABC 分类方法	A □ B □ C □ A □ B □ C □ A □ B □ C □	了解采购需求分析的含义，了解采购需求的特性，掌握采购需求分析常用的方法	
采购预测	1. 采购需求预测含义 2. 定量预测和定性预测	A □ B □ C □ A □ B □ C □	了解采购预测的含义，理解采购预测的作用，掌握定性预测和定量预测的方法	
供应市场分析	1. 供应市场结构和分析 2. 采购商品细分	A □ B □ C □ A □ B □ C □	了解供应市场分析的层次，熟悉供应市场结构，了解采购商品的细分，掌握供应市场分析过程	
职业道德思想意识	1. 爱岗敬业、认真严谨 2. 遵纪守法、遵守职业道德 3. 顾全大局、团结合作	A □ B □ C □ A □ B □ C □ A □ B □ C □	专业素质、思想意识得以提升，德才兼备	
小组评价（20 分）				得分：
计分标准：得分 =10×A 的个数 +5×B 的个数 +3×C 的个数				
团队合作		A □ B □ C □	沟通能力	A □ B □ C □
教师评价（20 分）				得分：
教师评语				
总成绩			教师签字	

项目三

制订采购计划

项目概述

对采购需求进行分析和预测后，就需要制订一个详细的采购计划。采购计划是采购人员的操作指南，是决定采购质量的重要内容。一份好的采购计划能够节约采购周期，降低采购成本，所以制订采购计划是我们学生必须掌握的技能。

案例导入

ERP 与家庭主妇做饭

订货意向：一天中午，丈夫在外给家里打电话：老婆，晚上我带几个同事回家吃饭，可以吗？

商务沟通：妻子："当然可以，来几个人？几点来？想吃什么菜？"丈夫："6 个人，我们 7 点左右回来，准备些酒、烤鸭、番茄炒蛋、凉菜、蛋花汤……，你看可以吗？"

订单确认：妻子："没问题，我会准备好的。"

MRP 计划：妻子记录下需要做的菜单（MRP 物料需求计划）。

BOM 物料清单：具体要准备的"物料"：鸭、酒、番茄、鸡蛋、油。

BOM 展开：发现需要：1 只鸭，5 瓶酒，4 个番茄……共用物料：炒蛋需要 6 个鸡蛋，蛋花汤需要 4 个鸡蛋。

缺料：打开冰箱一看（库存），只剩下 2 个鸡蛋。

课堂笔记

采购询价：来到菜市场，妻子：请问鸡蛋怎么卖？（采购询价）。小贩："1个1元，5个4.5元，10个8.8元。"

经济批量采购：妻子："我只需要8个，但这次买10个。"

验收、退料和换料：妻子："这有一个坏的，换一个。"

工艺路线：回到家中，准备洗菜、切菜、炒菜……

工作中心：厨房中有燃气灶、微波炉、电饭煲……

瓶颈工序 / 关键工艺路线：妻子发现拔鸭毛最费时间。

产品委外加工：用微波炉自己做烤鸭，可能就来不及（产能不足），于是决定在楼下的餐厅里买现成的。

紧急订单：下午4点，电话铃又响："妈妈，晚上几个同学想来家里吃饭，你帮忙准备一下。"

紧急订单处理："好的，儿子，你们想吃什么，爸爸晚上也有客人，你愿意和他们一起吃吗？""菜你看着办吧，但一定要有番茄炒鸡蛋。我们不和大人一起吃，6:30左右回来。"（不能并单处理）"好的，肯定让你们满意。"（订单确认）

紧急采购：鸡蛋又不够了，打电话叫小贩送来（紧急采购）。

采购委外单跟催：6:30时，一切准备就绪，可烤鸭还没送来，急忙打电话询问："我是李太太，怎么订的烤鸭还没送来。"

验收、入库、转应付账款："不好意思，送货的人已经走了，可能是堵车吧，马上就会到的。"门铃响了，"李太太，这是您要的烤鸭。请在单上签一个字。"

紧急订购意向：6:45时，女儿的电话："妈妈，我想现在带几个朋友回家吃饭可以吗？"（又是紧急订购意向，要求现货。有生意虽好，但完不成可就砸牌子了，这就是ERP中的订单交期评估啦！）

订单履行：该来的人都来了，美美吃了一顿……

设备采购：送走了所有客人，疲惫的妻子坐在沙发上对丈夫说："亲爱的，现在咱们家请客的频率非常高，应该要买些厨房用品。人力资源：最好能再雇个小保姆，就更好了（连人力资源系统也有接口了）。

审核：丈夫："家里你做主，需要什么你就去办吧。"（通过审核）

应收货款的催要：妻子："还有，最近家里花销太大，用你的私房钱来补贴一下，好吗？"（哈哈哈哈，最后就是应收货款的催要）

现在还有人不理解ERP吗？

记住，每一个合格的家庭主妇都是生产厂长的有力竞争者！

思考

结合案例思考：ERP主要是解决什么问题的？

课堂笔记

任务一　认知物料需求计划与 MRP 计算

学习目标

◇知识目标

理解物料需求计划的原理。

掌握物料需求计划的三个构成部分。

了解物料需求计划的计算逻辑和流程。

◇能力目标

能够绘制简单物品的物料清单。

能够根据已知的 MPS、BOM 和库存信息进行 MRP 的计算。

◇素养目标

培养学生的逻辑思维意识。

知识储备

一、物料需求计划（MRP）的原理

（一）基本 MRP 的原理

我们都知道，按需求的来源不同，企业内部的物料可分为独立需求和相关需求两种类型。独立需求是指需求量和需求时间由企业外部的需求来决定，例如，客户订购的产品、科研试制需要的样品、售后维修需要的备品备件等；相关需求是指根据物料之间的结构组成关系由独立需求的物料所产生的需求，例如，半成品、零部件、原材料等的需求。

MRP 的基本任务是：①从最终产品的生产计划（独立需求）导出相关物料（原材料、零部件等）的需求量和需求时间（相关需求）；②根据物料的需求时间和生产（订货）周期来确定其开始生产（订货）的时间。

MRP 的基本内容是编制零件的生产计划和采购计划。然而，要正确编制零件计划，首先必须落实产品的出产进度计划，用 MRP Ⅱ 的术语就是主生产计划（Master Production Schedule，MPS），这是 MRP 展开的依据。MRP 还需要知道产品的零件结构，即物料清单（Bill Of Material，BOM），才能把主生产计划展开成零件计划；同时，必须知道库存数量才能准确计算出零件的采购数量。因此，基本 MRP 的依据是：①主生产计划（MPS）；②物料清单（BOM）；③库存信息。

内部生产还是外购?

（二）MRP 基本构成

1. 主生产计划（Master Production Schedule，简称 MPS）

主生产计划是确定每一具体的最终产品在每一具体时间段内生产数量的计划。这里的最终产品是指对于企业来说最终完成、要出厂的完成品，它要具体到产品的品种、型号。这里的具体时间段，通常是以周为单位，在有些情况下，也可以是日、旬、月。主生产计划详细规定生产什么、什么时段应该产出，它是独立需求计划。主生产计划根据客户合同和市场预测，把经营计划或生产大纲中的产品系列具体化，使之成为展开物料需求计划的主要依据，起到了从综合计划向具体计划过渡的作用。

2. 产品结构与物料清单（Bill of Material，BOM）

MRP 系统要正确计算出物料需求的时间和数量，特别是相关需求物料的数量和时间，首先要使系统能够知道企业所制造的产品结构和所有要使用的物料。产品结构列出构成成品或装配件的所有部件、组件、零件等的组成、装配关系和数量要求。它是 MRP 产品拆零的基础。举例来说，如图 3-1 所示是一个简化了的自行车产品结构图，它大体反映了自行车的构成。

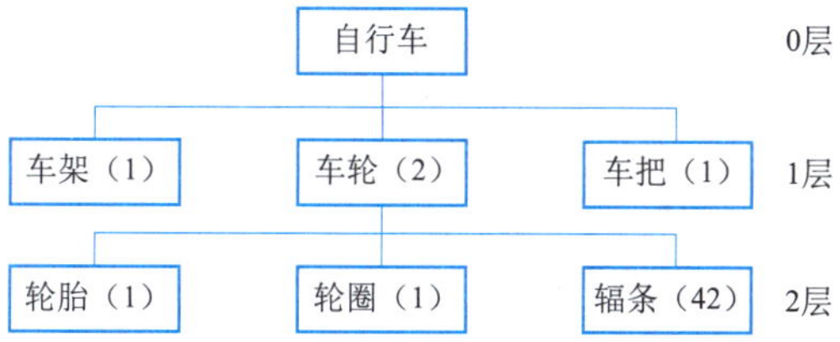

图 3-1　自行车产品结构图

当然，这并不是我们最终所要的 BOM。为了便于计算机识别，必须把产品结构图转换成规范的数据格式，这种用规范的数据格式来描述产品结构的文件就是物料清单。它必须说明组件（部件）中各种物料需求的数量和相互之间的组成结构关系。如表 3-1 所示是一张简单的与自行车产品结构相对应的物料清单。

表 3-1　一张简单的与自行车产品结构相对应的物料清单

层次	物料号	物料名称	单位	数量	类型	成品率	ABC 码	生效日期	失效日期	提前期
0	GB850	自行车	辆	1	M	1.0	A	950101	971231	2
1	CB120	车架	件	1	M	1.0	A	950101	971231	3
1	CL120	车轮	个	2	M	1.0	A	000000	999999	2
1	113000	车把	套	1	B	1.0	A	000000	999999	4
2	LG300	轮圈	件	1	B	1.0	A	950101	971231	5
2	GB890	轮胎	套	1	B	1.0	B	000000	999999	7
2	GBA90	辐条	根	48	B	0.9	B	950101	971231	4

注：类型中“M”为自制件，“B”为外购件。

课堂笔记

3. 库存信息

库存信息是保存企业所有产品、零部件、在制品、原材料等存在状态的数据库。在 MRP 系统中，将产品、零部件、在制品、原材料甚至工装工具等统称为“物料”或“项目”。为便于计算机识别，必须对物料进行编码。物料编码是 MRP 系统识别物料的唯一标识。

（三）MRP 基本运算逻辑

基本 MRP 的运算逻辑图如图 3–2 所示。

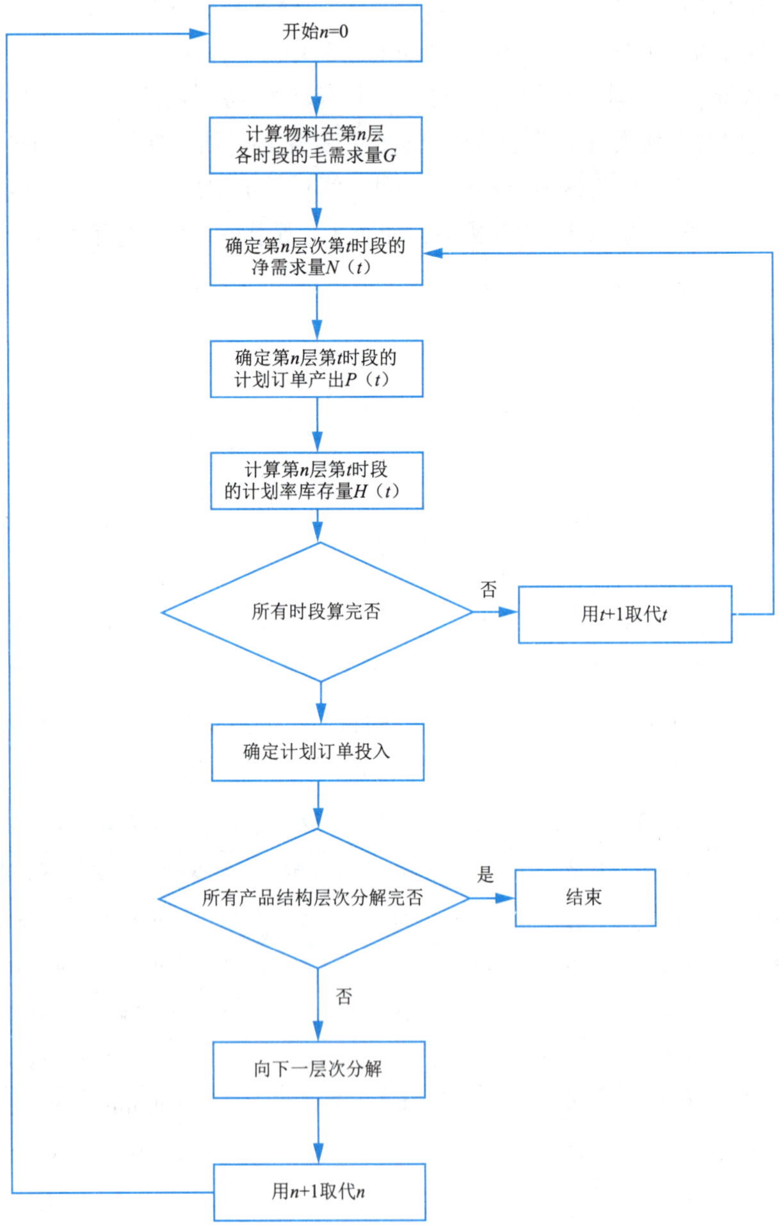

图 3–2　基本 MRP 的运算逻辑图

课堂笔记

下面结合实例说明 MRP 的运算逻辑步骤。如图 3-3 所示是产品 A 的结构图。

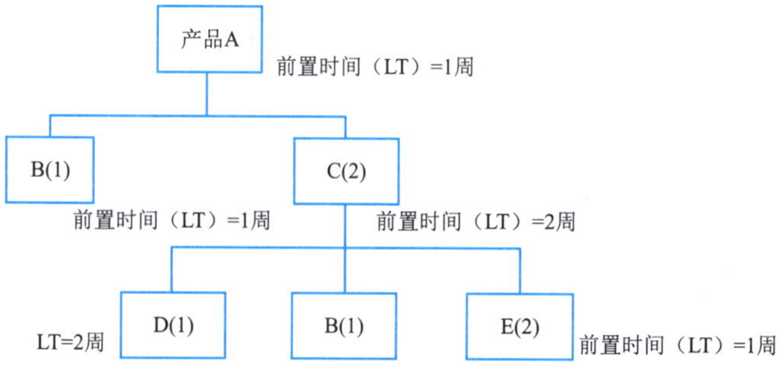

图 3-3　产品 A 的结构图

于是，现在我们就可以计算各个产品及相应部件的需求量，如表 3-2、表 3-3、表 3-4 所示。

要注意的是，由于提前期的存在，使物料的计划交付时间和净需求的时间有时会产生不一致。另外，我们为了简化计算，也暂时没有将安全库存量考虑在内。

（产品 A，提前期 =2，批量 =10）

表 3-2　产品 A 的需求量计算

时段（周）	1	2	3	4	5	6	7	8
毛需求量	20	10		30	30	10		
已分配量	0							
计划收到			40					
现有库存（40）	20	10	50	20	-10	-10		
净需求量					10	10		
计划交付			10	10				

以上计算过程表明虽然第 1、2、4、6 周均需要 A，但实际 A 只要 3 及 4 周交付 10 个即可以。这个计划下达时间和数量就是部件 B 和 C 的毛需求的时间和数量。

（部件 B，提前期 =1，批量 =20，1A=2B=2 × 10=20）

表 3-3　部件 B 的需求量计算

时段（周）	1	2	3	4	5	6	7	8
毛需求量	20	10		30	30	10		
已分配量	0							
计划收到			40					
现有库存（40）	20	10	50	20	-10	-10		

课堂笔记

续表

净需求量					10	10		
计划交付			10	10				

（部件 C，提前期 =3，批量 =60，1A=3C=3×10=30）

表 3-4　部件 C 的需求量计算

时段（周）	1	2	3	4	5	6	7	8
毛需求量			30	30				
已分配量								
计划收到								
现有库存（50）	50	50	20	-10				
净需求量				10				
计划交付	60							

从这一层的分解可以看出，对于部件 B，它还在需要在第 3 周交付 10 个，为此我们还要按照产品结构展开下一层的分解。分解方法和步骤如前，这里我们就不一一展开了。经过了以上的展开计算后，我们就可以得出产品 A 的零部件的各项相关需求量。然而，现实中企业的情况远没有这样简单，在许多加工制造性的企业中，由于产品种类繁多，并不只是产品 A 要用到部件 B、部件 C 以及零件 D 和 E，可能还有其他产品也需要用到它们，也可能零件 D、E 还有一定的独立需求（如作为服务件用的零件等）。所以，MRP 要做的工作是要先把企业在一定时段内对同一零部件的毛需求汇总，然后再据此算出它们在各个时段内的净需求量和计划交付量，并据以安排生产计划和采购计划。这里为了解释它的原理，我们可以假设，企业还有产品 X 要用到零件 D，此外，零件 D 还有一定的独立需求。

则对零件 D 的总需求计算如图 3-4 所示。

求得了零件 D 的总需求量，我们就可以根据前面介绍的原理，进一步计算出该零件总的净需求量和计划交付量，由此，有关的生产计划和采购计划就能够在适当的时间给予安排。这样，我们就完成了一个基本 MRP 的运算循环。当然，这一切都是在计算机的帮助下，遵循分层处理原则（ERP 系统是从 MPS 开始计算，然后按照 BOM 一层层往下进行，逐层展开相关需求件的计算，直至低层）完成的。应该说，这种借助于先进的计算机技术和管理软件而进行的物料需求量的计算，与传统的手工方式相比，计算的时间大大缩短，计算的准确度也相应地得以大幅的提高。

课堂笔记

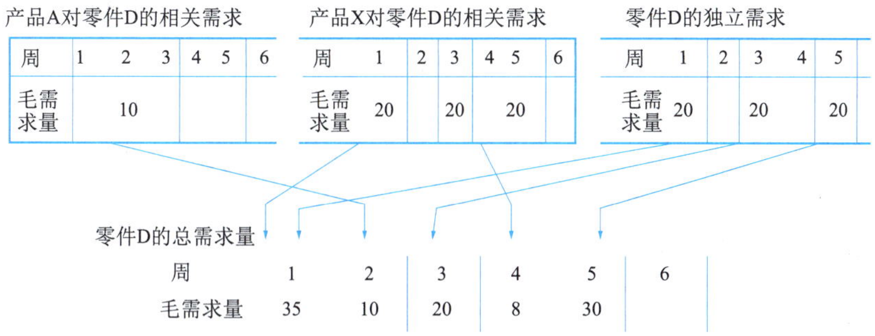

图 3-4　相关需求与独立需求同时存在时的需求量计算

（四）MRP 计算举例

购买零件 A 的前置时间是 4 周，零件 A 现有数量为 22 件，另外在第 4 周的预计到达量为 20 件，今后 8 周对零件 A 的需求量如表 3-5 所示。请用 MRP 系统计算表确定发出订单的时间和数量。

表 3-5　今后 8 周对零件 A 的需求量

周	1	2	3	4	5	6	7	8
需求量	0	17	0	14	2	28	9	18

解：今后 8 周零件 A 的 MRP 的运算结果如表 3-6 和表 3-7 所示。

（LT=4）

表 3-6　零件 A 的 MRP 的运算表

时段 t	0	1	2	3	4	5	6	7	8
总需求量 $G(t)$		0	17	0	14	2	28	9	18
预计到达量 $S(t)$					20				
预计现存量 $H(t)$	22	22	5	5	11	9	1	12	14
净需求量 $N(t)$							19	8	6
计划订货到达量 $P(t)$							20	20	20
计划发出订货量 $R(t)$			20	20	20				

（LT=4，订货批量不小于 20 件）

表 3-7　零件 A 的 MRP 的运算表

时段 t	0	1	2	3	4	5	6	7	8
总需求量 $G(t)$		0	17	0	14	2	28	9	18

课堂笔记

续表

预计到达量 $S(t)$					20				
预计现存量 $H(t)$	22	22	5	5	11	9	0	0	0
净需求量 $N(t)$							19	9	18
计划订货到达量 $P(t)$							19	9	18
计划发出订货量 $R(t)$			19	9	18				

技能训练

◇任务及要求

（1）产品A的错口式物料清单如表3–8所示，已接到第7周200件产品A的订单。假如既没有可用的存货也没有已订未到的货，请确定每次订货的数量和发出订单的时间。

表 3-8　产品 A 的错口式物料清单

物品代号及层次			每一装配件需要的数量	前置时间（LT）
0	1	2		
A 产成品				A　LT=3
*	E（形成 A 的零件）		4	E　LT=1
*	C（形成 A 的零件）		3	C　LT=3
*	B 在制品		2	B　LT=2
*	*	E（形成 B 的零件）	3	E　LT=1
*	*	D（形成 B 的零件）	2	D　LT=1

解：产品A、零件B、零件C、零件D、零件E的MRP计算表，如表3–9~表3–15所示。

表 3-9　产品 A 的 MRP 计算表（LT=3）

时段 t	0	1	2	3	4	5	6	7	8
总需求量 $G(t)$								200	
预计到达量 $S(t)$									
预计现存量 $H(t)$	0	0	0	0	0	0	0		
净需求量 $N(t)$								200	
计划订货到达量 $P(t)$								200	
计划发出订货量 $R(t)$					200				

课堂笔记

表 3-10　零件 B 的 MRP 计算表（LT=2）

时段 *t*	0	1	2	3	4	5	6	7	8
总需求量 *G*（*t*）					400				
预计到达量 *S*（*t*）									
预计现存量 *H*（*t*）	0	0	0	0	0				
净需求量 *N*（*t*）					400				
计划订货到达量 *P*（*t*）					400				
计划发出订货量 *R*（*t*）			400						

表 3-11　零件 C 的 MRP 计算表（LT=3）

时段 *t*	0	1	2	3	4	5	6	7	8
总需求量 *G*（*t*）					600				
预计到达量 *S*（*t*）									
预计现存量 *H*（*t*）	0	0	0	0	0				
净需求量 *N*（*t*）					600				
计划订货到达量 *P*（*t*）					600				
计划发出订货量 *R*（*t*）		600							

表 3-12　零件 D 的 MRP 计算表（LT=1）

时段 *t*	0	1	2	3	4	5	6	7	8
总需求量 *G*（*t*）			800						
预计到达量 *S*（*t*）									
预计现存量 *H*（*t*）	0	0							
净需求量 *N*（*t*）			800						
计划订货到达量 *P*（*t*）			800						
计划发出订货量 *R*（*t*）		800							

表 3-13　零件 E 的 MRP 计算表（LT=1）400　A 总成对 E 的需求

时段 *t*	0	1	2	3	4	5	6	7	8
总需求量 *G*（*t*）					800				
预计到达量 *S*（*t*）									
预计现存量 *H*（*t*）	0	0	0	0					
净需求量 *N*（*t*）					800				

课堂笔记

续表

计划订货到达量 $P(t)$					800				
计划发出订货量 $R(t)$				800					

表 3-14　零件 E 的 MRP 计算表（LT=1）400　B 对 E 的需求

时段 t	0	1	2	3	4	5	6	7	8
总需求量 $G(t)$			1200						
预计到达量 $S(t)$									
预计现存量 $H(t)$	0	0	0						
净需求量 $N(t)$			1200						
计划订货到达量 $P(t)$			1200						
计划发出订货量 $R(t)$		1200							

合并 E 的 MRP 的汇总结果表为：

表 3-15　零件 E 的 MRP 计算表（LT=1）400　对 E 的全部需求

时段 t	0	1	2	3	4	5	6	7	8
总需求量 $G(t)$			1200		800				
预计到达量 $S(t)$									
预计现存量 $H(t)$	0	0	0	0	0				
净需求量 $N(t)$			1200		800				
计划订货到达量 $P(t)$			1200		800				
计划发出订货量 $R(t)$		1200		800					

MRP 最终生产计划和采购计划如下：

第 2 周安排自制件 B 的生产 400 件；

第 1 周安排采购 E1200 件；第 3 周安排采购 E800 件；

第 1 周安排采购 D800 件；

第 1 周安排采购 C600 件。

（2）已接到 20 件产品 A 和 50 件产品 R 的订货，交货时间为第 8 时段。产品 A 的错口式物料清单结构如表 3-16 所示，产品 R 的错口式物料清单结构如表 3-17 所示。A、R、B、C、D、E 的现有库存量分别为 1、4、74、90、190、160。如果订货量不受限制，每次订货的数量应为多少？每项物品应于何时发出订单？

课堂笔记

表 3-16 产品 A 的错口式物料清单结构

物品代号及层次			每一装配件需要的数量	前置时间（LT）
0	1	2		
A 产成品				A LT=3
*	E（形成 A 的零件）		4	E LT=1
*	C（形成 A 的零件）		3	C LT=3
*	B 在制品		2	B LT=2
*	*	E（形成 B 的零件）	3	E LT=1
*	*	D（形成 B 的零件）	2	D LT=1

表 3-17 产品 R 的错口式物料清单结构

物品代号及层次			每一装配件需要的数量	前置时间（LT）
0	1	2		
R				4
*	B		4	2
*	*	D	2	1
*	*	E	3	1

解：产品 A、产品 R、零件 B、零件 C、零件 D、零件 E 的 MRP 计算表如表 3-18~表 3-23 所示。

表 3-18 产品 A 的 MRP 计算表（LT=3）

时段 *t*	0	1	2	3	4	5	6	7	8
总需求量 *G*（*t*）									20
预计到达量 *S*（*t*）									
预计现存量 *H*（*t*）	1	1	1	1	1	1	1	1	0
净需求量 *N*（*t*）									19
计划订货到达量 *P*（*t*）									19
计划发出订货量 *R*（*t*）						19			

表 3-19 产品 R 的 MRP 计算表（LT=4）

时段 *t*	0	1	2	3	4	5	6	7	8
总需求量 *G*（*t*）									50

课堂笔记

续表

时段 t	0	1	2	3	4	5	6	7	8
预计到达量 $S(t)$									
预计现存量 $H(t)$	4	4	4	4	4	4	4	4	0
净需求量 $N(t)$									46
计划订货到达量 $P(t)$									46
计划发出订货量 $R(t)$					46				

表 3-20 零件 B 的 MRP 计算表（LT=2）

时段 t	0	1	2	3	4	5	6	7	8
总需求量 $G(t)$					184	38			
预计到达量 $S(t)$									
预计现存量 $H(t)$	74	74	74	74	0	0			
净需求量 $N(t)$					110	38			
计划订货到达量 $P(t)$					110	38			
计划发出订货量 $R(t)$			110	38					

表 3-21 零件 C 的 MRP 计算表（LT=3）

时段 t	0	1	2	3	4	5	6	7	8
总需求量 $G(t)$						57			
预计到达量 $S(t)$									
预计现存量 $H(t)$	90	90	90	90	90	33			
净需求量 $N(t)$									
计划订货到达量 $P(t)$									
计划发出订货量 $R(t)$									

表 3-22 零件 D 的 MRP 计算表（LT=1）

时段 t	0	1	2	3	4	5	6	7	8
总需求量 $G(t)$			220	76					
预计到达量 $S(t)$									
预计现存量 $H(t)$	190	190	0	0					
净需求量 $N(t)$			30	76					
计划订货到达量 $P(t)$			30	76					
计划发出订货量 $R(t)$		30	76						

课堂笔记

表 3-23　零件 E 的 MRP 计算表（LT=1）

时段 t	0	1	2	3	4	5	6	7	8
总需求量 $G(t)$			330	380					
预计到达量 $S(t)$									
预计现存量 $H(t)$	160	160	0	0					
净需求量 $N(t)$			170	380					
计划订货到达量 $P(t)$			170	380					
计划发出订货量 $R(t)$		170	380						

任务二　制订采购计划

学习目标

◇知识目标

掌握采购计划制订的环节。

理解认证计划与评估认证需求的含义。

掌握下单数量和下单时间的计算公式。

◇能力目标

能够根据采购计划的 8 个环节制订采购计划。

◇素养目标

培养学生规划意识。

知识储备

目前公认的采购计划的主要环节有准备认证计划、评估认证需求、计算认证容量、制订认证计划、准备订单计划、评估订单需求、计算订单容量、制订订单计划。

一、准备认证计划

准备认证计划是采购计划的第一步，也是非常重要的一步。关于准备认证计划可以从以下 4 个方面进行详细的阐述。

（1）接收开发批量需求。开发批量需求是启动整个供应程序流动的牵引项，要想制订比较准确的认证计划，首先要非常熟悉开发需求计划。目前开发批量需求通常有两种情形：一种情形是在以前或者是目前的采购环境中就能够挖掘到的物料供应，例如，若是以前所接触的供应商的供应范围比较大，就可以从这些供应商的供

课堂笔记

应范围中找到企业需要的批量物料需求；另一种情形是企业需要采购的是新物料，在原来形成的采购环境中不能提供，需要企业的采购部门寻找新物料的供应商。

（2）接收余量需求。随着企业规模的扩大，市场需求也会变得越来越大，旧的采购环境容量不足以支持企业的物料需求；或者是因为采购环境有了下降的趋势从而导致物料的采购环境容量逐渐缩小，这样就无法满足采购的需求。以上这两种情况都会产生余量需求，这就产生了对采购环境进行扩容的要求。采购环境容量的信息一般是由认证人员和订单人员来提供。

（3）准备认证环境资料。通常来讲，采购环境的内容包括认证环境和订单环境两个部分。有些供应商的认证容量比较大，但是其订单容量比较小；有些供应商的情况恰恰相反，其认证容量比较小，但是订单容量比较大。产生这些情况的原因是认证过程本身是对供应商样件的小批量试制过程，这个过程需要强有力的技术力量支持，有时甚至需要与供应商一起开发；但是订单过程是供应商规模化的生产过程，其突出表现就是自动化机器流水作业及稳定的生产，技术工艺已经固化在生产流程之中，所以订单容量的技术支持难度比起认证容量的技术支持难度要小得多。因此，可以看出认证容量和订单容量是两个完全不同的概念，企业对认证环境进行分析的时候一定要分清这两个概念。

（4）制定认证计划说明书。制定认证计划说明书也就是把认证计划所需要的材料准备好，主要内容包括认证计划说明书（物料项目名称、需求数量、认证周期等），同时附有开发需求计划、余量需求计划、认证环境资料等。

二、评估认证需求

评估认证需求是采购计划的第二个步骤，其主要内容包括 3 方面：分析开发批量需求、分析余量需求、确定认证需求。

（1）分析开发批量需求。要做好开发批量需求的分析不仅需要分析量上的需求，而且要掌握物料的技术特征等信息。开发批量需求的样式是各种各样的，按照需求的环节可以分为研发物料开发认证需求和生产批量物料认证需求；按照采购环境可以分为环境内物料需求和环境外物料需求；按照供应情况可以分为可直接供应物料和需要订做物料；按照国界可分为国内供应物料和国外供应物料等。对于如此复杂的情况，计划人员应该对开发物料需求做详细的分析，有必要时还应该与开发人员、认证人员一起研究开发物料的技术特征，按照已有的采购环境及认证计划经验进行分类。从以上可以看出，认证计划人员需要兼备计划知识、开发知识、认证知识等，具有从战略高度分析问题的能力。

（2）分析余量需求。分析余量需求要求首先对余量需求进行分类，前面已经说明了余量认证的产生来源：一种情况是市场销售需求的扩大，另一种情况是采购环境订单容量的萎缩。这两种情况都导致了目前采购环境的订单容量难以满足用户的需求，因此需要增加采购环境容量。对于因市场需求原因造成的，可以通过市场及生产需求计划得到各种物料的需求量及时间；对于因供应商萎缩造成的，可以通过分析现实采购环境的总体订单容量与原订容量之间的差别，这两种情况的余量相加即可得到总的需求容量。

（3）确定认证需求。要确定认证需求可以根据开发批量需求及余量需求的分析结果来确定。认证需求是指通过认证手段，获得具有一定订单容量的采购环境。

三、计算认证容量

计算认证容量是采购计划的第三个步骤，它主要包括 4 方面的内容：分析项目认证资料、计算总体认证容量、计算承接认证量、确定剩余认证容量。

（1）分析项目认证资料。分析项目认证资料是计划人员的一项重要事务，不同的认证项目其过程及周期也是千差万别的。机械、电子、软件、设备、生活日用品等物料项目，它们的加工过程各种各样，非常复杂。作为从事某行业的实体来说，需要认证的物料项目可能是上千种物料中的某几种，熟练分析几种物料的认证资料是可能的，但是对于规模比较大的企业，分析上千种甚至上万种物料其难度则要大得多。

（2）计算总体认证容量。在采购环境中，供应商订单容量与认证容量是两个不同的概念，有时可以互相借用，但绝不是等同的。一般在认证供应商时，要求供应商提供一定的资源用于支持认证操作，或者一些供应商只做认证项目。总之，在供应商认证合同中，应说明认证容量与订单容量的比例，防止供应商只做批量订单，而不愿意做样件认证。计算采购环境的总体认证容量的方法是把采购环境中所有供应商的认证容量叠加即可，但对有些供应商的认证容量需要加以适当的系数。

（3）计算承接认证量。供应商的承接认证量等于当前供应商正在履行认证的合同量。一般认为认证容量的计算是一个相当复杂的过程，各种各样的物料项目的认证周期也是不一样的，一般是要求计算某一时间段的承接认证量。最恰当、最及时的处理方法是借助电子信息系统，模拟显示供应商已承接的认证量，以便认证计划决策使用。

（4）确定剩余认证容量。某一物料所有供应商群体的剩余认证容量的总和，称为该物料的“认证容量”，可以用下面的公式简单地进行说明。

物料认证容量 = 物料供应商群体总体认证容量 − 承接认证量

这种计算过程也可以被电子化，一般 MRP 系统不支持这种算法，因而可以单独创建系统。认证容量是一个近似值，仅作为参考，认证计划人员对此不可过高估计，但它能指导认证过程的操作。

采购环境中的认证容量不仅是采购环境的指标，而且也是企业不断创新，维持持续发展的动力源。源源不断的新产品问世是基于认证容量价值的体现，也由此能

课堂笔记

生产出各种各样的产品新部件。

四、制订认证计划

制订认证计划是采购计划的第四个步骤，它的主要内容包括对比需求与容量、综合平衡、确定余量认证计划、制订认证计划 4 个方面的内容。

（1）对比需求与容量。认证需求与供应商对应的认证容量之间一般都会存在差异，如果认证需求小于认证容量，则没有必要进行综合平衡，直接按照认证需求制订认证计划；如果认证需求量大大超出供应商容量，出现这种情况就要进行认证综合平衡，对于剩余认证需求需要制订采购环境之外的认证计划。

（2）综合平衡。综合平衡就是指从全局出发，综合考虑生产、认证容量、物料生命周期等要素，判断认证需求的可行性，通过调节认证计划来尽可能地满足认证需求，并计算认证容量不能满足的剩余认证需求，这部分剩余认证需求需要到企业采购环境之外的社会供应群体之中寻找容量。

（3）确定余量认证计划。确定余量认证计划是指对于采购环境不能满足的剩余认证需求，应提交采购认证人员分析并提出对策，与之一起确认采购环境之外的供应商认证计划。采购环境之外的社会供应群体如果没有与企业签订合同，那么制订认证计划时要特别小心，并由具有丰富经验的认证计划人员和认证人员联合操作。

（4）制订认证计划。制订认证计划是认证计划的主要目的，是衔接认证计划和订单计划的桥梁。只有制订好认证计划，才能根据该认证计划做好订单计划。下面给出认证物料数量及开始认证时间的确定方法。

认证物料数量 = 开发样件需求数量 + 检验测试需求数量 + 样品数量 + 机动数量

开始认证时间 = 要求认证结束时间 − 认证周期 − 缓冲时间

五、准备订单计划

准备订单计划主要也分为 4 个方面的内容：接收市场需求、接收生产需求、准备订单环境资料、制订订单计划说明书。

（1）接收市场需求。首先要弄明白什么是市场需求，市场需求是启动生产供应程序流动的牵引项，要想制订比较准确的订单计划，首先必须熟知市场需求计划，或者是市场销售计划。市场需求的进一步分解便得到生产需求计划。企业的年度销售计划一般在上年的年末制订，并报送至各个相关部门，同时下发到销售部门、计划部门、采购部门，以便指导全年的供应链运转；根据年度计划制订季度、月度的市场销售需求计划。

（2）接收生产需求。生产需求对采购来说可以称之为生产物料需求。生产物料需求的时间是根据生产计划产生的，通常生产物料需求计划是订单计划的主要来源。为了便于理解生产物料需求，采购计划人员需要深入熟知生产计划及工艺常识。在 MRP 系统之中，物料需求计划是主生产计划的细化，它主要来源于主生产计划、独立需求的预测、物料清单文件、库存文件。编制物料需求计划的主要步骤包括：

① 决定毛需求。

② 决定净需求。

③ 对订单下达日期及订单数量进行计划。

（3）准备订单环境资料。准备订单环境资料是准备订单计划中一个非常重要的内容。订单环境是在订单物料的认证计划完毕之后形成的，订单环境的资料主要包括：

① 订单物料的供应商消息。

② 订单比例信息（对多家供应商的物料来说，每一个供应商分摊的下单比例称为订单比例，该比例由认证人员产生并给予维护）。

③ 最小包装信息。

④ 订单周期，它是指从下单到交货的时间间隔，一般以天为单位。

订单环境一般使用信息系统管理。订单人员根据生产需求的物料项目，从信息系统中查询了解该物料的采购环境参数及其描述。

（4）制订订单计划说明书。制订订单计划说明书也就是准备好订单计划所需要的资料，主要内容包括：

① 订单计划说明书，如物料名称、需求数量、到货日期等。

② 附有市场需求计划、生产需求计划、订单环境资料等。

六、评估订单需求

评估订单需求是采购计划中非常重要的一个环节，只有准确地评估订单需求，才能为计算订单容量提供参考依据，以便制订出好的订单计划。它主要包括 3 个方面的内容：分析市场需求、分析生产需求、确定订单需求。

（1）分析市场需求。市场需求和生产需求是评估订单需求的两个重要方面。订单计划不仅仅来源于生产计划，一方面，订单计划首先要考虑的是企业的生产需求，生产需求的大小直接决定了订单需求的大小；另一方面，制订订单计划还得兼顾企业的市场战略及潜在的市场需求等。此外，制订订单计划还需要分析市场要货计划的可信度。必须仔细分析市场签订合同的数量与还没有签订合同的数量（包括没有及时交货的合同）的一系列数据，同时研究其变化趋势，全面考虑要货计划的规范性和严谨性，还要参照相关的历史要货数据，找出问题的所在。只有这样，才能对市场需求有一个全面的了解，才能制订出一个满足企业远期发展与近期实际需求相结合的订单计划。

（2）分析生产需求。分析生产需求是评估订单需求首先要做的工作。要分析生产需求，首先就需要研究生产需求的产生过程，然后再分析生产需求量和要货时间，这里不再做详细的阐述，仅通过一个企业的简单例子做一下说明。某企业根据生产计划大纲，对零部件的清单进行检查，得到部件的毛需求量。在第一周，现有的库存量是 80 件，毛需求量是 40 件，那么剩下的现有库存量为 80–40=40（件）；则到第三周时，库存为 40 件，此时预计入库 120 件，毛需求量 70 件，那么新的现有库存为 40+120–70=90（件）。

每周都有不同的毛需求量和入库量，于是就产生了不同的生产需求，对企业不同时期产生的不同生产需求进行分析是很有必要的。

（3）确定订单需求。根据对市场需求和对生产需求的分析结果，就可以确定订单需求。通常来讲，订单需求的内容是通过订单操作手段，在未来指定的时间内，将指定数量的合格物料采购入库。

七、计算订单容量

计算订单容量是采购计划中的重要组成部分。只有准确地计算好订单容量，才能对比需求和容量，经过综合平衡，最后制订出正确的订单计划。计算订单容量主要有 4 个方面的内容：分析项目供应资料、计算总体订单容量、计算承接订单容量、确定剩余订单容量。

（1）分析项目供应资料。众所周知，在采购过程中物料和项目是整个采购工作的操作对象。对于采购工作来讲，在目前的采购环境中，所要采购物料的供应商信息是非常重要的一项信息资料。如果没有供应商供应物料，那么无论是生产需求还是紧急的市场需求，一切都无从谈起。可见，有供应商的物料供应是满足生产需求和满足紧急市场需求的必要条件。例如，某企业想设计一家练歌房的隔音系统，隔音玻璃棉是完成该系统的关键材料，经过项目认证人员的考察，该种材料被垄断在少数供应商的手中，在这种情况下，企业的计划人员就应充分利用好这些情报，在下达订单计划时就会有的放矢了。

（2）计算总体订单容量。总体订单容量是多方面内容的组合。一般包括两方面内容：一方面是可供给的物料数量，另一方面是可供给物料的交货时间。举一个例子来说明这两方面的结合情况：A 供应商在 12 月 31 日之前可供应 5 万个特种按钮（i 型 3 万个，ii 型 2 万个），B 供应商在 12 月 31 日之前可供应 8 万个特种按钮（i 型 4 万个，ii 型 4 万个），那么 12 月 31 日之前 i 和 ii 两种按钮的总体订单容量为 13 万个，其中 ii 型按钮的总体订单容量为 6 万个。

（3）计算承接订单容量。承接订单容量是指某供应商在指定的时间内已经签下的订单量，但是，承接订单容量的计算过程较为复杂。仍以一个例子来说明：A 供应商在 12 月 31 日之前可以供给 5 万个特种按钮（i 型 3 万个，ii 型 2 万个），若是

课堂笔记

已经承接 i 型特种按钮 2 万个，ii 型 2 万个，那么对 i 型和 ii 型物料已承接的订单量就比较清楚，即 2 万个（i 型）+2 万个（ii 型）=4 万个。

（4）确定剩余订单容量。剩余订单容量是指某物料所有供应商群体的剩余订单容量的总和，可以用下面的公式表示。

物料剩余订单容量 = 物料供应商群体总体订单容量 – 已承接订单量

八、制订订单计划

制订订单计划是采购计划的最后一个环节，也是最重要的环节。它主要包括 4 个方面的内容：对比需求与容量、综合平衡、确定余量认证计划、制订订单计划。

（1）对比需求与容量。对比需求与容量是制订订单计划的首要环节，只有比较出需求与容量的关系才能有的放矢地制订订单计划。如果经过对比发现需求小于容量，即无论需求多大，容量总能满足需求，则企业要根据物料需求来制订订单计划；如果供应商的容量小于企业的物料需求，则要求企业根据容量制订合适的物料需求计划，这样就产生了剩余物料需求，需要对剩余物料需求重新制订认证计划。

（2）综合平衡。综合平衡是指综合考虑市场、生产、订单容量等要素，分析物料订单需求的可行性，必要时调整订单计划，计算容量不能满足的剩余订单需求。

（3）确定余量认证计划。在对比需求与容量的时候，如果容量小于需求就会产生剩余需求，对于剩余需求，要提交认证计划制订者处理，并确定能否按照物料需求规定的时间及数量交货。为了保证物料及时供应，此时可以通过简化认证程序，并由具有丰富经验的认证计划人员进行操作。

制订订单计划是采购计划的最后一个环节，订单计划做好之后就可以按照计划进行采购工作了。一份订单包含的内容有下单数量和下单时间两个方面。

下单数量 = 生产需求量 – 计划入库量 – 现有库存量 + 安全库存量

下单时间 = 要求到货时间 – 认证周期 – 订单周期 – 缓冲时间

订货提前期

技能训练

一、任务的提出

某手机企业 2019 年销售某款手机 20 万部，共购买某种零件 60 万件。根据市场需求，该手机企业预计 2020 年销售量比 2019 年增长 30%。在该手机零件供应商中，A 供应商和 B 供应商的供应量分别占总需求量 70% 和 30%；A 供应商的年生产能力为 80 万件，已有其他企业的 40 万件订单量；B 供应商的年生产能力为 50 万件，

课堂笔记

已有其他企业的 24 万件订单量。

根据经验，认证新供应商时，零件的检验测试需求量、样件数量和机动数量分别占该供应商订单容量的 0.1%、0.05% 和 0.05%，采购周期为 30 天。为赶上 2020 年“十一”假期的销售活动，该手机企业必须在 2020 年 8 月 31 日之前完成采购认证，认证周期为 15 天，缓冲时间为 15 天，则制订该零件的认证计划。

二、零件认证过程参考

（1）计算零件需求量增量。

需求量＝ 20 ×（1+30%）×（60 ÷ 20）=78 万件

需求量增量＝ 78–60=18 万件

（2）计算供应商 A 和 B 总的供应量。

供应商 A 应供应的量＝ 78 × 70%=54.6 万件

供应商 B 应供应的量＝ 78 × 30%=23.4 万件

供应商 A 和 B 总的供应量＝（80–40）+（50–24）=66 万件

（3）计算认证零件数量和开始认证时间。

企业需要从新的供应商处采购 78–66=12 万件零件才能满足需求。对能满足要求的供应商进行认证，则认证零件数量＝ 12+12 × 0.1%+12 × 0.05%+12 × 0.05%=12.024 万件，开始认证时间＝ 31–15–15=1 天，该手机企业需要从 2020 年 8 月 1 日开始认证，认证零件数量为 12.024 万件。

任务三　采购预算

学习目标

◇知识目标

了解采购预算的含义。

理解编制采购预算的原则。

掌握预算编制的方法和流程。

◇能力目标

掌握采购预算编制的基本方法。

◇素养目标

培养学生正视自身分析意识。

课堂笔记

知识储备

一、预算的概念

所谓预算就是一种用数量来表示的计划，是将企业未来一定时期间经营决策的目标通过有关数据系统地反映出来，是经营决策的具体化、数量化。预算的时间范围要与企业的计划期保持一致，绝不能过长或过短，长于计划期的预算没有实际意义，徒然浪费人力、财力和物力；而过短的预算则又不能保证计划的顺利执行。企业所能获得的可分配的资源和资金在一定程度上是有限的，是受客观条件的限制，企业的管理者必须通过有效地分配有限的资源来提高效率以获得最大的收益。一个良好的企业不仅要赚取合理的利润，还要保证企业有良好的资金流。因此，良好的预算既要注重最佳实践，又要强调财务业绩。

二、预算的作用和类型

1. 预算的作用一般说来，预算主要具有以下作用。

① 保障战略计划和作业计划的执行，确保组织向同一个好的方向迈进。

② 协调组织经营。

③ 在部门之间合理安排有限资源，保证资源分配的效率性。

④通过审批和拨款过程及差异分析控制支出。

⑤ 监视支出：管理者用目前的收入和支出与预算的收入和支出相比较，对企业的财务状况进行监控。

2. 预算的种类

预算的种类不同，所起的作用也不同。根据时间的长短，可以将预算分为长期预算和短期预算。长期预算是指时间跨度超过 1 年以上的预算，主要涉及固定资产的投资问题，是一种规划性质的资本支出预算。长期预算对企业战略计划的执行有着重要意义，其编制质量的好坏将直接影响企业的长期目标是否能够实现，影响今后企业较长时间内的发展。企业的短期预算是指企业在 1 年内对经营财务等方面所进行的总体规划的数量说明。短期预算是一种执行预算，对作业计划的实现影响重大。

根据预算所涉及的范围，可以将预算分为全面预算和分类预算。全面预算又称为总预算，是短期预算的一种，涉及企业的产品或服务的收入、费用、现金收支等各方面的问题。总预算由分预算综合而成，它的特点和具体范围将随着部门和单元特性的不同而有所变化。分预算种类多种多样，有基于具体活动的过程预算，有各分部门的预算（对于分部门来说，这一预算又是总预算，因此分预算与总预算的划分是相对的）。分预算和总预算是相互关联的。

总预算根据其内容的不同分为财务预算、决策预算和业务预算 3 类。财务预算

课堂笔记

是指企业在计划期内有关现金收支、经营成果及财务状况的预算，主要包括现金预算、预计损益表、预计资产负债表等；决策预算是指企业为长期投资决策项目或一次性业务所编制的专门预算，其编制只是为了帮助管理者做出决策；业务预算则是指计划期间日常发生的各种经营性活动的预算，包括销售预算、成本预算、管理费用预算等。采购预算是业务预算的一种，它的编制将直接影响企业的直接材料预算、制造费用预算等。

三、采购中涉及的预算

采购部门中主要有 4 个领域受到预算控制：原料，维护、修理和运作（MRO）供应，资产预算及采购运作预算。

1. 原料。原材料预算的主要目的是确定用于生产既定数量的成品或者提供既定水平的服务的原材料的数量和成本。原料预算的时间通常是 1 年或更短。预算的钱数是基于生产或销售的预期水平及来年原材料的估计价格来确定的，这就意味着实际有可能偏离预算，这使在很多组织中详细的年度原材料预算不是很切合实际。因此，很多组织采用灵活的预算（灵活的预算要反映条件的变化，比如产出的增加或减少，灵活的预算的优点是能对变化做出快速的反映，应该用灵活的预算进行原料预算，从而反映计划产量和实际产量的变化）来调整实际的生产和实际的价格。

准备充分的原料预算为组织提供如下作用：

① 使采购部门能够设立采购计划以确保原料需要时能够及时得到。

② 用以确定随时备用的原材料和成品部件的最大价值和最小价值。

③ 建立一个财务部门确定与评估采购支出需求的基础。

尽管原料预算通常基于估计的价格和计划的时间进度，原料预算还可以做到下面的工作：

① 为供应商提供产量计划信息和消耗速度计划信息。

② 为生产和材料补充的速度制订恰当的计划。

③ 削减运输成本。

④ 帮助提前购买。

另外，原料预算还可以提前通知供应商一个估计的需求数量和进度，从而改进采购谈判。

2.MRO 供应。维护、修理和运作（MRO）供应包含在运作过程中，但它们并没有成为生产运作中的一部分。MRO 项目主要有办公用品、润滑油、机器修理和门卫。MRO 项目的数目可能很大，对每一项都做出预算并不可行。MRO 预算通常由以往的比例来确定，然后根据库存和一般价格水平中的预期变化来调整。

3. 资产预算。固定资产的采购通常是支出较大的部分。好的采购活动和谈判能为组织节省很多钱。通过研究可能的来源及与关键供应商建立密切的关系，可以建立既能对需求做出积极响应又能刚好满足所需要花费的预算。固定资产采购的评估不仅要根据初始成本，还要根据包括维护、能源消耗及备用部件成本等的生命周期总成本。由于这些支出的长期性质，通常用净现值算法进行预算和作出决策。

4. 采购运作预算。采购职能的运作预算包括采购职能业务中发生的所有花费。通常，这项预算根据预期的业务和行政的工作量来制定，这些花费包括工资、空间成本、供热费、电费、电话费、邮政费、办公设施、办公用品、技术花费、差旅与娱乐花费、教育花费及商业出版物的费用。采购职能的业务预算应该反映组织的目标和目的，例如，如果组织的目的是减少间接费用，那么业务预算中的间接费预算就应该反映这一点。

四、采购预算编制的注意事项和步骤

（一）采购预算编制考虑的因素

采购预算需要考虑的因素在制订初步采购计划时，采购经理需要考虑以下各方面因素：

（1）目前的原料 / 零部件库存。

（2）生产原料的未执行订单。

（3）商定的库存水平和目前的交货周期。

（4）相关期间的生产进度表。

（5）主要原料和零部件的长期价格趋势。

（6）短期单位价格。

（二）采购预算的编制步骤

采购预算的编制同其他类型预算编制过程一样，也包含以下几个步骤。

（1）审查企业及部门的战略目标。预算的最终目的是保证企业目标的实现，企业在编制部门预算前首先要审视本部门和企业的目标，以确保它们之间的相互协调。

（2）制订明确的工作计划。管理者必须了解本部门的业务活动，明确它的特性和范围，制订出详细的计划表，从而确定该部门实施这些活动所带来的产出。

（3）确定所需要的资源。有了详细的工作计划表，管理者可以对支出做出切合实际的估计，从而确定为实现目标所需要的人力、物力和财力资源。

（4）提出准确的预算数字。管理者提出的数字应当保证其最大准确性。可以通过以往的经验做出准确判断，也可以借助数学工具和统计资料通过科学分析提出准确方案。

（5）汇总。汇总各部门、各分单元的预算，最初的预算总是来自每个分单元，而后层层提交、汇总，最后形成总预算。

（6）提交预算。采购预算通常是由采购部门会同其他部门共同编制的，采购预算编制后要提交企业财务部门及相关管理部门，为企业资金筹集和管理决策提供支持。

（三）编制预算的注意事项

为了确保预算能够规划出与企业战略目标相一致的可实现的最佳实践，必须寻找一种科学的行为方法来缓和这种竞争和悲观的倾向，管理者应当与部门主管就目标积极开展沟通，调查要求和期望，考虑假设条件和参数的变动，制订劳动力和资金需求计划，并要求部门提供反馈。管理者应当引导部门主管将精力放到应付不确定情况的出现上，而不是开展“战备竞争”。

另外，为了使预算更具灵活性和适应性以应付意料之外的可能发生的不可控事件，企业在预算过程中应当尽力做到以下几点，以减少预算的失误及由此带来的损失。

1. 改革业绩评估方式

为了鼓励部门提交更具挑战性的预算报告，有必要对业绩评估方式进行一些小小的修改。企业的预算规划是在战略目标框架之内提出的，在从设置目标到提交预算这连续的动态过程中，不但要仔细审查影响预算实现的内部不可控因素，还要详细研究外部不可控因素，并进一步识别出影响预算实现的关键成功因素。对这些因素有了初步的认识后，不论是基层管理者，还是高层决策人员都应当以积极的心态，以切合实际的态度，制定出实事求是的假设条件，这些假设条件要清楚无误地以书面形式记录下来，并呈交给各相关人员，尤其是人力资源部门，从而使人力资源部门明确认识到哪些是可控因素，哪些是不可控因素。对于那些不可控因素，人力资源部门在进行业绩评估时，必须有这方面的考虑，并向管理者提出建议。积极合理的假设将会使人力资源部做出正确的评估报告，解决部门主管绩效评估的后顾之忧，这就等于解开了束缚他们手脚的麻绳，使他们能够大显身手。

2. 采取合理的预算形式

如果问一位企业的总经理，利润和现金流哪个更重要，你认为他会怎么回答？每一位明智的决策者都知道，现金流对于企业来说是最重要的，它是企业脉管中流淌的鲜血，时时都有新鲜血液的流动才能使组织充满青春的活力。因此，企业内部各部门所采用的预算形式应把重点放在现金流而不是收入和利润上。当然，最佳的预算形式最终还是取决于组织的具体目标。

3. 建立趋势模型

预算讲述的是未来，所有的代表期望行为的数字都是估计值，提供的应是代表收入和支出的最有可能情况的数字预报。为了确保这些数字的最大价值，应当建立

课堂笔记

一个趋势模型，模型的建立可以对组织期望的产出有完善的规划和清晰的文件。模型以直接的数据资料为基础，具有时间敏感性，能够反映服务和产品需求的变化。使用这一方法，要求企业内部拥有完备的统计资料，掌握历史数据。

4. 用滚动预算的方法

企业经营是一个连续不断的过程，只是为了使用方便才在时间上对它们进行了硬性分割。为了能够使预算与实际过程更加紧密地联合在一起，采用滚动预算的方法，在制定这一期预算的时候根据实际情况同时对后面几期的业务进行预算，能够保证企业活动在预算上的连续性。预算活动的滚动性和对细节的强调，要求各个部门的管理人员投入大量精力，紧密高效地开展工作。工作过程可以采取分两步走的方式：第一步是整体思考，要求管理者从总体战略出发，勾画出预算的框架，制订出必要的行动方案，如果预算结果出现偏差要及时修改；第二步进入细化阶段，管理者为每一部门制定最终预算的细节，并确保其被每一部门所接受。

无论是何种类型的预算，只要满足了上面的要求都可以最大程度地发挥其潜能，保障组织计划的顺利实施。

五、预算编制流程

以制造业而言，通常业务部门的行销计划为年度经营计划的起点，然后生产计划才随之制订。而生产计划包括采购预算、直接人工预算及制造费用预算。由此可见，采购预算乃是采购部门为配合年度销售预测或生产数量，对需求的原料、物料、零部件等的数量及成本做翔实的估计，以利于整个企业目标的达成。换句话说，采购预算如果单独编定，不但缺乏实际的应用价值，也失去了其他部门的配合，所以采购预算的编订，必须以企业整体预算制度为依据。

技能训练

一、任务的提出

根据艾媒咨询发布的《2021 年中国大学生消费行为调研分析报告》，中国大学生月均生活费在 1 000~2 000 元较普遍。其中，一线城市大学生月均生活费在 2 000~3 000 元，二线城市大学生月均生活费在 1 500~2 500 元，三线城市大学生月均生活费 1 000~1 500 元。当然，具体的生活费还跟学生的实际家庭情况和价值观有关。学生家境较好可以适当增加生活费，可能会稍微偏高；如果学生家境较差，生活费可能稍微偏低。

二、任务的实施与要求

大学生生活费（不包括学费和住宿费）的支出项目主要包括伙食费、交通费、

课堂笔记

学习用品费、娱乐费、其他费用。请大家根据自身情况对下一个年度自己的生活费用进行零基预算。

（1）预算不考虑自己以往的实际消费情况。

（2）各支出项目要具体且要有明细。

拓展阅读

“凡事预则立，不预则废。”

——善于做计划

“凡事预则立，不预则废。”这句话意味着在我们的日常生活和工作中，进行事前规划和预测是非常重要的。只有通过提前制订计划和目标，我们才能更好地规划时间和资源，做到高效完成任务。因此，我们应该善于做计划，并且学会将计划与实际情况相结合，从而更好地应对困难和挑战。

首先，做计划可以帮助我们更好地管理时间。当我们有明确的目标和计划时，我们可以更容易地安排时间，避免拖延和浪费。通过将任务分解为小的可操作的步骤，并为每个步骤设定截止日期，我们可以更好地控制时间，提高工作效率。其次，做计划可以帮助我们更好地管理资源。无论是时间、金钱还是人力资源，都是有限的。通过提前规划，我们可以更好地分配和利用这些资源，避免资源的浪费和不必要的成本。例如，在工程项目中，提前制订详细的施工计划可以帮助我们更好地调配人力和材料，确保项目按时完成。

此外，做计划还可以帮助我们更好地预测和应对风险。任何项目和计划都会面临各种不确定性和风险，例如技术问题、市场变化、人员变动等。通过提前进行风险评估，并制定相应的预案，我们可以更好地应对潜在的挑战和问题，从而降低风险。

然而，我们也需要注意，计划并不是一成不变的。随着实际情况的变化，我们应该灵活地调整计划。这需要我们不断跟踪项目进展和市场变化，及时评估和调整计划，以确保我们的计划与实际情况相符。

总之，“凡事预则立，不预则废。”这句话告诉我们，做计划是成功的关键之一。通过善于做计划，我们可以更好地管理时间和资源，预测和应对风险，更加高效地完成任务。因此，在日常生活和工作中，我们应该始终牢记这句话，并将之应用于实践中。

课堂笔记

素养园地

阳光采购
——"互联网 +"采购护航采购职业人

中国兵器工业集团公司（简称"中国兵器"）着眼于体制机制建设，针对企业运营中物资采购、废旧物资处置、招标等权力寻租，腐败行为易发多发的领域，注重从集团层面进行体系化设计，建立"互联网 +"采购管理的新模式，以"交易过程规范阳光，全流程可追溯"为重点，打造集团级电子商务平台，实现了"事前控制、事中监控、事后考核"，将监督工作有效融入业务工作全流程。

为扎实推进采购管理工作，集团公司以"统计汇总，上网比较，分析选优，评价集聚"为指导原则，加快推进两级集中采购管理体系建设，采购管理信息平台建设，建立健全采购信息网上公开机制，全面推行竞争性采购，进一步扩大集中采购规模和范围，在"规范管理、降低成本、预防腐败"等方面取得了初步成效。

（1）进一步规范采购体系。以集团公司《采购管理办法》为基础，研究制定了集团公司《集团级供应商管理规定》《废旧物资处置管理规定》《进口军用电解铜管理实施细则》，进一步加强、细化了供应商、废旧物资处置、进口军用电解铜等专项管理，促进了采购管理工作规范化。

（2）进一步提升阳光化采购水平。积极推进采购管理信息平台、采购电子商务平台、采购管理编码数据库等基础条件建设，积极开展采购合同信息、供应商信息网上登记备案，积极实行网上超市、网上询价、网上比价等网上采购，大幅提升阳光化采购水平。

公司持续开展大宗原材料、办公自动化设备、商旅机票、通用电子元器件、刀具刃具等生产辅材的集中采购，总金额达到 2026.12 亿元，集采率达到 55.17%，累计节约采购成本 4.13 亿元。

截至 2017 年 7 月，中国兵器的电子商务平台已注册供应商会员企业达 20 000 余家，形成了网上超市、询价交易、竞价交易、招投标采购四种基本交易模式，覆盖了目前企业所有的采购模式。依托电子商务平台的健康运营，企业运营效率得到稳步提升。在降低直接成本的同时，有效降低了采购周期，提高了库房周转率等，解决了大宗商品采购中催发货等难题。同时，"互联网 +"平台大大提高了企业监管水平，维护了企业的正当权益。该平台建立了一套流程规范的供应商准入、考核和退出的监管机制，有效维护了企业的正当权益。

课堂笔记

项目综合实训

采购计划的编制与采购预算

◇实训目的

（1）了解采购计划的编制过程和方法。

（2）了解采购预算的编制过程和方法。

（3）采购计划和预算的编制对整个采购流程的重要意义。

◇实训组织

以实地调查为主，同时通过互联网、现场走访查找资料，分析采购计划与采购预算编制的过程。学生以小组为单位进入连锁企业调研一下物流设备使用情况，到采购部门获取一些采购计划与预算编制的实例，并由教师组织对各个实例进行分析。

◇实训案例

吴军已经工作多年，近年来，想自己创业当老板。看到这几年物流行业发展很快，他想开一家物流公司或快递公司。由于自身资金有限，需要提前作一个预算，看创办一个物流公司需要使用多少资金。

◇实训要求

（1）各小组成员先到物流公司进行调研，查看现在的物流公司运用物流设施设备的情况，结合自己的目标，写出创办物流公司的策划书，包括公司业务规模、业务范围、机构人员设置等内容。

（2）结合物流公司的策划方案，列出需要采购的物流设备。

（3）到采购部门获取采购计划与预算编制的实例，了解编制采购计划与预算的方法与流程。

（4）通过互联网查找设备资料，制订采购计划，编制采购预算。

◇实训成果说明

（1）每小组分工协作，写出采购计划与预算表，并制作成幻灯片，向大家展示实训成果。

（2）本次实训成绩按个人表现、团队表现、实训成果各项成绩汇总而成。

◇项目小结

（1）MRP 的基本内容是编制零件的生产计划和采购计划。然而，要正确编制零件计划，首先必须落实产品的出产进度计划，用 MRP Ⅱ的术语就是主生产计划（Master Production Schedule，MPS），这是 MRP 展开的依据。MRP 还需要知道产品的零件结构，即物料清单（Bill Of Material，BOM），才能把主生产计划展开成零件计划；同时，必须知道库存数量才能准确计算出零件的采购数量。因此，基本 MRP 的依据是：①主生产计划（MPS）；②物料清单（BOM）；③库存信息。

（2）采购计划的主要环节有准备认证计划、评估认证需求、计算认证容量、制订认证计划、准备订单计划、评估订单需求、计算订单容量、制订订单计划。

思考题

（1）采购计划的影响因素是什么？

（2）采购计划的编制流程是什么？

（3）采购预算的编制步骤是什么？

（4）采购预算的方法有哪些？

◇项目评价表

<table>
<tr><td colspan="4">实训完成情况（40 分）</td><td>得分：</td></tr>
<tr><td colspan="5">计分标准：
出色完成 30~40 分；较好完成 20~30 分；基本完成 10~20 分；未完成 0~10 分</td></tr>
<tr><td colspan="4">学生自评（20 分）</td><td>得分：</td></tr>
<tr><td colspan="5">计分标准：得分 =2 × A 的个数 +1 × B 的个数 +0 × C 的个数</td></tr>
<tr><td>专业能力</td><td>评价指标</td><td>自测结果</td><td colspan="2">要求
（A 掌握；B 基本掌握；C 未掌握）</td></tr>
<tr><td>MRP 计算</td><td>1. 理解 MRP 的原理
2. 掌握 MRP 三个构成部分
3. 了解 MRP 计算逻辑和流程</td><td>A □ B □ C □
A □ B □ C □
A □ B □ C □</td><td colspan="2">能够绘制简单物品的物料清单，能够根据已知的 MPS、BOM 和库存信息进行 MRP 的计算</td></tr>
<tr><td>采购计划制定</td><td>1. 掌握采购计划制订的环节
2. 理解认证计划与评估认证需求的含义</td><td>A □ B □ C □
A □ B □ C □</td><td colspan="2">能够根据采购计划的 8 个环节制订采购计划</td></tr>
<tr><td>采购预算</td><td>1. 采购预算的含义和原则
2. 预算编制的方法和流程</td><td>A □ B □ C □
A □ B □ C □</td><td colspan="2">掌握采购预算编制的基本方法</td></tr>
<tr><td>职业道德思想意识</td><td>1. 爱岗敬业、认真严谨
2. 遵纪守法、遵守职业道德
3. 顾全大局、团结合作</td><td>A □ B □ C □
A □ B □ C □
A □ B □ C □</td><td colspan="2">专业素质、思想意识得以提升，德才兼备</td></tr>
<tr><td colspan="4">小组评价（20 分）</td><td>得分：</td></tr>
<tr><td colspan="5">计分标准：得分 =10 × A 的个数 +5 × B 的个数 +3 × C 的个数</td></tr>
<tr><td>团队合作</td><td>A □ B □ C □</td><td colspan="2">沟通能力</td><td>A □ B □ C □</td></tr>
<tr><td>教师评价（20 分）</td><td></td><td colspan="2">得分：</td><td></td></tr>
<tr><td>教师评语</td><td colspan="4"></td></tr>
<tr><td>总成绩</td><td></td><td colspan="2">教师签字</td><td></td></tr>
</table>

课堂笔记

项目四

选择采购方式

项目概述

选择最佳的采购方式是每个企业在进行采购决策时都面临的重要问题。采购方式的选择直接影响着企业的成本、供应链效率以及风险管理等方面。本项目将介绍各种采购方式的定义、优缺点和适用条件，为选择最佳的采购方式提供支撑。

案例导入

揭秘医药“集采”

医药集采是指由国家医保局从通过质量和疗效一致性评价的仿制药中遴选品种和原研药，把全国医疗机构零散的采购量集中“打包”，形成规模团购效应，通过国家层面与药品生产企业进行价格谈判。在严格保证质量的前提下，实现带量采购，以量换价，大幅降低药品虚高价格，切实减轻患者负担。

2018 年 11 月，国家组织药品集中采购和使用试点工作正式启动，以北京、上海、天津、重庆 4 个直辖市和深圳、西安、大连、成都、厦门等 7 个城市的公立医疗机构作为集中采购主体，集合需求量，提高谈判议价能力，实现了药价的大幅“降低”。“4+7”主要内容是以扩围地区所有公立医疗机构 2018 年度用药总量的一定比例进行带量采购，量价挂钩，以量换价。医疗机构按照中选价格与生产企业签订带量购销合同，优先使用中选药品。

严格要求药品集采遵循安全第一、质量优先、兼顾价格、理顺渠道、分步实施、逐步推开的原则，使医药集采达到既符合医药管理的法律法规，又符合实际，达到规范药品购销行为，服务广大群众的目的。

集中带量采购药品只是降低了价格，并不影响患者本人的医保待遇，患者使用集中采购中选药品，报销比例与现行医保政策一致。在使用中选药品时，住院病人和门诊病人分别按照住院、门诊的医保待遇进行报销。

思考

结合案例思考：除了集中采购还有哪些采购方式？

课堂笔记

任务一　认知集中采购和分散采购

学习目标

◇知识目标

理解集中采购和分散采购的概念。

了解集中采购和分散采购的优点和缺点。

熟悉集中采购和分散采购的适用情况。

◇能力目标

掌握选择集中采购、分散采购、联合采购原则。

掌握联合采购的方式。

◇素养目标

培养学生的合作意识。

知识储备

一、集中采购

（一）集中采购的概念

集中采购的含义，集中采购（Centralized Purchasing）是相对于分散采购（Decentralized Purchasing）而言的，它是指企业在核心管理层建立专门的采购机构，统一组织企业所需物品的采购业务。跨国公司的全球采购部门的建设是集中采购的典型应用。以组建内部采购部门的方式，来统一归口其分布于世界各地分支机构的采购业务，减少采购渠道，通过批量采购获得价格优惠。

某电子厂采购方式优化

随着连锁店、特许经营和OEM（Original Equipment Manufacture）的出现，集中采购更是体现了经营主体的权力、利益、意志、品质和制度，是经营主体赢得市场，控制节奏，保护产权、技术和商业

课堂笔记

秘密，提高效率，取得最大利益的战略和制度安排。因此，集中采购将成为未来企业采购的主要方式，具有很好的发展前景。

（二）实施集中采购的优势

① 有利于获得采购规模效益，降低进货成本和物流成本，争取主动权。

② 易于稳定本企业与供应商之间的关系，得到供应商在技术开发、货款结算、售后服务支持等诸多方面的支持与合作。

③ 集中采购责任重大，采取公开招标、集体决策的方式，可以有效地制止腐败。

④ 有利于采购决策中专业化分工和专业技能的发展，同时也有利于提高工作效率。

⑤ 如果采购决策都集中控制，那么所购物料就比较容易达到标准化。

⑥ 减少了管理上的重复设置，这样就不必让每一个部门的负责人都去填采购订单，只需要采购部门针对公司的全部需求填一张订单就可以了。

⑦ 可以节省运费和获得供应商折扣。由于合并了多个部门的需求，采购部门找到供应商时，其订单数量就足以引起供应商的兴趣，采购部门就可以说服供应商尽快发送或给予数量折扣。除此之外，还可以节省运费，因为集中了所有的需求后货物可以整车地进行装运。

⑧ 在物资短缺的时候，不同的部门之间不会为了得到物资而相互竞争，从而引起价格的上涨。

⑨ 对于供应商而言，这也可以推动其有效管理。他们不必同时与公司内的几个人打交道，而只需和采购经理联系。

（三）集中采购所适用的采购主体和采购客体

1. 所适用的采购主体

① 集团范围实施的采购活动。

② 跨国公司的采购。

③ 连锁经营、OEM、特许经营企业的采购。

2. 所适用的采购客体

① 大宗或批量物品，价值高或总价多的物品。

② 关键零部件、原材料或其他战略资源，保密程度高、产权约束多的物品。

③ 容易出问题或已出问题的物品。

④ 最好是定期采购的物品，以免影响决策者的正常工作。

（四）集中采购的实施步骤

① 根据企业所处的国内外政治、经济、社会、文化等环境及竞争状况，制定本企业采购战略。

② 根据本企业产品销售状况、市场开发情况、生产能力，确定采购计划。

③ 定期或根据大宗物品采购要求做出集中采购决策，决策时要考虑市场反馈意见，同时需要结合生产过程中工艺情况和质量情况。

课堂笔记

④ 当决策做出后，由采购管理部门实施信息分析，市场调查及询价，并根据库存情况进行战术安排。

⑤ 由采购部门根据货源供给状况、自身采购规模和采购进度安排，结合最有利的采购方式实施采购，并办理检验送货手续，及时保障生产需要。

⑥ 对于符合适时、适量、适质、适价、适地的物品，经检验合格后要及时办理资金转账手续，保证信誉，争取下次合作。

二、分散采购

（一）分散采购的概念

分散采购的含义与集中采购相对应，分散采购是由企业下属各单位（如子公司、分厂、车间或分店）实施的满足自身生产经营需要的采购。

分散采购是集中采购的完善和补充，有利于采购环节与存货、供料等环节的协调配合，有利于增强基层工作责任心，使基层工作富有弹性和成效。

（二）分散采购的优势与劣势

相对于集中采购，分散采购的审批流程短、时效性强，遇到应急采购、零星采购应用起来灵活，可在第一时间组织采购，最大限度地保证施工正常进行。在日常的生产施工过程中，分散采购是必不可少的。但是分散采购也同样有很多弊端，具体表现在：

（1）人为因素多，因每次采购具体实施条件不同，采购周期和付款期限不尽相同，条件允许的可能几天到货，应急采购可能几个小时到货，从而造成同一种物资采购时价格差异很大，采购价格很难衡量高与低。

（2）采购管理人员在采购实施的过程中容易和供应商串通进行暗箱操作来提高材料价格。

（3）部分管理人员缺乏整体观念，为一己私利把关不严的现象时有发生，造成部分劣质物资进入施工现场，留下安全隐患，留下工程质量隐患。

（4）由于采购批量小，不能形成较大的采购规模，无法享受大批量采购的折扣优惠，由于采购批量小，在实际的运输过程中造成了运输资源的浪费，增加了材料运输成本。

（三）分散采购所适用的采购主体和采购客体

1. 分散采购适用的采购主体

① 二级法人单位、子公司、分厂、车间。

② 离主厂区或集团供应基地较远，其供应成本低于集中采购时的成本。

③ 异国、异地供应的情况。

2. 分散采购适用的采购客体

① 小批量、单件、价值低、总支出在产品经营费用中所占比重小的物品（各厂

课堂笔记

情况不同，需自己确定）。

② 分散采购优于集中采购的物品，包括费用、时间、效率、质量等因素均有利，而不影响正常的生产与经营的情况。

③ 市场资源有保证，易于送达，较少的物流费用。

④ 分散后，各基层有这方面的采购与检测能力。

⑤ 产品开发研制、试验所需要的物品。

（四）分散采购的程序和方法

分散采购的程序与集中采购大致相同，只是取消了集中决策环节，实施其他步骤。企业下属单位的生产研发人员根据生产、科研、维护、办公的需要，填写请购单，由基层主管审核、签字，到指定财务部门领取支票或汇票或现金，然后到市场或厂家购买、进货、检验、领取或核销、结算即可。采购时一般借助于现货采购方式。

三、选择集中采购或分散采购时应该考虑的标准

一方面，集中采购相对于分散采购规模大，效益好，易取得主动权，易保证进货质量，有利于统筹安排各种物品的采购业务，有利于物品的配套安排，有利于整体物流的规划和采购成本的降低，有利于得到供应商的支持和保障，有利于物品单价的降低，有利于集体决策。另外，集中采购也有利于增加采购过程的透明度，减少腐败的滋生和蔓延。另一方面，集中采购相对于分散采购又具有量大、过程长、手续多、容易造成库存成本增加、占用资金、采购与需要脱节、保管损失增加、保管水准要求增高的弊端，且容易挫伤基层的积极性、使命感和创新精神。

在实际采购中要趋利避害，扬长避短。根据企业自身的条件、资源状况、市场需要，灵活地做出制度安排，并积极创新采购方式和内容，使本企业在市场竞争中处于有利的地位。

在决定集中采购或分散采购时，应该考虑以下因素或标准。

（1）采购需求的通用性。经营单位对购买产品所要求的通用性越高，从集中或协作的方法中得到的好处就越多。这就是为什么大型公司中的原材料和包装材料的购买通常集中在一个地点（公司）的原因。

（2）地理位置。当经营单位位于不同的国家或地区时，这可能会极大地阻碍协作的努力。实际上，在欧洲和美国之间的贸易和管理实践中存在较大的差异，甚至在欧洲范围内也存在着重大的文化差异。一些大型公司已经从全球的协作战略转为地区的协作战略。

（3）供应市场结构。有时，公司会在它的一些供应市场上选择一个或数量有限的几个大型供应商组织。在这种情况下，力量的均衡肯定对供应商有利，采用一种协同的采购方法以在面对这些强有力的贸易伙伴时获得一个更好的谈判地位是有意义的。

（4）潜在的节约。一些类型的原材料的价格对采购数量非常敏感，在这种情况下，购买更多的数量会立刻导致成本的节约。对于标准商品和高技术部件都是如此。

（5）所需的专门技术。有时，有效的采购需要非常高的专业技术，例如在高技术半导体和微芯片的采购中。因此，大多数电子产品制造商已经将这些产品的购买集中化，在购买软件和硬件时也是如此。

（6）价格波动。如果物资（如小麦、果汁、咖啡）的价格对政治和经济气候的敏感程度很高，集中的采购方法就会受到偏爱。

（7）客户需求。有时，客户会向制造商指定他必须购买哪些产品，这种现象在飞机工业中非常普遍。这些条件是与负责产品制造的经营单位商定的，这种做法将明显阻碍任何以采购协作为目标的努力。

除了以上需要考虑的因素外，选择集中采购时，还应该有利于资源的合理配置，减少层次，加速周转，简化手续，满足要求，节约物品，提高综合利用率，保证和促进生产的发展，有利于调动各方的积极性，促进企业整体目标的实现等。

当然，集中采购和分散采购并不是完全对立的。客观情况是复杂的，仅一种采购方式是不能满足生产需要的，大多数公司在两个极端之间进行平衡：在某个时候他们会采用集中的采购组织，而在几年以后也许他们选择更加分散的采购组织。

四、联合采购

联合采购是指多个企业之间的联盟采购行为，而集中采购是指企业或集团企业内部的集中化采购管理，因此可以认为联合采购是集中采购在外延上的进一步拓展。

1. 实施联合采购的必要性

如果从企业外部去分析我国企业的现行采购机制，其外部特征是各企业（无论是国内还是国外）的采购基本上仍是各自为战，各企业之间缺乏在采购及相关环节的联合和沟通，或采购政策不统一，重复采购、采购效率低下等现象十分突出，很难实现经济有效的采购目标，由此导致的主要问题有以下几方面。

（1）各企业都设有采购及相关业务的执行和管理部门。如从企业群体、行业直至国家的角度看，采购机构重叠，配套设施重复建设，造成采购环节的管理成本和固定资产投入大幅增加。

（2）多头对外，分散采购。对于通用和相似器材无法统一归口和合并采购，无法获得大批量采购带来的价格优惠，使各企业的采购成本居高不下。采购管理政策完全由企业自行制定，其依据为企业自身的采购需求和采购环境条件，与其他企业基本没有横向的联系，不了解其他企业的采购状况和需求。

（3）各企业自备库存，又缺乏企业间的库存资源、信息交流和统一协调，使通用材料的储备重复，造成各企业的库存量增大，沉淀和积压的物资日益增多。

（4）采购环节的质量控制和技术管理工作重复进行，管理费用居高不下。以转

课堂笔记

包生产行业为例，各企业在质量保证系统的建立和控制、供应商审核和管理、器材技术标准和验收规范等各类相关文件的编制和管理上未实现一致化和标准化。各企业重复进行编制和管理等工作，自成体系，虽然各企业进行这些工作的依据基本相同，有些甚至完全相同，但制定的各类管理文件和工作程序却不相同；同时，相关的管理费用也难以降低。

（5）采购应变能力差。以飞机生产行业为例，由于设计、制造方法的改进等原因造成的器材紧急需求不可避免，但是由于从国外采购周期比较长，器材的紧急需求难以满足。

因此，在采购工作中需要突破现行采购方式的束缚，从采购机制上入手，探索新形势下企业间的合作，利用采购环节的规模效益是从根本上解决上述问题的方法之一。

2. 联合采购的优点

这里引入企业群体规模采购成本，即两个以上的企业采用某种方式进行联合采购时的总成本。企业在采购环节上实施联合可极大地减少采购及相关环节的成本，为企业创造可观的效益。

（1）采购环节。如同批发和零售的价格差距一样，器材采购的单价与采购的数量成反比，即采购的数量越大，采购的价格越低。对于飞机制造所用的器材，此种价差有时可达 90%。企业间联合采购，可合并同类器材的采购数量，通过统一采购使采购单价大幅降低，使各企业的采购费用相应降低。

（2）管理环节。管理落后是我国企业的普遍现象，而管理的提高需要企业付出巨大的代价。后继企业只有吸取先行企业的经验和教训，站在先行者的肩上，才能避免低水平重复，收到事半功倍的效果。对于一些生产同类产品的企业，如果各个企业在采购及质量保证的相关环节的要求相同，需要的物品相同，就可以在管理环节上实施联合，归口管理相关工作。联合后的费用可以由各企业分担，从而使费用大大降低。

（3）仓储环节。通过实施各企业库存资源的共享和器材的统一调拨，可以大幅减少备用物资的积压和资金占用，提高各企业的紧急需求满足率，减少因器材供应短缺造成的生产停顿损失。

（4）运输环节。器材的单位重量运费率与单次运输总量成反比，特别是在国际运输中更为明显。企业在运输环节的联合，可通过合并小重量的货物运输，使单次运量加大，从而可以较低的运费率计费，减少运输费用支出。

3. 联合采购的方式

国际上一些跨国公司为降低采购成本，发展了一些联合采购的具体形式。

（1）采购战略联盟。

采购战略联盟是指两个或两个以上的企业出于对整个世界市场的预期目标和企

业自身总体经营目标的考虑，采取的一种长期联合与合作的采购方式。这种联合是自发的，非强制性的，联合各方仍保持各个公司采购的独立性和自主权，彼此依靠相互间达成的协议及经济利益的考虑联结成松散的整体。现代信息网络技术的发展，开辟了一个崭新的企业合作空间，企业间可通过网络保证采购信息的即时传递，使处于异地甚至异国的企业间实施联合采购成为可能。国际上一些跨国公司为充分利用规模效益，降低采购成本，提高企业的经济效益，正在向采购战略联盟发展。

（2）通用材料的合并采购。

这种方式主要是在存在互相竞争关系的企业之间，通过合并通用材料的采购数量和统一归口采购来获得大规模采购带来的低价优惠。在这种联合方式下，每一项采购业务都交给采购成本最低的一方去完成，使联合体的整体采购成本低于各方原来进行单独采购的成本之和，这是这些企业的联合准则。这种合作的组织策略主要分为虚拟运作策略和实体运作策略。虚拟运作策略的特点是组织成本低，可以不断强化合作各方最具优势的功能和弱化非优势功能。

企业间的合作正在世界范围内盛行。联合采购已超越了企业界限、行业界限，甚至国界。不同国家、不同行业的企业间的联合正悄然兴起。目前，我国一些企业为解决采购环节存在的问题，正在探讨企业间联合采购的可能性。企业在采购及其相关环节的联合将为企业降本增效，提高企业的竞争力并开创良好的前景。

技能训练

◇案例分析

近年来飞机制造业增长变缓，行业出现了并购风潮，F 公司就是这样一家公司。它是由生产机翼、机身、尾翼等部件的多家公司合并而成。合并前生产这些部件的公司单独向飞机制造商供货。合并以后。原来这些公司就变成了 F 公司下属的制造事业部，但还是相互独立运作。

新公司经过一段时间运作发现，各事业部原材料库存量很大，许多事业部存储的原料是相同的，但各事业部相互之间并不知道。F 公司决定调整采购权限，把原来各事业部的采购权集中到公司，所有物料由公司集中采购。但此决定一出．引起了各事业部的抵制，如机翼制造部就反映说他们正在试用新型材料，一有问题供应商要现场处理。他们不同意公司集中采购权限的决定。

根据以上案例提供资料，请回答问题 1 ～ 4。

问题 1：结合案例，分析 F 公司出现大量原料库存的原因有哪些？

问题 2：许多公司合并成一家公司，这样做的原因是什么？

问题 3：分析为什么 F 公司的制造事业部抵制公司集中采购权限的决定？

问题 4：从采购方式的角度，你认为 F 公司可以采取哪些措施解决各事业部抵制集中采购的问题？

课堂笔记

任务二　组织与实施招标采购

学习目标

◇知识目标

了解招标采购的概念。

了解常见的招标方式。

了解评标的程序和方法。

◇能力目标

能够根据招标采购流程进行招标工作。

◇素养目标

自觉抵制招标采购过程中的串通、陪标、围标、故意流标、泄露标底等违法行为，牢固树立法律面前人人平等、制度前面没有特权、制度约束没有例外的观念。

知识储备

一、招标采购的定义

所谓招标采购，是指采购方作为招标方，事先提出采购的条件和要求，邀请众多企业参加投标，然后由采购方按照规定的程序和标准一次性的从中择优选择交易对象，并提出最有利条件的投标方签订协议等过程。整个过程要求公开、公正和择优。

二、招标采购的方式

目前，企业常用的招标采购方式有公开招标采购、邀请招标采购两种方式。

（1）公开招标。

公开招标又叫竞争性招标，是由招标单位通过报刊、互联网等宣传工具发布招标公告，凡对该招标项目感兴趣又符合投标条件的法人，都可以在规定的时间内向招标单位提交规定的证明文件，由招标单位进行资格审查，核准后购买招标文件，进行投标。

①公开招标的优点：一是公平；二是价格合理；三是改进品质；四是减少徇私舞弊；五是了解来源，透过公开招标方式可获得更多投标者的报价，扩大供应来源。

②公开招标可能带来的问题：一是采购费用较高；二是手续烦琐；三是可能产生串通投标；四是可能造成抢标；五是衍生其他问题，事先无法了解投标企业或预先做有效的信用调查，可能会衍生意想不到的问题，如企业倒闭、转包等。

课堂笔记

（2）邀请招标。

邀请招标也称有限竞争性招标或选择性招标，是由招标单位根据自己积累的资料，或由权威的咨询机构提供的信息，选择一些合格的单位发出邀请，应邀单位（必须有三家以上）在规定时间内向招标单位提交投标意向，购买投标文件进行投标。

①邀请招标的优点，包括四个方面：一是节省时间和费用。因无须登报或公告，时间和费用比较节省。已知供应厂商，所以可以节省资料搜集及规范设计等时间和费用，工作量可大幅降低。二是比较公平。因为是基于同一条件邀请单位投标竞价，所以机会均等。虽然不像公开招标那样不限制投标单位数量，但公平竞争的本质相同，只是竞争程度较低而已。三是减少徇私舞弊。邀请招标虽然可以事先了解可能参加报价的单位，但因仍需竞争才能决定，所以可以减少徇私舞弊。

②邀请招标可能带来的问题：一是可能串通投标；二是可能造成抢标；三是规格不一。

三、招标采购的准备

（1）资格预审通告的发布。

对于大型或复杂的土建工程或成套设备，在正式组织招标以前，需要对供应商的资格和能力进行预先审查，即资格预审。通过资格预审，可以缩小供应商的范围，避免不合格的供应商做无效劳动，减少他们不必要的支出，也减轻采购单位的工作量，节省时间，提高办事效率。

①资格预审的内容。即基本资格预审和专业资格预审。基本资格是指供应商的合法地位和信誉，包括是否注册，是否破产，是否存在违法违纪行为等。专业资格是指已具备基本资格的供应商履行拟采购项目的能力，具体包括：过去的经验和以往承担类似合同的业绩和信誉；为履行合同所配备的人员情况；为履行合同任务而配备的机械、设备以及施工方案等情况；供应商或承包商的财务情况；售后维修服务的网点分布、人员结构等。

②资格预审程序。一是编制资格预审文件，二是邀请潜在的供应商参加资格预审，三是发售资格预审文件和提交资格预审申请，四是资格评定。

（2）招标文件的准备。

招标文件是指招标人向投标人提供的文件。招标文件是整个招标活动的核心文件，是招标方全部活动的依据，也是招标方的智慧与知识的载体。因此，形成一个高水平的招标文件，是搞好招标采购的关键。招标采购企业首先应该认真形成一个高水平的招标文件。

①招标邀请书。招标邀请书，简称为招标书，其核心内容就是向未定的投标方

说明招标的项目名称和简要内容，发出投标邀请，并且说明招标书编号、投标截止时间、投标地点、联系电话、传真、电子邮件地址等。

②招标目标任务说明。这一部分应当详细说明招标的目标任务。

如果目标任务是单纯的物资采购，那么就应当备有采购物资一览表，以及供应商所应当承担的服务项目要求，以及所提供的物资要求等。

③投标须知。

④赊销合同。有的招标文件把这一部分叫做商务条款。其基本内容是赊销合同、任务内容明细组成、描述方式、货币价格条款、支付方式、运输方式、运费、税费处理等商务内容的约定和说明。

⑤投标文件格式。有的招标文件把这一部分叫做“附件”，这一部分很重要，旨在告诉投标者，他们将来的投标文件应该包括一些什么文件，每种文件的格式应当如何。例如有一份招标文件，把这一部分作为附件。其中：附件一，规定了投标书的格式；附件二，规定了资格文件的内容，投标方公司全称；公司历史简介及现状；公司运营执照（商业登记证书）复印件；开户银行名称和开户银行出具的资格证明书；有关授权代理人的资料和制造商的授权书（若投标方为代理商）；质量保证能力；提供 2~3 个能代表投标方业绩水平，与本项目类似的项目简介，包括项目名称、单位联系方式、实施时间、内容等，出具工程验收证明。附件三，是完成项目的详细方案和技术说明要求。

四、招标采购的运作程序

一个完整的招标采购一般应包括策划、招标、投标、开标、评标、定标、签订合同等部分组成，如图 4–1 所示。

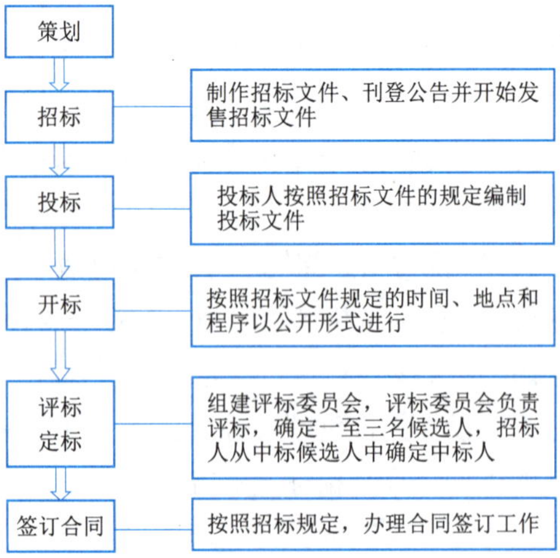

图 4–1　招标采购作业流程

（1）策划。

招标前的策划工作是进行招标工作的第一步，也是招标能否成功的关键一步。一般招标策划阶段的招标工作过程主要包括风险分析、合同策略制订、中标原则的确定、合同价格的确定方式、招标文件编制等。充分做好这些工作过程的规划、计划、组织、控制的研究分析，并采取有针对性的预防措施，减少招标工作实施过程中的失误和被动局面，招标工作质量才能得到保证。

（2）招标。

在招标方案得到公司的同意和支持以后，就要进入实际操作阶段——招标。

①发布招标公告。采购实体在正式招标之前，应在官方指定的媒体上刊登招标通告。从刊登通告到参加投标要留有充足的时间，让投标供应商有足够的时间准备投标文件。如世界银行规定，国际性招标通告从刊登广告到投标截止之间的时间不得少于 45 天；工程项目一般为 60~90 天；大型工程或复杂设备为 90 天，特殊情况可延长为 180 天。当然，投标准备期可根据具体的采购方式、采购时间及时间要求区别对待，既不能过短，也不能过长。

②资格审查。招标人可以对有兴趣投标的供应商进行资格审查。资格审查的办法和程序可以在招标公告中载明，或者通过制定报刊、媒体发布资格预审公告，由潜在的投标人向招标人提交资格证明文件，招标人根据资格预审文件规定对潜在的投标人进行资格审查。

③发售招标文件。

④招标文件的澄清、修改。

（3）投标。

①投标准备。

②投标文件的提交。

（4）开标。

①开标程序。开标应按招标通告中规定的时间、地点公开进行，邀请投标商或其委派的代表参加。开标前，应以公开的方式检查投标文件的密封情况，当众宣读供应商名称，有无撤标情况，提交投标保证金的方式是否符合要求，投标项目的主要内容，投标价格以及其他有价值的内容。开标时，对于投标文件中含义不明确的地方，允许投标商作简要解释，但作的解释不能超过投标文件记载的范围，或实质性地改变投标文件的内容。以电传、电报方式投标的，不予开标。下面我们来看一下开标仪式的基本程序：

第一，主持人宣布开标（需简要介绍招标项目的基本情况，即项目内容、准备情况等）。

第二，介绍参加开标仪式的领导和来宾同志（来自单位、职务、身份等）。

第三，介绍参加投标的投标人单位名称及投标人代表。

课堂笔记

第四，宣布监督方代表名单（监督方代表所在单位、职务、身份）。

第五，宣布工作人员名单（工作人员所在单位及在开标时担负的职责，主要是开标人、唱标人、监标人、记标人）。

第七，宣读有关注意事项（包括开标仪式会场纪律、工作人员注意事项、投标人注意事项等）。

第八，检查评标标准及评标办法的密封情况。由监督方代表、投标人代表检查招标方提交的评标标准及评标方法的密封情况，并公开宣布检查结果。

第九，宣布评标标准及评标方法。由工作人员开启评标标准及评标办法（须在确认密封完好无损的情况下），并公开宣读。

第十，检查投标文件的密封和标记情况。由监督方代表、投标人代表检查投标人递交的投标文件的密封和标记情况，并公开宣布检查结果。

第十一，开标。由工作人员开启投标人递交的投标文件（须在确认密封完好无损且标记规范的情况下）。开标应按递交投标文件的逆顺序进行。

第十二，唱标。由工作人员按照开标顺序唱标，唱标内容须符合招标文件的规定（招标文件对应宣读的内容已经载明）。

第十三，监督方代表讲话。由监督方代表或公证机关代表公开报告监督情况或公证情况。

第十四，领导和来宾讲话。按照开标仪式的程序安排，参加开标仪式的领导和来宾可就开标以及本次采购过程中的有关情况发表意见、看法，提出建议。也可以安排采购人代表发言，由采购人代表向有关方面作出承诺。

第十五，开标仪式结束。主持人应告知投标人评标的时间安排和询标的时间、地点（询标的顺序由工作人员用抽签方式决定），并对整个招标活动向有关各方提出具体要求。

②开标记录。开标时应做好开标记录，其内容包括：项目名称、招标号、刊登招标通告的日期、发售招标文件的日期、购买招标文件单位的名称、投标商的名称及报价、截标后收到标书的处理情况等。

（5）评标。

（6）定标。

（7）签订合同。

五、评标的程序与方法

（1）评标的步骤。

评标步骤可以分为初步评标和详细评标两个阶段：

①初步评标。初步评标工作比较简单，但也非常重要。其程序为：

第一，评标预备会议。由采购单位向专家进行采购目的、项目背景、特殊要求交底，便于专家了解项目总体情况。

第二，招标机构进行符合性检查。供应商资格是否符合要求，投标文件是否完整，是否按规定方式提交投标保证金，投标文件是否基本上符合招标文件的要求，技本文件是否完整，有无计算上的错误等。

②详细评标。

一是商务评议，投标人的合格性；投标人的有效性；投标书的有效性；投标保证金是否合格有效；资格文件是否合格；供应商或承包商业绩；交货期是否满足要求。

二是技术评议，专家阅读标书，填写技术对比表，提出需投标方澄清的问题。

三是价格评议。

四是召开质疑前准备会。招标机构将专家提出的需澄清的技术、商务问题整理成书面材料，提前发给投标方，要求投标方书面澄清，并且当面回答。书面材料作为投标书的补充部分，与投标书一样具有法律效力。

五是招标委员会评标，得出评标结论。

③编写并上报评标报告。评标报告包括以下内容：招标通告的时间、购买招标文件的单位名称；开标日期、开标汇率；投标商名单；投标报价以及调整后的价格（包括重大计算错误的修改）；价格评比基础；评标的原则、标准和方法；授标建议。

④资格后审。如果审定结果认为他有资格、有能力承担合同任务，则应把合同授予他；如果认为他不符合要求，则应对下一个评标价最低的投标商进行类似审查。

（2）评标的方法。

评标的方法很多，具体评标方法取决于采购实体对采购对象的要求。物资采购常用的评标方法有4种：以最低评标价为基础的评标方法、综合评标法、以寿命周期成本为基础的评标方法和打分法。

①以最低评标价为基础的评标方法。

②综合评标法。影响评价因素：内陆运费和保险费；交货期；付款条件；零配件的供应和售后服务情况；物品的性能，生产能力以及配套性的兼容性；技术服务和培训费用等。具体评标的处理办法是：一是计算内陆运费、保险费及其他费用；二是确定交货期；三是付款条件；四是零配件的供应及售后服务情况；五是设备性能、生产能力的配套性或兼容性。六是技术服务和培训费用。

③以寿命周期成本为基础的评标方法。采购整套厂房、生产线或设备、车辆等在运行期内的各项后续费用（零配件、油料、燃料、维修等）很高的设备时，可采用以寿命周期成本为基础的评标方法。

④打分法。打分法考虑的因素包括：投标价格；内陆运费、保险费及其他费用；交货期；偏离合同条款规定的付款条件；备件价格及售后服务；设备性能、质量、生产能力；技术服务和培训。

采用打分法评标时，首先确定各种因素所占的分值。通常来说，分值在每个因

课堂笔记

素的分配比例为：

投标价	60~70 分
零配件	10 分
技术性能、维修运行费	10 分
售后服务	5 分
标准备件等	5 分
总分	100 分

技能训练

招投标管理

◇实训组织

由各小组查找资料，编制采购招标方案、招标文件和评标标准。

◇实训案例

某年 3 月份，学校从实验实训设备经费中拨出 60 万专款用于建设一个机房，要求 8 月底必须完工以备学生开学后使用。现在场地已经选好，初步估计需要服务器 1 台、投影机 1 台、电脑 120 台、空调 2 台、电脑桌 120 张、相关附件若干。现在学校面向全社会进行招标。

◇实训要求

（1）编制采购招标方案，写出采购招标文件。

（2）制定评标标准。

◇实训成果说明

（1）每小组分工协作，以小组为单位写出采购招标方案、招标文件和评价标准，并上交纸质文稿和电子稿各一份。

（2）本次实训成绩按个人表现、团队表现、实训成果各项成绩汇总而成。

任务三　认知非招标采购方式

学习目标

◇知识目标

了解常见的非招标采购方式。

熟悉竞争性谈判、询价、单一来源采购的概念。

掌握竞争性磋商的流程。

课堂笔记

◇能力目标

能够根据采购具体情况选择最合适的采购形式。

◇素养目标

培养学生公平意识。

知识储备

一、竞争性磋商

（1）竞争性磋商的定义。

竞争性磋商是指采购人、政府采购代理机构通过组建竞争性磋商小组（以下简称磋商小组）与符合条件的供应商就采购货物、工程和服务事宜进行磋商，供应商按照磋商文件的要求提交响应文件和报价，采购人从磋商小组评审后提出的候选供应商名单中确定成交供应商的采购方式。（摘自《财库〔2014〕214 号文第 2 条》）

（2）供应商的募集方式。

采购人、采购代理机构应当通过发布公告、从省级以上财政部门建立的供应商库中随机抽取或者采购人和评审专家分别书面推荐的方式邀请不少于 3 家符合相应资格条件的供应商参与竞争性磋商采购活动。采取采购人和评审专家书面推荐方式选择供应商的，采购人和评审专家应当各自出具书面推荐意见。采购人推荐供应商的比例不得高于推荐供应商总数的 50%。（摘自《财库〔2014〕214 号文第 6 条》）

（3）响应文件的编制时间、磋商文件发售时间的规定。

从磋商文件发出之日起至供应商提交首次响应文件截止之日止不得少于 10 日。

磋商文件的发售期限自开始之日起不得少于 5 个工作日。

提交首次响应文件截止之日前，采购人、采购代理机构或者磋商小组可以对已发出的磋商文件进行必要的澄清或者修改，澄清或者修改的内容作为磋商文件的组成部分。澄清或者修改的内容可能影响响应文件编制的，采购人、采购代理机构应当在提交首次响应文件截止时间至少 5 日前，以书面形式通知所有获取磋商文件的供应商；不足 5 日的，采购人、采购代理机构应当顺延提交首次响应文件截止时间。（摘自《财库〔2014〕214 号文第 10 条》）

（4）响应文件的编制与提交。

供应商应当按照磋商文件的要求编制响应文件，并对其提交的响应文件的真实性、合法性承担法律责任。（摘自《财库〔2014〕214 号文第 11 条》）

供应商应当在磋商文件要求的截止时间前，将响应文件密封送达指定地点。在截止时间后送达的响应文件为无效文件，采购人、采购代理机构或者磋商小组应当拒收。（摘自《财库〔2014〕214 号文第 13 条》）

课堂笔记

（5）磋商小组组成规定。

磋商小组由采购人代表和评审专家共 3 人以上单数组成，其中评审专家人数不得少于磋商小组成员总数的 2/3。采购人代表不得以评审专家身份参加本部门或本单位采购项目的评审。采购代理机构人员不得参加本机构代理的采购项目的评审。

采用竞争性磋商方式的政府采购项目，评审专家应当从政府采购评审专家库内相关专业的专家名单中随机抽取。市场竞争不充分的科研项目、需要扶持的科技成果转化项目以及情况特殊，通过随机方式难以确定合适的评审专家的项目，经主管预算单位同意，可以自行选定评审专家。技术复杂、专业性强的采购项目，评审专家中应当包含 1 名法律专家。（摘自《财库〔2014〕214 号文第 14 条》）

（6）磋商应遵守的原则。

磋商小组所有成员应当集中与单一供应商分别进行磋商，并给予所有参加磋商的供应商平等的磋商机会。（摘自《财库〔2014〕214 号文第 19 条》）

（7）磋商文件实质性变动应遵守的原则。

在磋商过程中，磋商小组可以根据磋商文件和磋商情况实质性变动采购需求中的技术、服务要求以及合同草案条款，但不得变动磋商文件中的其他内容。实质性变动的内容，须经采购人代表确认。

对磋商文件作出的实质性变动是磋商文件的有效组成部分，磋商小组应当及时以书面形式同时通知所有参加磋商的供应商。（摘自《财库〔2014〕214 号文第 20 条》）

（8）磋商的两种方式。

磋商文件能够详细列明采购标的的技术、服务要求的，磋商结束后，磋商小组应当要求所有实质性响应的供应商在规定时间内提交最后报价，提交最后报价的供应商不得少于 3 家。

磋商文件不能详细列明采购标的的技术、服务要求，需经磋商由供应商提供最终设计方案或解决方案的，磋商结束后，磋商小组应当按照少数服从多数的原则投票推荐 3 家以上供应商的设计方案或者解决方案，并要求其在规定时间内提交最后报价。

最后报价是供应商响应文件的有效组成部分。（摘自《财库〔2014〕214 号文第 21 条》）

（9）评审办法的规定。

经磋商确定最终采购需求和提交最后报价的供应商后，由磋商小组采用综合评分法对提交最后报价的供应商的响应文件和最后报价进行综合评分。综合评分法，是指响应文件满足磋商文件全部实质性要求且按评审因素的量化指标评审得分最高的供应商为成交候选供应商的评审方法。（摘自《财库〔2014〕214 号文第 23 条》）

综合评分法货物项目的价格分值占总分值的比重（即权值）为 30%至 60%，服务项目的价格分值占总分值的比重（即权值）为10%至30%。价格分统一采用低价优先法计算，即满足磋商文件要求且最后报价最低的供应商的价格为磋商基准价，其价格分为满分。（摘自《财库〔2014〕214号文第24条》）

（10）磋商小组推荐候选供应商应遵守的原则。

磋商小组应当根据综合评分情况，按照评审得分由高到低顺序推荐3名以上成交候选供应商，并编写评审报告。评审得分相同的，按照最后报价由低到高的顺序推荐。评审得分且最后报价相同的，按照技术指标优劣顺序推荐。（摘自《财库〔2014〕214号文第25条》）

（11）采购人确定成交供应商应遵守的原则。

采购代理机构应当在评审结束后2个工作日内将评审报告送采购人确认。采购人应当在收到评审报告后5个工作日内，从评审报告提出的成交候选供应商中，按照排序由高到低的原则确定成交供应商，也可以书面授权磋商小组直接确定成交供应商。采购人逾期未确定成交供应商且不提出异议的，视为确定评审报告提出的排序第一的供应商为成交供应商。（摘自《财库〔2014〕214号文第28条》）

（12）采购结果应公示。

采购人或者采购代理机构应当在成交供应商确定后2个工作日内，在省级以上财政部门指定的政府采购信息发布媒体上公告成交结果，同时向成交供应商发出成交通知书，并将磋商文件随成交结果同时公告。成交结果公告应当包括以下内容：

（一）采购人和采购代理机构的名称、地址和联系方式；

（二）项目名称和项目编号；

（三）成交供应商名称、地址和成交金额；

（四）主要成交标的的名称、规格型号、数量、单价、服务要求；

（五）磋商小组成员名单。

采用书面推荐供应商参加采购活动的，还应当公告采购人和评审专家的推荐意见。（摘自《财库〔2014〕214号文第29条》）

二、竞争性谈判

（1）竞争性谈判的定义。

竞争性谈判是指谈判小组与符合资格条件的供应商就采购货物、工程和服务事宜进行谈判，供应商按照谈判文件的要求提交响应文件和最后报价，采购人从谈判小组提出的成交候选人中确定成交供应商的采购方式。（摘自《财政部74号令》第2条）

（2）供应商募集方式。

采购人、采购代理机构应当通过发布公告、从省级以上财政部门建立的供应商库中随机抽取或者采购人和评审专家分别书面推荐的方式邀请不少于3家符合相应

课堂笔记

资格条件的供应商参与竞争性谈判采购活动。（摘自《财政部 74 号令》第 12 条）

采取采购人和评审专家书面推荐方式选择供应商的，采购人和评审专家应当各自出具书面推荐意见。采购人推荐供应商的比例不得高于推荐供应商总数的 50%。（摘自《财政部 74 号令》第 12 条）

（3）响应文件编制时间规定。

从谈判文件发出之日起至供应商提交首次响应文件截止之日止不得少于 3 个工作日。提交首次响应文件截止之日前，采购人、采购代理机构或者谈判小组可以对已发出的谈判文件进行必要的澄清或者修改，澄清或者修改的内容作为谈判文件的组成部分。澄清或者修改的内容可能影响响应文件编制的，采购人、采购代理机构或者谈判小组应当在提交首次响应文件截止之日 3 个工作日前，以书面形式通知所有接收谈判文件的供应商，不足 3 个工作日的，应当顺延提交首次响应文件截止之日。（摘自《财政部 74 号令》第 29 条）

（4）谈判小组构成规定。

竞争性谈判小组由采购人代表和评审专家共 3 人以上单数组成，其中评审专家人数不得少于竞争性谈判小组或者询价小组成员总数的 2/3。采购人不得以评审专家身份参加本部门或本单位采购项目的评审。采购代理机构人员不得参加本机构代理的采购项目的评审。（摘自《财政部 74 号令》第 7 条）

采用竞争性谈判的政府采购项目，评审专家应当从政府采购评审专家库内相关专业的专家名单中随机抽取。技术复杂、专业性强的竞争性谈判采购项目，通过随机方式难以确定合适的评审专家的，经主管预算单位同意，可以自行选定评审专家。技术复杂、专业性强的竞争性谈判采购项目，评审专家中应当包含 1 名法律专家。（摘自《财政部 74 号令》第 7 条）

（5）谈判应遵守的原则。

谈判小组所有成员应当集中与单一供应商分别进行谈判，并给予所有参加谈判的供应商平等的谈判机会。（摘自《财政部 74 号令》第 31 条）

在谈判中，谈判的任何一方不得透露与谈判有关的其他供应商的技术资料、价格和其他信息。（摘自《政府采购法》第 38 条）

（6）谈判小组推荐成交候选人应遵守的原则。

谈判文件能够详细列明采购标的的技术、服务要求的，谈判结束后，谈判小组应当要求所有继续参加谈判的供应商在规定时间内提交最后报价，提交最后报价的供应商不得少于 3 家。谈判文件不能详细列明采购标的的技术、服务要求，需经谈判由供应商提供最终设计方案或解决方案的，谈判结束后，谈判小组应当按照少数服从多数的原则投票推荐 3 家以上供应商的设计方案或者解决方案，并要求其在规定时间内提交最后报价。最后报价是供应商响应文件的有效组成部分。（摘自《财政部 74 号令》第 33 条）

谈判小组应当从质量和服务均能满足采购文件实质性响应要求的供应商中，按照最后报价由低到高的顺序提出 3 名以上成交候选人，并编写评审报告。（摘自《财政部 74 号令》第 35 条）

（7）采购人确定成交供应商应遵守的原则。

谈判结束后，谈判小组应当要求所有参加谈判的供应商在规定时间内进行最后报价，采购人从谈判小组提出的成交候选人中根据符合采购需求、质量和服务相等且报价最低的原则确定成交供应商，并将结果通知所有参加谈判的未成交的供应商。（摘自《政府采购法》第 38 条）

采购代理机构应当在评审结束后 2 个工作日内将评审报告送采购人确认。采购人应当在收到评审报告后 5 个工作日内，从评审报告提出的成交候选人中，根据质量和服务均能满足采购文件实质性响应要求且最后报价最低的原则确定成交供应商，也可以书面授权谈判小组直接确定成交供应商。采购人逾期未确定成交供应商且不提出异议的，视为确定评审报告提出的最后报价最低的供应商为成交供应商。（摘自《财政部 74 号令》第 36 条）

三、采购询价

（1）询价的定义。

询价是指询价小组向符合资格条件的供应商发出采购货物询价通知书，要求供应商一次报出不得更改的价格，采购人从询价小组提出的成交候选人中确定成交供应商的采购方式。（摘自《财政部 74 号令》第 2 条）

（2）供应商募集方式。

采购人、采购代理机构应当通过发布公告、从省级以上财政部门建立的供应商库中随机抽取或者采购人和评审专家分别书面推荐的方式邀请不少于 3 家符合相应资格条件的供应商参与询价采购活动。（摘自《财政部 74 号令》第 12 条）

采取采购人和评审专家书面推荐方式选择供应商的，采购人和评审专家应当各自出具书面推荐意见。采购人推荐供应商的比例不得高于推荐供应商总数的 50%。（摘自《财政部 74 号令》第 12 条）

（3）响应文件编制时间规定。

从询价通知书发出之日起至供应商提交响应文件截止之日止不得少于 3 个工作日。提交响应文件截止之日前，采购人、采购代理机构或者询价小组可以对已发出的询价通知书进行必要的澄清或者修改，澄清或者修改的内容作为询价通知书的组成部分。澄清或者修改的内容可能影响响应文件编制的，采购人、采购代理机构或者询价小组应当在提交响应文件截止之日 3 个工作日前，以书面形式通知所有接收询价通知书的供应商，不足 3 个工作日的，应当顺延提交响应文件截止之日。（摘自《财政部 74 号令》第 45 条）

课堂笔记

（4）询价小组构成要求。

询价小组由采购人代表和评审专家共 3 人以上单数组成，其中评审专家人数不得少于询价小组成员总数的 2/3。采购人不得以评审专家身份参加本部门或本单位采购项目的评审。采购代理机构人员不得参加本机构代理的采购项目的评审。采用询价方式采购的政府采购项目，评审专家应当从政府采购评审专家库内相关专业的专家名单中随机抽取。技术复杂、专业性强的竞争性谈判采购项目，通过随机方式难以确定合适的评审专家的，经主管预算单位同意，可以自行选定评审专家。技术复杂、专业性强的竞争性谈判采购项目，评审专家中应当包含 1 名法律专家。（摘自《财政部 74 号令》第 7 条）

（5）询价应遵守的原则。

询价小组在询价过程中，不得改变询价通知书所确定的技术和服务等要求、评审程序、评定成交的标准和合同文本等事项。（摘自《财政部 74 号令》第 46 条）

（6）供应商只有一次报价机会，采购人不能要求供应商多次报价。

参加询价采购活动的供应商，应当按照询价通知书的规定一次报出不得更改的价格。（摘自《财政部 74 号令》第 47 条）

询价小组要求被询价的供应商一次报出不得更改的价格。（摘自《政府采购法》第 40 条）

（7）询价小组推荐成交候选人应遵守的原则。

询价小组应当从质量和服务均能满足采购文件实质性响应要求的供应商中，按照报价由低到高的顺序提出 3 名以上成交候选人，并编写评审报告。（摘自《财政部 74 号令》第 48 条）

（8）采购人确定成交供应商应遵守的原则。

采购代理机构应当在评审结束后 2 个工作日内将评审报告送采购人确认。采购人应当在收到评审报告后 5 个工作日内，从评审报告提出的成交候选人中，根据质量和服务均能满足采购文件实质性响应要求且报价最低的原则确定成交供应商，也可以书面授权询价小组直接确定成交供应商。采购人逾期未确定成交供应商且不提出异议的，视为确定评审报告提出的最后报价最低的供应商为成交供应商。（摘自《财政部 74 号令》第 49 条）

四、单一来源采购

（1）单一来源采购的定义。

单一来源采购是指采购人从某一特定供应商处采购货物、工程和服务的采购方式。（摘自《财政部 74 号令》第 2 条）

（2）拟采用单一来源采购方式的，要事先公示。

拟采用单一来源采购方式的，采购人、采购代理机构在按照报财政部门批准之前，应当在省级以上财政部门指定媒体上公示，并将公示情况一并报财政部门。公示期不得少于 5 个工作日，公示内容应当包括：

（一）采购人、采购项目名称和内容；

（二）拟采购的货物或者服务的说明；

（三）采用单一来源采购方式的原因及相关说明；

（四）拟定的唯一供应商名称、地址；

（五）专业人员对相关供应商因专利、专有技术等原因具有唯一性的具体论证意见，以及专业人员的姓名、工作单位和职称；

（六）公示的期限；

（七）采购人、采购代理机构、财政部门的联系地址、联系人和联系电话。（摘自《财政部 74 号令》第 38 条）

任何供应商、单位或者个人对采用单一来源采购方式公示有异议的，可以在公示期内将书面意见反馈给采购人、采购代理机构，并同时抄送相关财政部门。（摘自《财政部 74 号令》第 39 条）

采购人、采购代理机构收到对采用单一来源采购方式公示的异议后，应当在公示期满后 5 个工作日内，组织补充论证，论证后认为异议成立的，应当依法采取其他采购方式；论证后认为异议不成立的，应当将异议意见、论证意见与公示情况一并报相关财政部门。采购人、采购代理机构应当将补充论证的结论告知提出异议的供应商、单位或者个人。（摘自《财政部 74 号令》第 40 条）

（3）采购人与供应商就成交价格、质量和服务要求等要商谈。

采用单一来源采购方式采购的，采购人、采购代理机构应当组织具有相关经验的专业人员与供应商商定合理的成交价格并保证采购项目质量。（摘自《财政部 74 号令》第 41 条）

（4）与供应商商谈后，采购人应编写“协商情况记录”。

单一来源采购人员应当编写协商情况记录，主要内容包括：

（一）公示情况说明；

（二）协商日期和地点，采购人员名单；

（三）供应商提供的采购标的成本、同类项目合同价格以及相关专利、专有技术等情况说明；

（四）合同主要条款及价格商定情况。

协商情况记录应当由采购全体人员签字认可。对记录有异议的采购人员，应当签署不同意见并说明理由。采购人员拒绝在记录上签字又不书面说明其不同意见和理由的，视为同意。（摘自《财政部 74 号令》第 42 条）

课堂笔记

技能训练

非招标采购模式介绍与分析

一、实训目的

通过非招标采购模式介绍与分析和总结，使学生对各种非招标采购模式有直观和更深刻的认识。

二、实训要求

（1）首先将学生分成若干小组，分组选取不同的非招标采购模式进行介绍与分析。
（2）要求做出 PPT，做出讲解稿。
（3）每小组选取一名同学代表本小组发言，陈述其观点。
（4）针对学生陈述情况给予反馈，指出优点和需改进之处。

三、实训步骤

（1）分组讨论：将学生分成若干小组，对不同的采购模式进行介绍与分析。
（2）代表发言：每小组选取一名同学代表本小组发言，陈述其观点。
（3）教师反馈：针对学生陈述情况给予反馈，指出优点和需改进之处。
（4）整理记录：要求写出实训报告，对实训过程和结果进行总结。

四、考核标准

考核标准：
（1）学生制作的 PPT 是否合适上课使用。
（2）学生对非招标采购模式的介绍分析是否得当。
（3）学生的讲解是否得体。

拓展阅读

政府采购招投标的意义

随着政府职能的不断转变以及市场竞争的日益激烈，政府采购招标投标已成为一种有效而常用的手段来保证资金的使用效率和实现财政监督。政府采购招标投标是一种采购行为，它是指政府以竞争的方式向生产或服务提供者发出的招标、投标，最终评选其中的一位提供者以便购买其产品或服务，以实现政府的采购目的。

政府采购招标投标不仅有效地促进了公平竞争，而且具有一定的经济、技术和

课堂笔记

社会效益。首先，政府采购招标投标是一个有效的促进公平竞争的措施。招标投标公告将所有当事人纳入竞争范围，让市场上的经营者都有同等的机会参与竞争，否则就会造成垄断状态，从而影响市场竞争，使政府采购的价格不能得到有效的调节。

另外，政府采购招标投标能够有效控制采购成本，提高采购质量。采购者利用招标投标的方式可以收集具体的信息、数据、资料，从而更有效地审查、研究供应商所提供的产品或服务，从技术、性能到价格，均可获得更详尽的结论，从而有效控制采购成本和提高采购质量，避免采购不必要的、高价格的物资和服务。

此外，政府采购招标投标也具有社会评估作用，可以有效地促进社会发展。招标投标活动中包括了评估供应商的技术水平、经验和能力，以及社会责任，因此及时识别优质的供应商，从而促进建设优质的社会服务，从而有效地促进社会发展。

政府采购开展招标投标行为，明确了政府采购行为的相关要求，以及供应商参与招标投标销售和购买活动的权利和义务，并纳入法律范畴。例如，《中华人民共和国政府采购法》第十四条规定："政府采购行为，应当采用公开招标的方式。政府采购行为公开招标，应当依照本法及其他有关规定的程序进行"。以上就是有关政府采购招标投标的相关法律规定。

综上所述，政府采购招标投标不仅有效地促进了公平竞争，而且具有一定的经济、技术和社会效益，也是法律规定的采购手段，是实现政府采购目的必不可少的手段。

素养园地

阳光采购

——招投标"评定分离"：武汉创建"清廉地铁"

2022 年 9 月，武汉轨道交通某线路三期工程车站装修工程经评标委员会评审，共 5 家中标候选人完成公示，进入定标环节。据悉，这是武汉地铁集团有限公司（简称"武汉地铁集团"）创建"清廉地铁"，推进投标"评定分离"改革试点实施的首个建设工程项目。与以往不同的是，在此次招投标过程中，严格实行评标和定标分离，招投标由一个环节变成评标和定标两个环节。在评标环节，评标委员会专家严格按照评标办法及评分标准开展评审。评标完成后，评标委员会不直接确定中标人，而是向招标人推荐 5 个不标明排序的中标候选人，并向招标人提交全面专业的书面评审报告。在定标环节，武汉地铁集团作为招标人通过组建定标委员会，纳入企业"三重一大"决策机制，采取集体议事的方式。根据专家评审意见，从中标候选人的企业实力、项目报价、市场表现、信用征信、应急救援处置能力等方面，对入围

课堂笔记

的中标候选人进行综合评判，形成集体决议，最终择优确定中标人。在这个过程中，集团纪委、监察专员办公室对定标委员会的定标议事决策进行全程监督。武汉地铁集团纪委相关负责人介绍，“评定分离”改革改变了以往“评定合一”的方式，让评标专家回归专业顾问角色，将定标权交还给招标人，严格落实招标人在招投标活动中的主体责任，实现了权责对等。此举最大限度压缩招投标暗箱操作的空间，将权力关进制度的“笼子”里，既建立了良好的市场秩序，也有效防范了廉政风险。

◇问题与思考

评定标分离为什么能防范采购廉政风险？

◇内化与提升

“越是政策支持力度大、资金资源集中、财政金融投资富集的领域，往往是廉政风险问题易发高发的重点领域。”武汉地铁集团在落实推进清廉企业建设过程中，公司结合发展实际，推进“清廉地铁”创建，发挥一体推进“不敢腐、不能腐、不想腐”综合治理效能，让权力制约“严”起来。针对可能出现的廉政风险，企业聚焦招投标管理等关键环节，开展“评定分离”改革，修订工程招标监督管理办法、评标专家和评标专家库管理办法、定标委员会议事规则等 20 多项相关管理制度，通过开展制度执行大清查，从制度上规范权力运行，强化制度管人管事，从严推动健全内控机制，堵塞廉政风险漏洞。

项目综合实训

招标采购过程模拟

◇实训组织

（1）首先要将学生分成若干小组，分别代表采购方、供应商和招标公司。

（2）采购方根据采购需求编制招标文件，招标文件中真实地反映采购方对采购物品的技术和商务需求，招标文件完成后在招标平台上发布招标公告。

（3）采购方编制评标准则，包括厂商评价指标体系以及评标办法等，并在开标前公布评标准则。

（4）供应商在市场调研的基础上编制投标文件，投标文件必须很好地响应招标文件的要求，并且与实际市场销售价格、技术性能等相符，并在规定的时间内提交投标文件。

（5）模拟招标采购，现场开标、评标。采购方根据要求，生成的中标顺序。并在中标顺序的基础上，进一步进行协商确定最终的中标人。

（6）采购方公布中标人，并张贴公告。未中标的小组要拟定详细的分析报告，说明未中标的原因，以及今后的改进措施。

课堂笔记

◇实训案例

选取学校网站发布的招标任务一个，对整个招标任务的流程进行模拟演练。

◇实训要求

（1）采购方根据实际需求编制招标文件，招标文件的内容要具体、详尽。

（2）供应商要完全响应招标文件的要求，编制投标文件，进而进行投标模拟。

（3）供应商是由若干小组构成，在未开标前必须保密，供应商之间不能互通信息。

（4）由采购方确定评标的指标体系，确定中标单位。

（5）由采购方公布中标人，并张贴公告；未中标的小组要分析原因。

◇实训成果说明

（1）采购方上交的实验报告：招标文件、市场调研分析报告、采购合同。

（2）销售方上交的实验报告：投标文件、市场调研分析报告、未中标原因分析报告（未中标的，中标方签订采购合同）、评标方上交的实验报告、评标指标体系设计、各指标分值确定的原因、评标报告。

◇项目小结

（1）招标采购，是指采购方作为招标方，事先提出采购的条件和要求，邀请众多企业参加投标，然后由采购方按照规定的程序和标准一次性的从中择优选择交易对象，并提出最有利条件的投标方签订协议等过程。整个过程要求公开、公正和择优。

（2）根据采购的集中度，将采购分为集中采购、分散采购、混合采购。每种采购方式都有自己的优缺点和适用情况。联合采购是大型企业之间的合作采购模式，但对企业的协同运作要求较高。

（3）非招标采购是对招标采购的有利补充，主要包括竞争性磋商、竞争性谈判、采购询价、单一来源采购。

思考题

（1）集中采购和分散采购的优缺点和适用情况是什么？

（2）简述混合采购和联合采购的概念。

（3）简述招标流程。

（4）常见的非招标采购有哪些形式？

◇项目评价表

实训完成情况（40 分）	得分：
分标准： 出色完成 30~40 分；较好完成 20~30 分；基本完成 10~20 分；未完成 0~10 分	
学生自评（20 分）	得分：

课堂笔记

续表

计分标准：得分 =2×A 的个数 +1×B 的个数 +0×C 的个数			
专业能力	评价指标	自测结果	要求 （A 掌握；B 基本掌握；C 未掌握）
招标	1. 招标采购的概念 2. 常见的招标方式 3. 评标的程序和方法	A □ B □ C □ A □ B □ C □ A □ B □ C □	能够根据招标采购流程进行招标工作
集中采购和分散采购	1. 集中采购和分散采购的概念 2. 集中采购和分散采购的优点和缺点和使用情况	A □ B □ C □ A □ B □ C □	能够根据实际情况选择集中采购、分散采购、联合采购
非招标采购	1. 常见的非招标采购方式 2. 竞争性磋商的流程	A □ B □ C □ A □ B □ C □	能够根据采购具体情况选择最合适的采购形式
职业道德思想意识	1. 爱岗敬业、认真严谨 2. 遵纪守法、遵守职业道德 3. 顾全大局、团结合作	A □ B □ C □ A □ B □ C □ A □ B □ C □	专业素质、思想意识得以提升，德才兼备
小组评价（20 分）		得分：	
计分标准：得分 =10×A 的个数 +5×B 的个数 +3×C 的个数			
团队合作	A □ B □ C □	沟通能力	A □ B □ C □
教师评价（20 分）		得分：	
教师评语			
总成绩		教师签字	

课堂笔记

项目五

分析与控制采购成本

项目概述

采购成本控制是指对与采购原材料部件相关费用的控制，包括采购订单费、采购人员管理费及物流费等。控制采购成本对企业的经营业绩至关重要。采购成本下降不仅体现在企业现金流出的减少，而且还体现在产品成本的下降、产品利润的增加，以及企业竞争力的增强。因此，企业在实施精益管理过程中须控制好采购成本。

案例导入

刻骨铭心的采购低价中标

H公司是一家国有大型企业，2021年10月18日在采购公司所需物料缠绕膜时，由于未提前对货物品质进行评估考量，简单采购用最低价中标法确定了供应商。该供应商提供的缠绕膜因质量较差，易破损，而货运站使用缠绕膜主要用于对货物组装加固，以防货物掉落丢失，或因货物掉落对操作人员造成安全隐患。操作人员在使用该批缠绕膜时，相较常规标准，利用缠绕膜对货物进行多层缠绕加固，变相加大了物料的使用量，使物资使用速度远快于预期，H公司不得不重新进行新一轮的物料采购，重新开展供应商评估，公司完成相关工作，除产生新的物料采购成本外，还需再次投入更多的精力、人力、时间等隐形成本，对企业而言综合成本更高，给企业生产经营带来了重大影响。

课堂笔记

引例思考：

（1）什么是采购成本分析？

（2）采购成本分析应考虑哪些因素？

任务一　采购成本的组成与供应商定价

学习目标

◇知识目标

理解采购成本各个组成部分的概念。

掌握供应商定价方法的含义。

了解影响供应商价格的因素。

◇能力目标

能够根据采购成本的组成填写采购成本分析表。

能够根据供应商定价方法对供应商成本进行分析。

◇素养目标

培养学生的成本分析意识。

知识储备

一、采购成本组成

有效供应对企业盈亏的影响

将企业采购成本降到最低，有助于增长企业利润。在实际采购工作中，大多数企业通常只关注产品的报价，而忽视了订购成本、维持成本及缺料成本等整体采购成本，采购成本组成如图 5-1 所示。

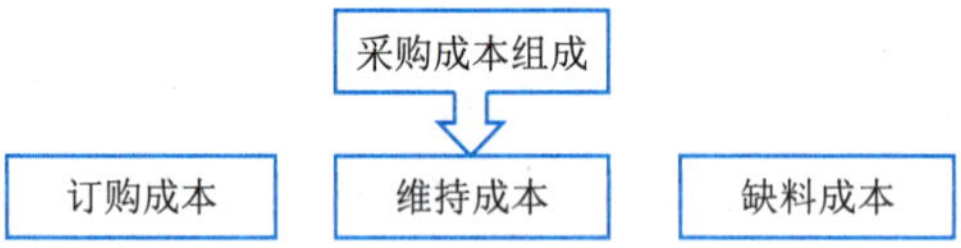

图 5-1　采购成本组成

1. 订购成本

订购成本是指企业为了实现一次采购而支付的各种活动的费用，如办公费、差旅费、快递费、电话费等。具体来说，订购成本包括请购手续成本、订单成本、进货验收成本、进库成本和其他成本，订购成本具体内容如表 5-1 所示。

课堂笔记

表 5-1　订购成本具体内容

项目	具体说明
请购手续成本	请购手续成本包括请购所支付的人员费、事务用品费、主管及有关部门的审查费
订单成本	订单成本是指在完成一笔采购订单时，从询价到最后成交，期间内产生的所有费用。订单成本也包括采购品的进价
进货验收成本	进货验收成本包括人员费、交通费、检验仪器仪表费等
进库成本	进库成本是指物料搬运所支付的成本
其他成本	如会计入账、支付款项等所花费的银行费用

2. 维持成本

维持成本是指为保持物料而发生的成本，它可以分为固定成本和变动成本两种。固定成本与采购数量无关，如仓库折旧、仓库员工的固定工资等；变动成本则与采购数量有关，如物料资金的应计利息、物料的破损和变质损失、物料的保险费用等。

3. 缺料成本

缺料成本是指由于物料供应中断而造成的损失，包括呆料停工损失、延迟发货损失、失去销售机会损失和商业信誉损失。如果因缺料而损失客户，还可能给企业造成间接或长期的经济损失。缺料成本具体项目说明如表 5-2 所示。

表 5-2　缺料成本具体项目说明

安全存货及其成本	许多企业都会考虑保持一定数量的安全存货，即缓冲存货，以防在需求或提前交货期方面的不确定性。但是，困难在于确定何时需要保持多少安全存货，如果存货太多，会造成库存积压；如果安全存货不足，会出现断料、缺货或失销的情况
延期交货及其成本	延期交货有两种形式：缺货在下次规则订货中得到补充、利用快速运送延期交货。如果客户愿意等到下一个周期交货，那么企业实际上没有任何损失，但如果经常缺货，客户可能就会转向其他企业。若利用快速运送延期交货，则会发生特殊订单处理和送货费用，而这些费用相对于规则补充的普通处理费用要高
失销成本	尽管有些客户可以允许延期交货，但仍有些客户会转向其他企业，在这种情况下，缺货会导致失销。对于企业的直接损失是这种货物的利润损失，除了利润的损失，还应包括当初负责这笔业务的销售人员的人力、精力浪费，这就是机会损失
失去客户的成本	由于缺货而失去客户，即客户永远转向另一家企业。若失去了客户也就失去了未来一系列的收入，这种缺货造成的损失很难估计。除了利润损失，还有由于缺货造成的企业信誉损失也很难度量。这在采购成本控制中常被忽略，但它对未来销售及客户经营活动却非常重要

分析完采购成本的主要构成以后，就可以填写采购成本分析表了。由于每个企业在业务、流程等方面的差异性，每个企业的采购成本分析表也有所不同，但也都大同小异。如表 5-3 所示是某企业的采购成本分析表，供参考。

课堂笔记

表 5-3　某企业的采购成本分析表

<table>
<tr><th colspan="2">产品名称</th><th colspan="2">零件名称</th><th colspan="2">零件编号</th><th colspan="2">作价、数量</th><th>备注</th></tr>
<tr><td colspan="2"></td><td colspan="2"></td><td colspan="2"></td><td colspan="2"></td><td></td></tr>
<tr><td rowspan="4">主材料费</td><td>序号</td><td>名称</td><td>规格</td><td>厂牌</td><td>单价</td><td>用量</td><td>损耗率</td><td>格料费</td></tr>
<tr><td></td><td></td><td></td><td></td><td></td><td></td><td></td><td></td></tr>
<tr><td></td><td></td><td></td><td></td><td></td><td></td><td></td><td></td></tr>
<tr><td></td><td></td><td></td><td></td><td></td><td></td><td></td><td></td></tr>
<tr><td rowspan="4">加工费</td><td>序号</td><td>工程内容</td><td>使用设备</td><td>日产量</td><td>设备折旧</td><td>模具折旧</td><td>单价</td><td>加工费</td></tr>
<tr><td></td><td></td><td></td><td></td><td></td><td></td><td></td><td></td></tr>
<tr><td></td><td></td><td></td><td></td><td></td><td></td><td></td><td></td></tr>
<tr><td></td><td></td><td></td><td></td><td></td><td></td><td></td><td></td></tr>
<tr><td rowspan="4">后加工费</td><td>序号</td><td>加工名称</td><td>使用设备</td><td>日产量</td><td>加工单价</td><td colspan="3">说明</td></tr>
<tr><td></td><td></td><td></td><td></td><td></td><td colspan="3"></td></tr>
<tr><td></td><td></td><td></td><td></td><td></td><td colspan="3"></td></tr>
<tr><td></td><td></td><td></td><td></td><td></td><td colspan="3"></td></tr>
<tr><td colspan="2">主材料费合计</td><td colspan="2"></td><td colspan="2">加工费合计</td><td></td><td>后加工费合计</td><td></td></tr>
<tr><td colspan="2">营销费</td><td colspan="2"></td><td colspan="2">税金</td><td></td><td>利润</td><td></td></tr>
<tr><td colspan="2">总计</td><td colspan="7"></td></tr>
<tr><td colspan="9">备注：</td></tr>
</table>

二、供应商采购成本分析

1. 供应商的定价方法

采购人员应了解供应商的供应价格影响因素及定价方法，这有助于对供应商的成本结构进行分析。供应商定价不外乎有 3 种方法，即成本导向定价法、需求导向定价法（又称为市场导向定价法）和竞争导向定价法。成本导向定价法是以产品成本（当然包括销售成本）为基础确定供应价格；市场导向定价法则是随行就市的方法，即以市场价格作为自己的产品价格；而竞争导向定价法则是结合市场因素及成本因素一起考虑来确定自己的产品价格，它是最常见的方法。供应商在确定其产品的供应价格时，通常会考虑到供应市场的供应关系，再结合自己的成本结构。供应商的定价方法又可细分为成本加成定价法（Cost plus Pricing）、目标利润定价法（Target profit Pricing）、采购商理解价值定价法（Pricing based on Values Perceived by the Buyer）、竞争定价法（Pricing based on Competitor Prices）及投标定价法（Tender based price）。

课堂笔记

（1）成本加成定价法。这是供应商最常用的定价法，它以成本为依据，在产品的单位成本的基础上加上一定比例的利润。该方法的特点是成本与价格直接挂钩，但它忽视市场竞争的影响，也不考虑采购商（或客户）的需要。由于其简单、直接，又能保证供应商获取一定比例的利润，因而许多供应商都倾向使用这种定价方法。实际上由于市场竞争日趋激烈，这种方法只有在卖方市场或供不应求的情况下才真正行得通。

（2）目标利润定价法。这是一种以利润为依据制定卖价的方法，基本思路是，供应商依据固定成本、可变成本及预计的卖价，通过盈亏平衡分析算出保本产量或销售量，根据目标利润算出保本销售量以外的销售量，然后分析在此预计的卖价下销售量能否达到；否则，调整价格重新计算，直到在制定的价格下可实现的销售量能满足利润目标为止。

（3）采购商理解价值定价法。这是一种以市场的承受力及采购商对产品价值的理解程度作为定价的基本依据，常用于消费品尤其是名牌产品，也有时适用于工业产品如设备的备件等。

（4）竞争定价法。这种方法最常用于寡头垄断市场，具有明显规模经济性的行业，如较成熟的市场经济国家的钢铁、铝、水泥、石油化工及汽车、家用电器等。其中，少数占有很大市场份额的企业是市场价格的主导，而其余的小企业只能随市场价格跟风。寡头垄断企业之间存在着很强的相互依存性及激烈的竞争，某企业的产品价格的制定必须考虑到竞争对手的反应。

（5）投标定价法。这种公开招标竞争定价的方法最常用于拍卖行、政府采购，也用于工业企业，如建筑包工、大型设备制造，以及非生产用原材料（如办公用品、家具、服务等）的大宗采购，一般是由采购商公开招标，参与投标的企业事先根据招标公告的内容密封报价、参与竞争。密封报价是由各供应商根据竞争对手可能提出的价格及自身所期望的利润而定，通常中标者是报价最低的供应商。

采购定价策略

2. 供应商价格影响的因素

所谓供应价格是指供应商对自己的产品提出的销售价格。影响供应价格的因素主要有成本结构和市场结构两个方面。成本结构是影响供应价格的内在因素，受生产要素的成本，如原材料、劳动力价格、产品技术要求、产品质量要求、生产技术水平等影响；而市场结构则是影响供应价格的外在因素，包括经济、社会政治及技术发展水平等，具体有宏观经济条件、供应市场的竞争情况、技术发展水平及法规制约等。市场结构对供应价格的影响直接表现为供求关系。市场结构同时又会强烈影响成本结构；反过来，供应商自己的成本结构往往不会对市场结构产生影响。现把这些影响因素简要分述如下。

（1）供应商成本的高低。这是影响采购价格的最根本、最直接的因素。供应商

课堂笔记

进行生产，其目的是获得一定利润，否则生产无法继续。因此，采购价格一般在供应商成本之上，两者之差即为供应商获得的利润，供应商的成本是采购价格的底线。一些采购人员认为，采购价格的高低全凭双方谈判的结果，可以随心所欲地确定，其实这种想法是完全错误的。尽管经过谈判后供应商大幅降价的情况时常出现，但这只是因为供应商报价中水分太多的缘故，而不是谈判决定价格。

（2）规格与品质。采购方对采购品的规格要求越复杂，采购价格就越高。价格的高低与采购品的品质也有很大的关系。如果采购品的品质一般或质量低下，供应商会主动降低价格，以求赶快脱手，有时甚至会贿赂采购人员。采购人员应首先确保采购物品能满足本企业的需要，质量能满足产品的设计要求，千万不要只追求价格最低，而忽略了质量。

（3）采购数量多少。如果采购数量大，采购方就会享受供应商的数量折扣，从而降低采购的价格，因此大批量、集中采购是降低采购价格的有效途径。

（4）交货条件。交货条件也是影响采购价格的非常重要的因素，交货条件主要包括运输方式、交货期的缓急等。如果货物由采购方来承运，则供应商就会降低价格，反之就会提高价格。有时为了争取提前获得所需货物，采购方会适当提高价格。

（5）付款条件。在付款条件上，供应商一般都规定有现金折扣、期限折扣，以刺激采购方能提前用现金付款。

（6）采购物品的供需关系。当企业需采购的物品为紧俏商品时，则供应商处于主动地位，它会趁机抬高价格；当企业需采购的商品供过于求时，则采购方处于主动地位，可以获得最优的价格。

（7）生产季节与采购时机。当企业处于生产的旺季时，对原材料需求紧急，因此不得不承受更高的价格。避免这种情况的最好办法是提前做好生产计划，并根据生产计划制订出相应的采购计划，为生产旺季的到来提前做好准备。

（8）供应市场中竞争对手的数量。供应商毫无例外地会参考竞争对手的价位来确定自己的价格，除非他处于垄断地位。

（9）客户与供应商的关系。与供应商关系好的客户通常都能拿到好的价格。有些产品的供应价格几乎全部取决于成本结构（如塑胶件），而另外一些产品则几乎全部依赖于市场（如短期内的铜等原材料）。对于后一类产品单个供应商处于完全竞争的市场，对产品价格的影响无能为力。当然不少产品的供应价格既受市场结构影响，同时供应商又能通过成本结构来进行控制。表 5-4 给出了不同种类产品的供应价格影响因素构成。

表 5-4　不同种类产品的供应价格影响因素构成

产品类别	成本结构为主	侧重于成本结构	50% 成本结构 50% 市场结构	侧重于市场结构	市场结构为主
原材料				√	√
工业半成品			√	√	
标准零部件		√	√	√	
非标准零部件	√	√	√		
成品	√	√	√		
服务	√	√	√	√	√

三、采购折扣

折扣是工业企业产品销售中常用的一种促销方式。了解折扣有助于供应商在谈判过程中降低采购价格，概括起来大体有以下几类折扣。

（1）付款折扣。现金付款比月结付款的采购价格通常要低，此外以坚挺货币（如美金等）付款比其他货币付款具有价格优势。

（2）数量折扣。数量小的订单其单位产品成本较高，因为小数量订单所需的订单处理、生产准备等时间与大数量订单并无根本区别，此外有些行业生产本身具有最小批量要求，如印刷、电子元件的生产等。以印刷为例，每当印刷品的数量增加一倍，其单位产品的印刷成本可降低多达 50%。

（3）地理折扣。多数跨国生产的供应商在销售时实行不同地区不同价格的地区差价，对于地理位置有利的客户给予折扣优惠。此外，如果供应商的生产场地或销售点接近顾客时，往往也可以因交货运输费用低等原因获得较优惠的价格。

（4）季节折扣。许多消费品包括工业消费品都具有季节性，相应的原材料和零部件的供应价格也随着季节的起伏而上下波动。在消费淡季时将订单下给供应商往往能拿到较低的价格。

（5）推广折扣。许多供应商为了推销产品、刺激消费、扩大市场份额或推广新产品、降低市场进入障碍，往往采取各种推广手段在一定的时期内降价促销。策略地利用推广折扣是降低采购成本的一种手法。

技能训练

案例分析

Y 公司是一家大型 IT 企业，其主要产品包括笔记本、桌面 PC、打印机、服务器、通讯交换设备等。随着 IT 产业的高速发展，目前我国市场上不仅有众多国内公

课堂笔记

司参与竞争，同时还有像IBM、HP等很多的国际企业参与较量，市场竞争日趋激烈。王强是Y公司打印机事业部经理，他认为应通过缩减供应链成本提升公司的竞争力。为此他让助手收集了过去一年事业部物流运作费用数据。

采购的材料总运输费540万元，打印机机芯进口的报关费用为60万元；原材料、半成品和产成品的仓储费用分别为别为300万元、180万元和480万元；制造工时费用360万元；客户订单发货的运输费用为720万元；生产过程的管理分摊费为360万元。公司为了管理上的便利，把以上成本分为采购物流成本、制造物流成本、销售物流成本三个大类，分别由不同部门控制。

王强意识到如此高的供应链成本已成为Y公司在市场上竞争的“瓶颈”。而降低成本仅仅是改进供应链的第一步，今后供应链管理的道路还很漫长。

根据以上案例提供资料，请回答问题1 ~ 2。

问题1：结合案例，Y公司供成链的三大类成本分别包括哪些项目？

问题2：根据案例，请计算Y公司打印机产品的供应链总成本及各类成本占总成本的比例。（请列出计算过程）

任务二　采购成本控制方法

学习目标

◇知识目标

了解采购成本控制的方法。

掌握ABC分类标准和计算方法。

掌握定期订货和定量订货的运行机制。

◇能力目标

能够根据采购清单进行ABC分类。

掌握定期订货和定量订货的优缺点和适用情况。

◇素养目标

培养学生的成本控制意识。

知识储备

由于企业在实际采购中，所遇到的情况会有所不同。因此，采购人员通常需要采用不同的成本控制方法来达到降低成本的目的。采购成本控制方法如图5-2所示。

课堂笔记

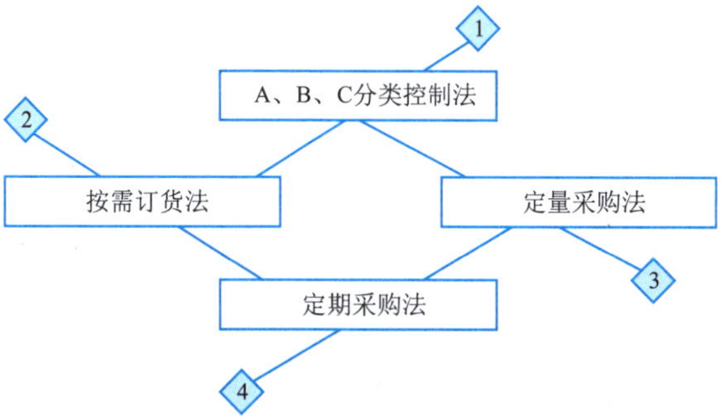

图 5-2　采购成本控制方法

一、A、B、C 分类控制法

A、B、C 分类法对于采购库存的所有物品，按照全年货币价值从大到小排序，然后划分为三大类，分别称为 A 类、B 类和 C 类。A 类物品价值最高，受到高度重视，处于中间的 B 类物品受重视程度稍低，而 C 类物品价值最低，仅进行例行控制管理。A、B、C 分类法的原则是通过放松对低值物料的控制管理而节省精力，从而可以把高值物品的库存管理做得更好。

ABC 采购

1. A、B、C 分类标准

在企业仓储管理中，其中 A 类物品在总金额中占 75% ~ 80%，品种占 10% 以下；B 类物品在总金额中占 10% ~ 15%，品种占 10% ~ 15%；C 类物品在总金额中仅占 5% ~ 10%，品种占 75% 以上。

企业根据 A、B、C 分类的结果可以采取不同的库存管理方法。对 A 类物品应重点管理，严加控制，采取较小批量的定期订货方式，尽可能降低库存量。对 C 类物品采用较大批量的定量订货方式，以求节省精力管理好重要物品，而对 B 类物品则应视具体情况区别对待。企业存储物品 A、B、C 分类标准如图 5-3 所示。

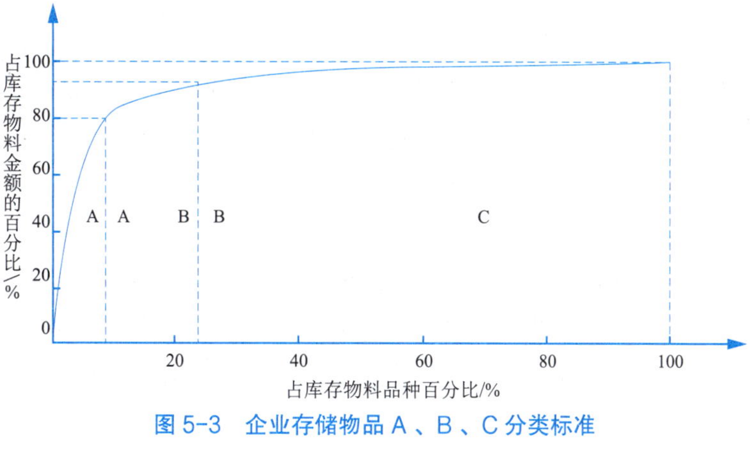

图 5-3　企业存储物品 A、B、C 分类标准

课堂笔记

2. A 类物品的采购

企业须对占用资金多的 A 类物品严格采取定期订购，订购频率可以长久一些，同时要进行精心管理。

A 类物品采用订货的形式。采购方式采取询价比较采购和招标采购，这样能控制采购成本，保证采购质量。采购前，采购人员应做好准备工作，并进行市场调查。对大宗材料、重要材料要签订购销合同。材料进场须通过计量验收，对物品的质量报告、规格、品种、质量及数量要认真验收合格后方能入库。

3. B 类物品的采购

对于常用物品和专用物品来说，订货渠道采取定做及加工改制，主要适应非标准产品及专用设备等。加工改制包括带料加工和不带料加工两种。

B 类物品的采购方式可采取竞争性谈判。采购方直接与三家以上的供货商或生产厂家就采购事宜进行谈判，从中选择出质量好、价格低的生产厂家或供货商。订货方式可采用定期订货或定量订货。B 类物品虽无须像 A 类物品那样进行精心管理，但其物品计划、采购、运输、保管和发放等环节管理，要求与 A 类物品相同。

4. C 类物品采购

C 类物品是指用量小，市场上可以直接购买到的物品。这类物品占用资金少，属于辅助性物品，容易造成库存积压。因此，进货渠道可采用市场采购、订货方式采用定量订货。必须严格按计划购买，不得盲目多购。采购人员要认真进行市场调查，收集采购物品的质量及价格等市场信息，做到择优选购。物品保管人员要加强保管与发放，并严格领用手续，做到账、卡、物相符。

总而言之，对 A 、B 、C 物品分类管理，是保证产品质量、降低物品消耗、杜绝浪费、减少库存积压的重要途径。只有认真做好物品的计划、采购、运输、储存、保管、发放及回收等环节的管理工作，同时要根据不同的物品采取不同的订货渠道和订货方式，才能及时、准确、有效地做好物品质量与成本控制工作，才能达到节约成本、提高经济效益的目的。

二、按需订货法

按需订货是属于 MRP 的一种订货技术，生成的计划订单在数量上等于每个时间段的净需求量。这是有效避免采购过多、采购不足的一种方法，也是有效避免采购成本增加的一种方法。目前大多数生产企业均采用此种订货方式。

按需采购

其计算公式是：净需求量 = 生产订单需求量 –（现有库存量 + 在途采购量）

利用 MRP 实施按需订货可以准确地计算出在一段时间内的净需求量。现实企业操作中，订单每时每刻都在增加，采购需求也在不断变化。而利用 MRP 技术，实施按需订购则是一个较科学的方式。

课堂笔记

一般情况下，采购周期常用一周来作为采购衡量标准，其目的是减少搬运量。如 1 月 10—17 日的采购订单可以合并到 1 月 10 日完成。也就是说：在 1 月 10 日电子需求量 =A01 单 1 000 个；在 1 月 11 日天线需求量 =A01 单 500 个 +C01 单 3 000 个；在 1 月 18 日电子需求量 =D01 单 2 000 个 +B01 单 8 000 个；在 1 月 20 日天线需求量 =E01 单 4 000 个。

三、定量采购法

定量采购法是指当库存量下降到预定的最低库存数量（采购点）时，按规定数量（一般以经济订货批量——EOQ 作为标准）进行采购补充 的一种采购成本控制方式。当库存量下降到订货点（又称再订货点）时 及时按预先确定的订货量发出订单，经过前置时间，收到订货，库存水平随即上升。

要想实施定量采购，企业须确定订货点与订货量。

1. 确定定量采购订货点

通常采购点的确定主要取决于需求率和订货和到货间隔时间这两个要素。在需要固定均匀地订货、到货间隔时间不变的情况下，不需要设定安全库存，订货点可由以下公式计算出：

$$E=\mathrm{LT}\times D\div 365$$

式中：LT 代表交货周期；D 代表每年的需要量。

当需要发生波动或订货、到货间隔时间变化时，订货点的确定方法则较复杂，且往往需要安全库存。下面通过一个案例来说明订货点的计算方法。

A 市有一家生产水龙头的企业。该企业每年需要定量采购水龙头的配件水位，其制造水位的供应商位于 B 市，该企业每年大约需要 365 万个水位。每次该企业向供应商下单到水位被运回厂的周期为 10 天。下面核算该企业的订货点：

$$E=\mathrm{LT}\times D\div 365$$

$$=10\text{ 天}\times 365\text{ 万个}\div 365=10\text{（万个）}$$

由上可知，该企业每当库存量下降到 10 万个时，就要下单订购。

2. 确定定量采购订货量

订货量通常依据经济批量的方法来确定，即以总库存成本最低时的 经济批量为每次订货时的订货数量。经济批量有固定的计算公式，采购人员应备有若干计算经济订货量的公式。

一般经济订货批量的计算公式为：

$$\mathrm{EOQ}=\sqrt{\frac{2\times\text{年需要量}\times\text{订货成本}}{\text{单价}\times\text{库存管理费用率}}}$$

下面是订货批量的计算实例：

有一家企业每年大约需要 100 万个水龙头，平均一次的订购费用为 10 000 元，其水龙头的单价是 1 元 / 个，库存管理费用率为 50%。

则其经济性订货批量计算公式为：

$$EOQ=\sqrt{\frac{2\times 100\text{万}\times 10\ 000}{1\text{元/个}\times 50\%}}=20\text{（万个）}$$

四、定期采购法

定期订购法是被企业广泛采用的一种订购方式，如在每个星期一或每月二号时进行订购，这是在一定的间隔期进行的采购方式。这种方式的特征是没有事先决定其订购量，而是在每次订购时再决定订货量，因此属于定期不定量的方式。定期订购方式的原理如图 5-4 所示。

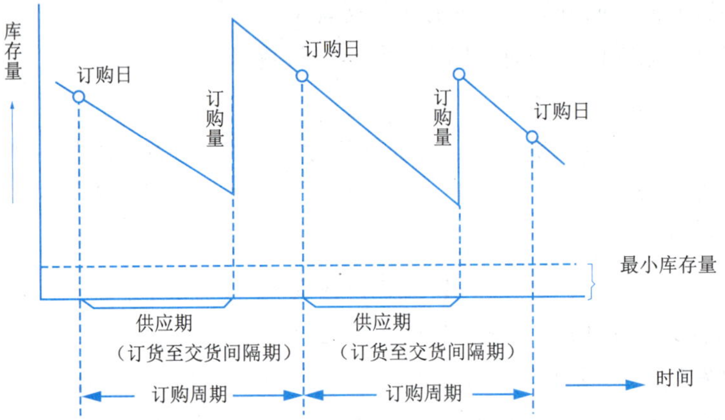

图 5-4　定期订购方式的原理

1. 决定订购周期

订购的间隔周期不同，订购量也会有所差异。举例来说，当订购的间隔周期越长，订购量也会增多，使库存管理费用增加；反之，当订购的间隔周期过短，订购的次数会增加，订购时所需要的开支也会增多。这个方式最重要的是如何设定订购的间隔周期。而销售的预测（预订出库量）、物料供应的周期，以及最小库存量等须经过仔细地分析。

企业在计算订购量时，必须依照以下程序进行。决定订购时期 →调查供应期 →调查预订的出库量 → 决定最大库存量和最小库存量。这里重要的是预订出库量的算法。一个有效的计算方式是以过去的业绩为基准来衡量，但是如果平均出库量大，就要加上库存剩余量来增加订购量；如果平均出库量减少，就要减去库存剩余量来降低订购量。

2. 定期订购方式的计算方法

定期订购方式，是将订货时期固定，计划维持这个固定期间的适中的存货量和订货量的方式。使用这种方式首先要决定订货周期是一个星期或者一个月，其次是要设定截至目前的销售实际情况（出货情况、使用情况及消费情况），最后计算此预测量与实际存货量之间的差额。使用定期订货方式决定订货量的计算公式为：

订货量 =（订货周期 + 预备期间）中的销售预订量 +（订货周期 + 预备期间）中的安全存量 –（现有的存货量＋已订购的数量）+ 接受订货的差额

例如，A 物料订购量的计算方法如下。

（1）A 物料的订货周期：1 个月。

（2）A 物料的预备期间：2 个月。

（3）A 物料的预定销售量：800 个。

（4）A 物料的安全存量：940 个。

（5）A 物料的存货量：1 150 个。

（6）A 物料的订购量：1 400 个。

（7）接受 A 物料订货后的差额：30 个。

A 物料的订货量：

= [（1+2）× 800]+940–（1 150+1 400）+ 30

=2 400 ＋ 940–2 550+30

=820（个）

根据上面的计算公式，可以求出 A 物料的订货量，一个月预计定购为 800~820 个。

技能训练

◇案例分析

T 集团是一家跨地区的大型企业集团。目前 T 集团旗下拥有 50 多家独立法人企业，下属企业分布在广西、河南、吉林、江苏、福建、内蒙古等省和自治区。随着采购量的加大，T 集团发现当前采用的各企业分散采购的方式存在很多不足，主要表现在同样的物料重复采购，集团总体库存量大，物料利用率低等诸多问题，集团目前年销售额为 100 亿人民币，年采购各项达到 60 亿人民币。

为此，T 集团将对物资供应系统进行组织结构的重组，即成立集团采购部、省区采购部和企业采购部。尝试按照物料价值的不同，建立分级采购管理模式。在企业采购部，采用物资超市的形式，即由供应商将产品放在仓库中，企业使用的时候才与供应商结算。T 集团采用这样的物资管理体系，首先进行的工作是确定集团、省区、企业的采购物资的范围、种类，为此，T 集团将目前集团的主要物料进行了统计，如表 5–5 所示。

课堂笔记

表 5-5 T 集团主要物料使用统计表

物料编号	年平均使用 / 件	单价 / 万元
1	3	2.5
2	1	2.5
3	20	5
4	175	2
5	1	10
6	15	2

根据以上案例提供资料，请回答问题 1 ～ 3。

问题 1：根据 T 集团物资供应系统的组织结构，依据什么原理对物资进行分类？阐述原理的内容。

问题 2：利用上述原理，将分类结果填入表 5-6。

表 5-6 ABC 计算表格

物资编号	年使用价值 / 万元	累计使用价值 / 万元	累计使用价值百分比	分类

问题 3：企业采购部采用的物资超市模式的实质是什么？此方式可以给企业带来哪些益处？

拓展阅读

某企业采购成本控制管理制度

一、目的

为使企业的采购管理水平满足企业发展需要，有效控制采购成本，提升企业的市场竞争力，特制定本制度。

二、适用范围

本制度适用于企业采购成本控制的管理工作。

课堂笔记

三、管理机构设置

（1）为做好采购成本管理工作，企业成立以主管采购的副总经理为组长的采购成本管理领导小组，小组组员包括采购、财务、人力资源、生产等部门的相关负责人，负责定期开展采购成本的分析与研究。

（2）采购成本核算工作由财务部成本会计配合采购部成本分析专员共同完成，并对采购成本控制主管直接负责。

四、采购成本核算

1. 采购成本核算遵循的原则

（1）合法性原则。计入采购成本的费用须符合国家的相关法律法规和制度等的规定，不符合规定的费用不能计入采购成本。

（2）配比原则。要求严格遵守权责发生制原则，按收益期分配确认成本。

（3）一贯性原则。采购成本核算所采用的方法前后各期须保持一致。

（4）重要性原则。对成本有重大影响的项目应重点核算，力求精确，对其他内容，则可在综合性项目中合并反映。

2. 采购成本核算的对象

（1）采购总成本，它是指采购成本、运送成本，以及间接因素操作程序、检验、质量保证、设备维护、重复劳动、后续作业和其他相关工序所造成的成本的总和。

（2）直接材料成本，它是指用经济可行的办法能计算出的，所有包含在最终产品中或能追溯到最终产品上的原材料成本。

（3）直接劳动力成本，它是指用经济可行的办法能追溯到采购过程中的所有劳动力成本。

（4）间接采购成本，它是指除了上述成本以外，所有和采购过程有关的成本。

3. 采购成本费用的归口管理

（1）财务部和人力资源部负责分管与采购活动相关人员的经费，控制采购部劳动生产率、员工人数及工资总额等指标。

（2）行政部负责分管与物料采购相关的办公经费，控制办公费、差旅费、业务招待费、通信费、会务费等指标，同时控制相关费用支出。

（3）采购部负责分管与物料采购有关的成本费用，控制物料采购费、降低采购成本等指标，并做好节约采购费用和改进物料采购等工作。

五、采购成本分析与评价

1. 采购成本分析

各部门要对采购成本的各个项目的发生额及其增减原因进行分析说明，财务部主要进行数据分析；采购成本分析专员负责综合分析并编制系统的采购成本分析报告；采购成本管理领导小组负责对采购成本分析报告进行审议。

课堂笔记

（1）数据分析。主要是从采购成本绝对额的升降、项目构成的变化趋势找出采购成本管理工作中的关键问题。通过采购成本的构成分析与因素分析，观察其变化趋势是否合理，并明确变动影响的因素。

（2）综合分析。结合物料采购过程和采购成本的变化与联系，运用数理统计方法，对影响采购成本的重要因素进行深入调查，找到控制采购成本的最佳方案和降低采购成本的方法。

2. 采购成本管理评价

采购成本管理小组根据各部门在采购成本管理过程中的工作成效，综合考虑成本计划的完成情况，每半年对采购成本管理的相关部门进行评价，评价结果直接与各部门的年度绩效考核挂钩。评价结束后，由采购成本管理小组向企业提交采购成本管理评价报告。

六、采购成本降低的奖励

1. 采购成本降低的计算

采购成本降低的计算方法有以下三种。

（1）单价降低的金额 = 原单价 – 新单价。

（2）成本降低的金额 =（原单价—新单价）× 一次采购数量（或年采购量）。

（3）成本降低与预计目标的差异 = 实际成本降低金额（每单位或每年）– 预计成本降低金额（每单位或每年）。

2. 采购成本降低的奖励

企业对降低采购成本的员工给予一定的奖励，具体标准如下。

（1）直接降低采购成本。直接降低采购成本是指在采购执行过程中，通过降低采购价格、减少采购运费支出等活动，使采购成本直接降低。其奖励标准如下。

①采购成本降低在________元以内的，奖励人民币________元。

②采购成本降低在________~________元的，奖励人民币________元。

③采购成本降低在________元以上的，奖励人民币________元。

（2）间接降低采购成本。间接降低采购成本是指在采购执行过程中，通过实现采购物品标准化、提高采购效率等活动，使采购成本间接降低。经企业采购成本管理领导小组评定，其奖励标准如下。

①采购成本降低在________元以内的，奖励人民币________元。

②采购成本降低在________~________元的，奖励人民币________元。

③采购成本降低在________元以上的，奖励人民币________元。

课堂笔记

素养园地

阳光采购

——三箭齐发：大庆油田打好物资“智慧采购”攻坚战

大庆油田物资采购公司从助力能源安全、践行绿色采购、坚持创新驱动三个方面三箭齐发，打好“智慧采购”攻坚战。

（1）助力能源安全。大庆油田物资采购公司以建设“智慧采购”为目标，提出从能源安全、绿色采购、创新驱动三个方面做精集团化采购。同时，公司在二级物资区域协同采购、物资集中储备及非生产物资集中采购等方面精心谋划，为集团公司油气勘探开发稳产增产、新能源开发、炼化领域升级改造等重点工程项目提供优质物资保障。

（2）践行绿色采购。集团公司着力创建绿色企业，加快向绿色低碳转型。大庆油田物资采购公司发挥专业优势，做好新能源项目规划设计，施工采购相关知识储备和人员储备，靠前服务，区域内新能源项目规划与实施；设立新能源项目工作组，对风电、光伏、地热等新能源项目全过程提供咨询及招标服务。

（3）坚持创新驱动。大庆油田物资采购公司持续优化物资基因码技术方案，加快招标辅助系统和模块化管理建设，持续探索集价格监测、供应商管理、采购、招标、仓储、物流管理等功能于一体的智慧供应链体系的信息化支撑平台，大力开展智慧供应链数字化建设工作。

◇问题与思考

企业采购人员在谋划采购时需要什么样的综合素养。

◇内化与提升

传达好、学习好、贯彻好党的“二十大”精神是企业当前和今后一个时期的重大政治任务，企业物资采购部门将学习贯彻二十大精神转化为推动企业采购招标业务创新发展的强大精神动力，使采购人员知责奋进，主动担当。

项目综合实训

企业采购成本分析

◇实训组织

实训以小组为单位，小组中要合理分工。在教师指导下，根据所提供案例，了解采购成本控制相关资料，并以小组为单位组织研讨、分析，在充分讨论基础上，完成计算任务。

课堂笔记

◇实训案例

小刘是 A 企业的一名采购员，她正在检查一项用于支付给菲律宾某生产商的番石榴浓缩汁（A 企业产品中所需的一种配料）的费用。

番石榴浓缩汁的 FOB 价为 4.2 元 /kg，每包产品重 22kg，以皱纹纸箱作为外包装。这些产品通过海运运出，每个托盘装 40 箱，每个集装箱装 20 个托盘。海运费用为 15 000 元 / 集装箱。集装箱到了中国港口后，再以 1 500 元 / 集装箱的运费运至本地仓库储存。中国海关收取产品本身价格（不含运费）15%的关税。

集装箱在本地仓库储存到提货为止，月库存费用为每托盘 35 元。此外，仓库会收取 38 元 / 托盘的费用作为管理费。集装箱由运输公司从本地仓库运到 A 企业时，每集装箱的运费为 950 元，每托盘质量控制成本约为 12 元。考虑到番石榴浓缩汁在购买和储存过程中会有一定的损失，在做产品预算时，计 3%的产品损耗，这些损耗是不可以从生产商处兑换的。此外，先前的腐坏变质的番石榴浓缩汁要从商店的货架上撤掉，每次撤掉产品产生的现付成本为 126 000 元，生产商不承担这部分损失。A 企业记录表明，这种事件平均每 8 个月发生一次。为此，A 企业需要将全部采购总额的 15%作为管理成本。

A 企业的资产成本为 18%，每个月需要一集装箱番石榴浓缩汁，且一年中番石榴浓缩汁的需求不变。

◇实训要求

请根据上述材料完成以下任务。

（1）分别计算每千克番石榴浓缩汁从菲律宾运到中国港口、从中国港口运到本地仓库、从本地仓库运到 A 企业所产生的成本。

（2）计算 A 企业购买每千克番石榴浓缩汁的总成本。

（3）如果 A 企业的目标是降低番石榴浓缩汁的采购总成本，则该企业可采用哪些具体方案？

◇实训成果说明

（1）自由组成小组，每组 3~4 人。

（2）各小组完成计算题，并为 A 企业制订降低番石榴浓缩汁采购总成本的具体方案。

（3）以小组为单位进行课堂汇报，教师和其他小组成员进行点评。

◇项目小结

（1）采购成本是企业在采购过程中产生的成本，包括从供应商购买原材料、零部件、设备等产生的费用。它是企业运营成本的重要组成部分，直接影响企业的利润和竞争力。因此，了解采购成本的构成和降低采购成本的方法对于企业的成功至关重要。

（2）供应商定价主要有 3 种方法，即成本导向定价法、需求导向定价法、和竞

课堂笔记

争导向定价法。

思考题

（1）采购成本的构成？

（2）供应商定价方法有哪几种？

（3）ABC 采购成本控制的计算过程？

（4）定期采购和定量采购的优缺点和适用条件？

◇项目评价表

实训完成情况（40 分）			得分：
计分标准： 出色完成 30~40 分；较好完成 20~30 分；基本完成 10~20 分；未完成 0~10 分			
学生自评（20 分）			得分：
计分标准：得分 =2×A 的个数 +1×B 的个数 +0×C 的个数			
专业能力	评价指标	自测结果	要求 （A 掌握；B 基本掌握；C 未掌握）
采购成本构成	1. 采购成本构成 2. 供应商定价方法 3. 影响供应商价格的因素	A □ B □ C □ A □ B □ C □ A □ B □ C □	能够根据采购成本的组成填写采购成本分析表
供应商成本	1. 采购成本控制的方法 2. ABC 分类标准和计算方法	A □ B □ C □ A □ B □ C □	能够根据供应商定价方法对供应商成本进行分析
采购成本控制方法	1. 定期订货和定量订货的运行机制 2. 定期和定量订货选择	A □ B □ C □ A □ B □ C □	能够根据采购清单进行 ABC 分类。掌握定期订货和定量订货的优缺点和适用情况
职业道德思想意识	1. 爱岗敬业、认真严谨 2. 遵纪守法、遵守职业道德 3. 顾全大局、团结合作	A □ B □ C □ A □ B □ C □ A □ B □ C □	专业素质、思想意识得以提升，德才兼备
小组评价（20 分）		得分：	
计分标准：得分 =10×A 的个数 +5×B 的个数 +3×C 的个数			
团队合作	A □ B □ C □	沟通能力	A □ B □ C □
教师评价（20 分）		得分：	
教师评语			
总成绩		教师签字	

项目六 选择与管理供应商

项目概述

供应商管理是采购管理领域中的重要工作，也是国内企业管理中的薄弱环节。本章对企业的供应商选择、供应商审核、供应商评估和供应商关系管理等系列知识进行了详细的介绍，全面掌握供应商管理的基本知识和工作要点。

案例导入

苏宁与奥马共赢“最后一公里”

供应商之所以愿意与苏宁结为紧密的合作伙伴除了苏宁线上线下 O2O 全渠道资源外，还因为其拥有的增值服务能力。2014 年 12 月，苏宁的物流云面向社会完全开放，商户们不仅可以共享苏宁的物流信息，还可以将不同渠道的商品纳入苏宁物流系统内共享，借助苏宁的大数据挖掘进行预测生产和库存管理。

以奥马冰箱为例。奥马和苏宁是老朋友，两家公司在销售板块及 OEM 板块都建立了牢固的合作关系，苏宁物流开放后，物流成了第三块合作板块，而奥马冰箱很快尝到了新甜头。

具体来说，苏宁物流的大家电配送，在全国 90% 以上的地区可以实现次日达。奥马原定 15 天的时效要求，对苏宁来说轻而易举，可以 100% 完成。

除了配送时效，奥马冰箱还看上了苏宁的供应链整合能力，并借此实现大数据分析指导生产、库存共享、共同销售，从而使奥马有效减少了库存积压，降低了物

课堂笔记

流成本，并与苏宁实现了快速响应。

思考

结合案例思考：苏宁与供应商是什么关系？

任务一　调查供应商

学习目标

◇知识目标

理解供应商管理的概念。

熟悉资源市场分析的目的和内容。

了解供应商深入调查的情况。

◇能力目标

能够根据供应商初步调查的步骤填写供应商调查表。

掌握供应商资格考察的内容。

◇素养目标

培养学生的双赢、共赢、多赢意识。

知识储备

一、供应商管理概述

（一）供应商管理概念

供应商，是指可以为企业生产提供原材料、设备、工具及其他资源的企业。供应商，可以是生产企业，也可以是流通企业。

采购管理和供应商管理的关系：企业要维持正常生产，就必须要有一批可靠的供应商为其提供各种各样的物资。因此供应商对企业的物资供应起着非常重要的作用，采购管理就是直接和供应商打交道而从供应商采购获得各种物资的。因此采购管理的一个重要工作，就是要搞好供应商管理。

宝洁包装供应商管理

所谓供应商管理，就是对供应商的了解、选择、开发、使用和控制等综合性的管理工作的总称。其中，了解是基础，选择、开发、控制是手段，使用是目的。

（二）供应商管理的目的

供应商管理的目的，就是要建立起一个稳定可靠的供应商队伍，为企业生产提

课堂笔记

供可靠的物资供应。

供应商是一个与购买者相独立的利益主体，而且是个追求利益最大化为目的的利益主体。按传统的观念，供应商和购买者是利益互相对立的矛盾对立体，供应商希望从购买者手中多得一点，购买者希望向供应商少付一点，为此常常斤斤计较。某些供应商往往在物资商品的质量、数量上做文章，以劣充优、降低质量标准、减少数量，甚至制造假冒伪劣产品坑害购买者。购买者为了防止伪劣质次产品入库，需要花费很多人力物力加强物资检验，大大增加了物资采购检验的成本。因此供应商和购买者之间，既互相依赖又互相对立，彼此相处总是一种提心吊胆、精密设防的紧张关系。这种紧张关系，对双方都不利。对购买者来说，物资供应没有可靠的保证、产品质量没有保障、采购成本太高，这些都直接影响企业生产和成本效益。

相反，如果找到一个好的供应商，它的产品质量好、价格低，而且服务态度好、保证供应、按时交货，这样，采购时就可以非常放心，不但物资供应稳定可靠、质优价廉、准时供货，而且双方关系融洽、互相支持、共同协调。这样对企业采购管理、对企业的生产和成本效益都会有很多好处。最重要的是，好的供应商可以提升企业的竞争力。

一个好的供应商，不但产品质量好，而且价格低廉，并且可以及时地满足客户需求，所以可以和其他企业抗衡。

为了创造出这样一种供应商关系局面，克服传统的供应商关系观念，有必要注重供应商的管理工作，通过多个方面持续努力，去了解、选择、开发供应商，合理使用和控制供应商，建立起一支可靠的供应商队伍，为企业生产提供稳定可靠的物资供应保障。

供应商管理的首要工作，是要了解供应商、了解资源市场。要了解供应商的情况，就需要进行供应商调查。

供应商调查，在不同的阶段有不同的要求。供应商调查可以分成三种。第一种是资源市场调查，第二种是初步供应商调查，第三种是深入供应商调查。

二、资源市场分析

（一）资源市场调查的目的

资源市场调查的目的，就是要进行资源市场分析。资源市场分析，对于企业制定采购策略以及产品策略、生产策略等都有很重要的指导意义。

（1）要确定资源市场是紧缺型的市场还是富余型市场？是垄断性市场还是竞争性市场？对于垄断性市场，企业应当采用垄断性采购策略；对于竞争性市场，企业应当采用竞争性采购策略。例如采用招标投标制、一商多角制等。

（2）要确定资源市场是成长型市场还是没落型市场？如果是没落性市场，则要趁早推备替换产品，不要等到产品被淘汰了再去开发新产品。

（3）要确定资源市场总的水平，并根据整个市场水平来选择合适的供应商。通常要选择在资源市场中处于先进水平的供应商，选择产品质量优而价格低的供应商。

（二）资源市场调查的内容

（1）资源市场的规模、容量、性质。例如资源市场究竟有多大范围？有多少资源量？多少需求量？是卖方市场还是买方市场？是完全竞争市场、垄断竞争市场还是垄断市场？是一个新兴的成长的市场，还是一个陈旧的没落的市场？

（2）资源市场的环境。例如市场的管理制度、法制建设、市场的规范化程度、市场的经济环境、政治环境等外部条件如何？市场的发展前景如何？

（3）资源市场中各个供应商的情况即前面进行的初步供应商调查所得到的情况。把众多的供应商的调查资料进行分析，就可以得出资源市场自身的基本情况。例如资源市场的生产能力、技术水平、管理水平、可供资源量、质量水平、价格水平、需求状况以及竞争性质等。

三、初步供应商调查

（一）初步调查的目的与方法

所谓初步供应商调查，是对供应商基本情况的调查。主要是了解供应商的名称、地址、生产能力、能提供什么产品、能提供多少、价格如何、质量如何、市场份额有多大、运输进货条件如何。

初步供应商调查的目的，是了解供应商的一般情况。其目的：一是为选择最佳供应商做准备；二是为了了解掌握整个资源市场的情况，因为资源市场是由每一个供应商共同形成的，那么许多供应商基本情况的汇总就是整个资源市场的基本情况。

初步供应商调查的基本方法，一般可以采用访问调查法，通过访问有关人员而获得信息。例如，可以访问供应商的市场部有关人士，或者有关用户、有关市场主管人员，或者其他的知情人士。通过访问建立起供应商信息库。表 6–1、表 6–2、表 6–3 是常见的供应商问卷调查。

表 6–1　供应商调查问卷（一）

供应商：			
公司名称：			
公司地址：			
承办人：			
姓名：	职称：	电话号码：	E-mail：
姓名：	职称：	电话号码：	E-mail：
产品或服务类别：			

课堂笔记

续表

生产设备：
工厂面积：
厂房幢数：
主要生产设备：
员工人数：
人员编配：
设计工程师：
制造工程师：
研究开发工程师：
采购人员：
生产人员：
质检人员：
品保 / 品管人员：

表 6-2　供应商调查问卷（二）

工作时程 小时 / 日： 班次 / 日： 工作日数 / 周： 开工百分比： 生产设备状况：		
业务参考 往来银行及地址：		
主要客户 公司名称： 地址： 联络人： 公司名称： 地址： 联络人： 公司名称： 地址： 联络人：		
填表人：	职称：	日期：
附件：		

表 6-3 供应商调查问卷（三）

请供应商回答下列贵公司有关事宜	是	否	其他
（1）贵公司对本公司所购物料是否有专人负责检验、测试及修改？ 负责人姓名：　　　　　　　　　　职称：			
（2）检验负责人是否有权停止运货，负责本公司换货？			
（3）贵公司是否切实了解、接受本公司所订货品的规格，严格控制品质规格？			
（4）贵公司是否有审核原物料的供应正式程序？			
（5）贵公司是否留有物料检验记录及供应商审核记录？必要时可否提供参考？			
（6）贵公司出货前是否做最后总检验？			
（7）贵公司是否有足够的检验量具及测试设备用以检验本公司所购产品规格？			
（8）贵公司是否对定期调整量具及测试设备留有记录？			
（9）贵公司是否有作业检核方法？当物料、工具、作业程序或设计有重大改变时，此检核方法是否会对作业程序重新核检？			
（10）当物料、工具、作业程序或设计有重大改变时，贵公司是否会先行通知本公司？			
（11）检验或测试记录是否会详尽载于产品或随附文件上？			
（12）贵公司是否遵照制定的程序检验和测试？			
（13）产品设计变更、版本更新时，贵公司是否均能提供第一批样品检验报告？			
（14）检验报告是否留有记录？是否有必要提供本公司参考？			
（15）检验及测试程序及日后的程序变更，是否可供本公司参考？			
（16）公司采用的原材料发生差异时，有关部门是否进行审查并记录结果？且同意交货前先得到该公司的核可？			
（17）再加工零件及物料，贵公司是否会再进行检验？			
（18）贵公司是否同意我方驻贵厂作定期品质检查，此检查以每批交运中抽样作业为准？			
（19）贵公司是否对我方质检人员提供方便，予以配合？			
（20）贵公司是否有一套设备控制系统，以封闭回授方式掌握产品品质？			
一般评论：			

在开展计算机信息管理的企业中，供应商管理应当纳入计算机管理之中。把供应商信息输入到计算机中去，利用数据库进行操作、补充和利用。计算机管理有很多优越性，它不但可以很方便地储存、增添、修改、查询和删除，而且可以很方便地统计汇总和分析，可以实现不同子系统之间的数据共享。计算机有处理速度快、计算量大、储存量大、数据传递快等优点，利用计算机进行供应商管理具有很多的优越性。

课堂笔记

（二）寻找潜在供应商的渠道

企业应利用多种渠道去寻找潜在供应商。这些渠道主要有：

1. 出版物

国际国内有大量的出版物随时随地地为采购方提供信息。比较典型的有：综合工商目录、国别工商目录、产品工商目录以及商业刊物。

2. 行业协会

行业协会也是收集潜在供应商的重要信息渠道。一个国家的大多数工商企业都是行业协会的会员，采购方可以通过这些组织取得大量实用的有关供应商的资料。（物流与采购联合会、中国物流协会）

3. 专业化商业服务机构

一些非常著名的商业信息服务机构专门从事商业调查，并保存那些知名的制造商的资料。采购方可以通过有偿形式从这些机构取得关于供应商的技术、管理、财务或其他方面的年度报告。（咨询、策划）

（三）对潜在供应商资格审核

1. 营业执照

营业执照是企业生产、经营的许可证。营业执照中核定的经营范围是审核的重点，主营业务归属于哪类，获准进入采购市场的企业就应定位在哪类。

2. 税务登记证

任何一家正规注册的公司都要到相关部门办理税务登记，因此一个合法的企业法人应当拥有税务登记证。

3. 企业法人代码证

尽管企业法人代码证的作用当前并不显著，但随着社会网络化的推进，政府、企业、市场管理机关、行业主管部门以及社会公众通过条形码对企业的性质、经营范围、资信程度、是否有不良记录等相关情况的了解的要求将大大增强，法人代码证上的企业相关信息共享和交流将成为必需。

4. 企业简介

企业简介是企业基本情况的介绍和宣传，包括企业生产经营内容、企业员工构成、企业业绩等。

5. 行业资质

行业许可资历是指我国目前在许多行业推行的准入制度，不同行业有不同行业的要求。

6. 社会中介机构出具的驻资或审计报告

采购部门对企业的资信、财务状况等情况不可能全面、广泛地了解和掌握，无论从人力上还是从时间上，既做不到也不经济。因此，采购部门应借助社会中介机构的力量对潜在供应商的企业会计报表进行独立审查，客观全面地反映企业最新年

课堂笔记

度的经营状况。

（四）初步供应商分析

在初步供应商调查的基础上，要利用供应商初步调查的资料进行供应商初步分析。初步供应商分析的主要目的，是比较各个供应商的优势和劣势，初步选择可能适合企业需要的供应商。

初步供应商分析的主要内容包括：

（1）产品的品种、规格和质量水平是否符合企业需要？价格水平如何？只有产品的品种、规格、质量适合本企业，才算得上企业的可能供应商，才有必要进行下面的分析。

（2）企业的实力、规模如何？产品的生产能力如何？技术水平如何？管理水平如何？企业的信用度如何？

对信用度的调查，在初步调查阶段，可以采用访问制，从中得出一个大概的、定性的结论。分析供应商的信用程度，这是可以得到定量的结果的。

（3）产品是竞争性商品还是垄断性商品？如果是竞争性商品，则供应商的竞争态势如何？产品的销售情况如何？市场份额如何？产品的价格水平是否合适？

（4）供应商相对于本企业的地理交通情况如何？要进行运输方式、运输时间、运输费用分析，看运输成本是否合适。

在进行以上分析的基础上，为选定供应商提供决策支持。

三、深入供应商调查

深入供应商调查，是指对经过初步调查后、准备发展为自己的供应商的企业进行的更加深入仔细的考察活动。这种考察，是深入到供应商企业的生产线、各个生产工艺、质量检验环节甚至管理部门，对现有的工艺设备、生产技术、管理技术等进行考察，看看能不能满足本企业所采购的产品应当具备的生产工艺条件、质量保证体系和管理规范要求。有的甚至要根据生产所采购产品的生产要求，进行资源重组并进行样品试制，试制成功以后，才算考察合格。只有通过深入的供应商调查，才能发现可靠的供应商，建立起比较稳定的物资采购供需关系。

进行深入的供应商调查，需要花费较多的时间和精力，调查的成本高。并不是所有的供应商都是需要的。它只是在以下情况下才需要：

第一，准备发展成紧密关系的供应商。例如在进行准时化（JIT）采购时，供应商的产品准时、免检、直接送上生产线进行装配。这时，供应商已经与企业结成了如同企业的一个生产车间一样的紧密关系。如果要选择这样紧密关系的供应商，就必须进行深入的供应商调查。

第二，寻找关键零部件产品的供应商。如果企业所采购的是一种关键零部件，特别是如精密度高、加工难度大、质量要求高、在企业的产品中起核心功能作用的

课堂笔记

零部件产品，在选择供应商时，就需要特别小心，要进行反复认真的深入考察审核。只有经过深入调查证明确实能够达到要求时，才确定发展它为企业的供应商。

对于最高级的深入调查，在具体实施深入调查时，也可以分成三个阶段：

第一阶段：通知供应商生产样品，最好生产一批样品，从其中随机抽样进行检验。如果抽检不合格，允许其改进一下再生产一批，再检一次，如果还是不合格，则这个供应商就落选，不再进入下面的第二阶段。只有抽检合格的才能进入第二阶段。

第二阶段：对于生产样品合格的供应商，还要进入供应商生产过程、管理过程进行全面详细考察，检查其生产能力、技术水平、质量保障体系、装卸搬运体系、管理制度等，看看有没有达不到要求的地方。如果基本上符合要求，则深入调查可以到此结束。供应商符合要求，可以中选；如果检查结果不符合要求，则进入下面第三个阶段。

第三阶段：对于生产工艺、质量保障体系、规章制度等不符合要求的供应商，要协商提出改进措施，限期改进。供应商愿意改进. 并且限期改进合格者，可以中选企业的供应商。如果供应商不愿意改进，或者愿意改进但限期改进不合格者则落选。深入调查也到此结束。

技能训练

一、任务的提出

某超市因为急需要一批产品进行销售，所以未对一家自己长久合作的供应商的产品进行质量检查就直接放进卖场，结果出了质量问题，造成了经济损失。

二、任务的实施与要求

根据案例分析这家超市有哪些工作没有做好，导致了损失的产生？怎样做能避免这样的损失？

三、参考答案与分析

（1）商场所进物料时，先预备挑选几家供应商。

（2）现场到供应商生产场地进行考察，主要包括卫生、品质、交期、生产流程等方面有没有一个完整的管理系统来保证产品是合格的。

（3）要求厂方出示卫部门有效的经营许可证。

（4）以上都符合要求后，要求供应商送样品确认。

（5）样品确认合格后，需要建立供应商档案表（包括企业模式、发展方向、注册资金、研发人数、管理人数、员工数、企业组织结构图、营业执照、税务登记证、

课堂笔记

产品质量证书等）

（6）正式供货前双方须签订一份供货质量协议书，当发生质量时有个依据，同时也可以监督供应商。

如果这家超市事先做好了这些工作，就不至于出现质量问题。

由这个案例可以看出，供应商的好坏，直接影响着一个企业能否正常运行。因此，供应商管理显得十分重要。

任务二 选择供应商

学习目标

◇知识目标

了解一个好的供应商应该具备的条件。

了解供应商综合评分的项目有哪些。

掌握供应商选择方法。

◇能力目标

掌握供应商评审作业流程。

◇素养目标

培养学生上下游合作意识。

知识储备

一、供应商选择概述

供应商选择是供应商管理的目的，是供应商管理中最重要的工作。选择一批好的供应商，不但对企业的正常生产起着决定作用，而且对企业的发展也非常重要。

什么是一个优秀的供应商?

实际上，供应商选择融合在供应商开发的全过程中。供应商开发的过程包括了几次供应商的选择过程：在众多的供应商中，每个品种要选择 5~10 个供应商进入初步调查。初步调查以后，要选择 1~3 个供应商，进入深入调查；深入调查之后又要做一次选择，初步确定 1~2 个供应商。初步确定的供应商进入试运行，又要考核和选择，确定最后的供应商结果。供应商评审作业流程如图 6–1 所示。

一个好的供应商的标准，一是产品好，二是服务好。所谓产品好，就是要求产品质量好，产品价格合适，产品先进、技术含量商、发展前景好，产品货源稳定、

课堂笔记

供应有保障；所谓服务好，就是要求供应商在供货、送货方面能够及时、有很好的技术支持和售后服务，守信用、愿意协调配合客户企业。因此一个好的供应商需要具备以下一些条件：

第一，企业生产能力强。表现在产量高，规模大，生产历史长，经验丰富，生产设备好。

第二，企业技术水平高。表现在生产技术先进，设计能力和开发能力强，生产设备先进，产品的技术含量高，达到国内先进水平。

第三，企业管理水平高。表现在有一个坚强有力的领导班子，尤其是要有一个有魄力、有能力、有管理水平的一把手；要有一个高水平的生产管理系统；还要有一个有力的、具体落实的质量管理保障体系，要在全企业中形成一种严肃认真、一丝不苟的工作作风。

第四，企业服务水平高。表现在能对顾客高度负责、主动热诚、认真服务，并且售后服务制度完备、服务能力强，愿意协调配合客户企业。

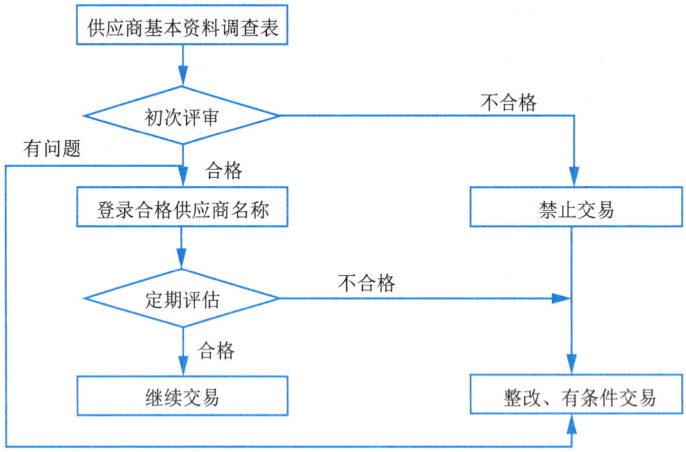

图 6-1　供应商评审作业流程

二、供应商选择方法

（一）直观判断法

直观判断法是根据征询和调查所得的资料并结合人的分析判断，对合作伙伴进行分析、评价的一种方法。这种方法主要是倾听和采纳有经验的采购人员意见，或者直接由采购人员凭经验作出判断。常用于选择企业非主要原材料的合作伙伴。

（二）招标法

当订购数量大、合作伙伴竞争激烈时，可采用招标法来选择适当的合作伙伴。它是由企业提出招标条件，各招标合作伙伴进行竞标，然后由企业决标，与提出最有利条件的合作伙伴签订合同或协议。具体看本教材项目四 。

课堂笔记

（三）协商选择法

在供货方较多、企业难以抉择时，也可以采用协商选择的方法，即由企业先选出供应条件较为有利的几个合作伙伴，同他们分别进行协商，再确定适当的合作伙伴。与招标法相比，协商方法由于供需双方能充分协商，在物资质量、交货日期和售后服务等方面较有保证。但由于选择范围有限，不一定能得到价格最合理、供应条件最有利的供应来源。当采购时间紧迫、投标单位少、竞争程度小，订购物资规格和技术条件复杂时，协商选择方法比招标法更为合适。

（四）采购成本比较法

对质量和交货期都能满足要求的合作伙伴，则需要通过计算采购成本来进行比较分析。采购成本一般包括售价、采购费用、运输费用等各项支出的总和。采购成本比较法是通过计算分析针对各个不同合作伙伴的采购成本，选择采购成本较低的合作伙伴的一种方法。

（五）综合评分法

1. 对潜在供应商进行综合评分的项目

（1）制造能力。

生产设备是否先进。如果企业的设备很落后，则说明这个企业无法确保产品质量和交货期，也不具备发展意识。查看供应商设备是否先进的方法，就是查看设备标牌上的出厂日期。一般来讲，设备如果超过 5 年，说明该企业设备更新换代的速度非常慢；如果设备使用了 10 年、15 年甚至更长时间，则无须考虑该企业。所以，要查看设备的出厂日期，以确保供应商的制造能力。

产能是否充分利用。到供应商的车间，首先，要查看闲置设备的数量，如果设备是满负荷工作，说明该厂商的产能有问题。其次，要查看员工的班次，如果员工是三班倒，说明该企业已基本上没有产能。

厂房空间是否充足。生产能力包括三个要素：设备的生产能力、空间的生产能力、人员的生产能力。所以，厂房也是生产能力之一，就是查看供应商是否有空余地方。此外，还要查看车间的在制品，即正在制造的半成品。如果车间的在制品很多，说明该企业的生产能力、管理水平不高。

厂商距离的远近。即供应商与自己公司的距离，一般来讲，距离越近越好，可以降低企业成本。

（2）技术能力。

技术是自主开发或是依赖外界。如果没有自主研发能力，说明该企业没有后劲，总是在模仿、抄袭别人的产品，这样的企业是没有竞争力的。

是否与国际知名机构进行技术合作。供应商是否与国际知名机构进行过合作，可以在一定程度上说明这个企业的实力和远见；厂商是否与国内的大专院校有过合作，可以说明这个企业是否有创新思维。

课堂笔记

现有产品或试制产品的技术评估。就是考察供应商的现有产品或试制产品的技术评估等级，处于何种水平。

技术人员人数及教育程度。技术人员能够反映企业的发展潜力，因此，企业要查看供应商技术人员的数量、构成及其文化程度等。

（3）品质能力。

企业的品质能力就是其品质管理制度是否落实、可靠。要询问员工平时做品质时，是否落实了“三检制”，即自检、互检、专检，也就是查看供应商是否有质量控制点、品质管理手册、品质保障的作业方案以及政府机构的评鉴等级。

（4）管理制度。

生产管理流程是否顺畅，产销率如何。简单来讲，企业管理就是要做到“三化”，即流程化、标准化、制度化。企业的一切工作都应该以流程来做指导、以标准来检验、以制度来坚持。制度化与制度的区别在于，制度化就是把某项制度长期坚持下去。

物料管理流程是否合理，计划变更率如何。流程不在于复杂，而在于简单，作为优秀的管理者，要善于把复杂的事情简单化。

采购作业流程是否掌握材料来源进度。企业流程是否合理，要看它的各种流程是否合理。

会计制度是否对成本核算提供良好基础。财务不仅仅是记账的问题，其更重要的职能是为企业提供财务分析。所以，要看企业有没有会计制度。

（5）经营状况。

公司成立的历史。公司成立的历史越长越好，存在时间长，说明企业能够适应市场环境，具有强大的生命力。这也并不是说新成立的企业就不能合作，它们要经过实践的检验。

负责人的资历。负责人的资历越丰富，说明企业越优秀。资历不是指老板的文凭，而是其价值观，这在一定程度上决定能否与该企业合作。办企业要有一种社会责任，不应以赚钱为最终追求目标，否则企业是无法获得长远发展的。只有满足社会需求、有强烈社会责任感的企业才可以基业长青。

注册资金额。注册资金可以反映企业的水平，注册资金越多，说明企业的实力越雄厚，其生产能力也相对较强。反之，它可能保证不了客户的产品需求。

员工人数。一般来说，员工人数越少，说明这个企业的规模不大，生产能力不足；相反，人数越多，说明企业有足够的生产能力和雄厚的资金。

财务状况。财务状况良好的企业，可以保证生产的顺利进行；财务状况不佳的企业，没有办法保证交货日期和质量。

主要客户层次。企业的主要客户层次决定了该企业在行业中的档次。如果企业的客户都是小客户，说明这个企业的水平不会很高；如果企业的客户都是顶级大客户，说明这个企业有一定的实力和水平。

2. 综合评分与试运行考核

可以采用评分等办法进行评定，考察考核合格，就被初步确定为企业的供应商。

初步确定的供应商还要进入试运行阶段进行考察考核，试运行阶段的考察考核更实际、更全面、更严格。因为这时直接面对实际的生产运作。在运作过程中，要进行所有各个评价指标的考核评估，包括产品质量合格率、按时交货率、按时交货量率、交货差错率、交货破损率、价格水平、进货费用水平、信用度、配合度等的考核和评估。在单项考核评估的基础上，还要进行综合评估。综合评估就是把以上各个指标进行加权平均计算而得的一个综合成绩。可以用下式计算：

$$S=\frac{\sum W_i P_i}{\sum W_i}\times 100\%$$

式中，S——综合指标值；

P_i——第 i 个指标值；

W_i——第 i 个指标的权数值。

通过试运作阶段，得出各个供应商的综合评估成绩，就可以基本上确定哪些供应商可以入选，哪些供应商被淘汰了。一般试运作阶段达到优秀级的应该人选，达到一般或较差级的供应商，应予以淘汰。

（五）AB 角

现在一些企业为了制造供应商之间的竞争机制，故意选两个或三个供应商，称作 AB 角或 ABC 角。A 角作为主供应商，分配较大的供应量。B 角（或再加上 C 角）作为副供应商，分配较小的供应量。综合成绩为优的供应商担任 A 角，候补供应商担任 B 角。在运行一段时间以后，如果 A 角的表现有所退步而 B 角的表现有所进步的话，则可以把 B 角提升为 A 角，而把原来的 A 角降为 B 角。这样无形中就造成了 A 角和 B 角之间的竞争，促使他们竞相改进产品和服务，使采购企业获得更大的好处。（这种现象在生活中比较常见，比如两个处于试用期的员工相互竞争一个岗位，一方面可以提高员工的水平，另一方面是企业获得了更大的利益。）

从以上可以看出，考核选择供应商是一个较长时间深入细致的工作。这个工作需要采购管理部门牵头负责、全厂各个部门的人共同协调才能完成。当供应商选定之后，应当终止试运作期，签订正式的供应商关系合同，进入正式运作期，开始了比较稳定的正常的物资供需关系运作。

技能训练

一、任务的提出

某企业需要从其他企业购进零件，年需求量为 1 万件。这家企业有三个供应商

课堂笔记

可以提供该零件，三个供应商的基本数据如下。

A 供应商：报价 9.5 元一个，合格率是 88%，生产提前期是 6 周，安全期是 2 周，采购批量是每次 2 500 件。

B 供应商：报价是 10 元，合格率是 97%，生产提前期是 8 周，安全期是 3 周，采购批量是每次 5 000 件。

C 供应商：报价是 10.5 元，合格率是 99%，生产提前期是 1 周，安全期是 1 周，采购批量是每次 200 件。

二、任务的实施与要求

（1）仅以报价排名，如何对供应商进行排序？

（2）如果零件出现缺陷，每一个零件的返修成本是6元。如何对供应商进行排序？

（3）如果把生产周期计算在内，如何对供应商进行排序？

三、提示与总结

如果零件出现缺陷，每一个零件的返修成本是 6 元。因此仅以报价排名，A 供应商排第一，B 供应商排第二，C 供应商排第三。

按照价格和质量成本的绩效排名，通过缺陷率以及返修成本的计算，A 供应商的价格变成了 10.22 元，B 供应商的价格是 10.18 元，C 供应商的价格是 10.56 元。此时，B 供应商排第一，A 供应商排第二，C 供应商排第三。

如果把生产周期计算在内，C 供应商排第一，A 供应商排第二，B 供应商排第三。

由案例可见，企业选择供应商不能仅考虑价格，还要考虑到产品的不良品率、生产提前期、生产提前期的安全周期等其他因素，以此对供应商做出全面、综合的判断。

任务三　供应商管理

学习目标

◇知识目标

了解供应商考核体系。

熟悉供应商考核方法。

掌握供应商激励方法。

◇能力目标

掌握供应商控制方法。

课堂笔记

◇素养目标

培养学生合作共赢管理意识。

知识储备

一、供应商考核

（一）供应商考核体系

供应商考核，主要是指同供应商签订正式合同以后正式运作期间，对供应商整个运作活动的全面考核。这种考核应当比试运作期间更全面。

主要从以下几方面进行考核：

1. 产品质量

产品质量是最重要的因素，在开始运作的一段时间内，都要加强对产品质量的检查。检查可以分为两种：一种是全检，一种是抽检。全检工作量太大，一般可以用抽检的方法。质量的好坏可以用质量合格率来描述。

2. 交货期

交货期也是一个很重要的考核指标参数。考察交货期主要是考察供应商的准时交货率。准时交货率可以用准时交货的次数与总交货次数之比来衡量。

3. 交货量

考察交货量主要是考核按时交货量，按时交货量可以用按时交货量率来评价。按时交货量率是指给定交货期内的实际交货量与期内应当完成交货量的比率。

4. 工作质量

考核工作质量，可以用交货差错率和交货破损率来描述。

5. 价格

考核供应商的价格水平，可以和市场同档次产品的平均价和最低价进行比较，分别用市场平均价格比率和市场最低价格比率来表示。

6. 进货费用水平

考核供应商的进货费用水平，可以用进货费用节约率来考核。

7. 信用度

信用度主要考核供应商履行自己的承诺、以诚待人，不故意拖账、欠账的程度。

8. 配合度

主要考核供应商的协调精神。在和供应商相处过程中，常常因为环境的变化或具体情况的变化，需要把工作任务进行调整变更，这种变更可能要导致供应商的工作方式的变更，甚至导致供应商要做出一点牺牲。这时可以考察供应商在这些方面积极配合的程度。另外，如工作出现了困难，或者发生了问题，可能有时也需要供应商配合才能解决。在这样的时候，都可以看出供应商的配合程度。

考核供应商的配合度，靠人们的主观评分来考核。主要找与供应商相处的有关人员，让他们根据这个方面的体验为供应商评分。特别典型的，可能会有上报或投诉的情况，这时可以把上报或投诉的情况也作为评分依据。

可以看出，前七项都是客观评价，第八项是主观评价。客观评价都是客观存在的，而且可以精确计量的，而主观评价主要靠人的主观感觉来评价。

（二）供应商考核方法

1. 供应商考评记分方法

企业考核供应商主要有两个指标：交货期和质量。表 6–4 是供应商交货期考评办法的模板，企业可以根据实际情况自行制定具体考评办法。

表 6–4　供应商交货期考评办法的模板

交期情况	扣分标准	总分数（月或季）
交货期延迟 3 天以内	每延迟一天扣 1 分	100
交货期延迟 5 天以内	每延迟一天扣 2 分	
交货期延迟 5 天以上	每延迟一天扣 3 分	

交货期考核评分公式：

交货期表现分数= 100 – 累计扣分

交货质量表现考核公式评分公式：

交货质量表现分数=（一次检验合格率 ×200）–100

综合表现考核评分公式：

综合表现分数=交货期表现分数 ×40% + 交货质量表现分数 ×60%

根据以上公式，能够计算出供应商综合表现的分数。最后一个公式是加权平均，其中“40%”和“60%”是权数，企业可以根据供应商的实际情况调整权数，应重点考核供应商比较欠缺的方面。

2. 供应商级别评审方法

表 6–5 是供应商级别评审方法的样板，企业可以作为参考，并根据实际情况进行调整。

表 6–5　供应商级别评审方法的模板

综合分数	评价	级别	措施
＞95	优秀	A	可靠的供应商，应建立长期伙伴关系，必要时可在价格、付款等方面采取优惠政策
85 ~ 95	优良		
75 ~ 84	良好	B	督导改善，限量采购

课堂笔记

续表

综合分数	评价	级别	措施
60 ~ 74	及格	C	督导改善，改善前仅限紧急采购时采用，须择后备供应商
< 60	差	D	取消供应商资格，选择新的供应商

以上采购评审办法的前提是对等采购，如果是弱势采购，甚至在供应商很少的前提下，就要区别对待。

在弱势采购情况下，采购问题会上升到待人接物的关系问题，要求采购人员注意为人之道。这时采购人员就要“请走供应商”，多给供应商说好话。不但要处理好与老板的关系，还要处理好与中层干部、班组长甚至基层员工的关系。所以，采购人员要根据供应商以及企业的情况，调整对策和思路，弱势采购时就要进行公关。

3. 供应商综合考评记分方法

（1）比较典型的供应商综合考评计分标准如表 6-6 所示。

表 6-6　供应商综合考评计分标准

质量	25 分
价格	25 分
按时交货	10 分
书面投诉	10 分
技术支持	7 分
包装 / 外观	7 分
送货规格的准确性	6 分
单证文件的准确及交货数量的稳定性	10 分
总分	100 分

具体内容需要细化，比如按时交货：这一指标是在规定时间内的交货比率。如果合同交货期为 T，公司规定的范围如下：

本地供应商：时间范围为 $T\pm1$ 天

外地（国内）供应商：时间范围为 $T\pm7$ 天

境外供应商：时间范围为 $T\pm15$ 天

例如，在一段时间内，外地供应商 A 有 5 次向本公司交货，合同交货期 T 为 20 天，而实际交货周期如表 6-7 所示。

课堂笔记

表 6—7　实际交货周期

项目	第一次	第二次	第三次	第四次	第五次
实际交货周期	25 天	27 天	26 天	27 天	30 天
是否在规定范围内	是	是	是	是	否

根据上表可以得出，供应商在规定时间内的交货比率为 80%，其按时交货的分值= 80% × 10 分 =8 分。

再比如书面投诉 10 分。这一项主要的评分依据来自本公司质量部门的有关记录，投诉评分标准如表 6-8 所示。

表 6-8　投诉评分标准

投诉次数	3 次以上	2 次	1 次	0 次
对应分值	0 分	3 分	6 分	10 分

（2）下面是一个供应商考核评分标准参考。

①价格 30。

a. 价格降低情况 15。

价格降低情况 =（本期价格 – 前期价格）/ 前期价格

（>5%=15，4%=12，3%=9，2%=6，1%=3，<1%=0）

b. 付款期 10。

（60 天 =10，45 天 =7，< 30 天 =5）

c. 供应商所采购原材料成本降低情况 5。

（>5%=5，2%~4%=3，1%~2%=1，<1%=0）

---

②质量 30。

a. 质量体系证书 10。

（通过认证 =10，没通过认证 =0）

b. 产品质量证书 5。

（有 =5，无 =0）

c. 交货质量 15。

交货质量 = 无质量问题的接收次数 / 总接收次数

（90%~100%=15，<90%=0）

---

③交货 30。

a. 准时性 15。

准时性 = 准时交货的批次 / 总交货批次

（100%=15，90%~99%=10，80%~89%=5，< 80%=0）

b. 交货期偏差 10。

交货期偏差 =1– 实际交货期与合同交货期偏差总计 / 合同交货期总计

（1=10，0.9~0.99=5，<0.9=0）

c. 库存准备 5。

（是 =5，否 =0）

---

④服务 10。

a. 对客户投诉的反应速度 2。

（快 =2，慢 =0）

b. 各种票据是否完备 2。

（是 =2，否 =0）

c. 物料、质量改进项目的完成情况 2。

（良好 =2，一般 =1，差 =0）

d. 在审计、评估方面的支持程度 2。

（非常支持 =2，一般 =1，不配合 =0）

e. 供应商是否早期参与新品开发 2。

（是 =2，否 =0）

（3）如表 6–9 所示也是一个典型供应商评价指标体系，供参考。

表 6–9 供应商评价指标体系

项目	评价分数	内容	比例分数	提供资料单位	评审周期
品质	20	批数合格单	10	品管部	每 3 个月一次
		个数合格单	10		
交货期限	15	如期交货	15	物料部	
		延迟 5 日以内	10		
		延迟 10 日以内	5		
		延迟 10 日以上	0		
价格	15	低于 5%	15	采购部	
		相同	12		
价格	15	高于 5% 以内	8	采购部	每 3 个月一次
		高于 10% 以内	4		
		高于 5% 以上	0		

课堂笔记

续表

项目	评价分数	内容	比例分数	提供资料单位	评审周期
服务	15	反应率	7	采购部	
		外包率	3		
		反应措施	5		
技术水准	15	机械设备	5	品管部工程部	
		检验设备	5		
		工作技术	5		
经营	10	营业状况	4	采购部	
		财务结构	4		
		员工人数	2		
管理	10	反应措施	2	品管部工程部	
		机械设备	2		
		检验设备	2		
		工作技术	1		
		营业状况	1		
		财务结构	1		
		员工人数	1		

二、供应商激励与控制

供应商激励和控制的目的，一是要充分发挥供应商的积极性和主动性，努力搞好物资供应工作，保证本企业的生产生活正常进行；二是要防止供应商企业的不轨行为，预防一切对企业、对社会的不确定性损失。

1. 逐渐建立起一种稳定可靠的关系

企业应当和供应商签订一个较长时间的业务合同关系，例如 1 年至 3 年。时间不宜太短，太短了让供应商不完全放心，从而总是要留一手，不可能全心全意为搞好企业的物资供应工作而倾注全力。只有合同时期长，供应商才会感到放心，才会倾注全力与企业合作，搞好物资供应工作。特别是当业务量大时，供应商会把本企业看作是它生存发展的依靠和希望。这就会更加激励它努力与企业合作，企业发展它也得到发展，企业垮台它也跟着垮台，形成一种休戚与共的关系。但是合同时间也不能太长，这一方面是因为将来可能发生变化，例如市场变化导致产量变化、甚

供应商选择与管理

至产品变化、组织机构变化等；另一方面，也是为了防止供应商产生一劳永远、铁饭碗的思想而放松对业务的竞争进取精神。为了促使供应商加强竞争进取，就要使供应商有危机感。所以合同时间一般以一年比较合适，并说明如果第二年继续合适，可以再续签；第二年不合适，则合同终止。这样签订合同，就是既要让供应商感到放心，可以有一段较长时间的稳定工作；又要让供应商感到有危机感，不要放松竞争进取精神，才能保住明年的工作。

2. 有意识地引入竞争机制

有意识地在供应商之间引入竞争机制，促使供应商之间在产品质量、服务质量和价格水平方面不断优化。例如，在几个供应量比较大的品种中，每个品种可以实行 AB 角制或 ABC 角制。所谓 AB 角制，就是一个品种设两个供应商，一个 A 角，作为主供应商，承担 50%~80%的供应量；一个 B 角，为副供应商，承担 20%~50%的供应量。在运行过程中，对供应商的运作过程进行结构评分，一个季度或半年一次评比。如果主供应商的月平均分数比副供应商的月平均分数低 10%以上，就可以把主供应商降级成副供应商，同时把副供应商升级成主供应商。与上面说的是同样的原因，我们主张变换的时间间隔不要太短，最少一个季度以上。太短了不利于稳定，也不利于一旦偶然出错的供应商有机会纠正错误。ABC 角制则实行三个角色的制度，原理与 AB 角制一样，同样也是一种激励和控制的方式。

3. 与供应商建立相互信任的关系

疑人不用，用人不疑。当供应商经考核转为正式供应商之后，一个重要的措施，就是应当将验货收贷逐渐转为免检收货。免检，这是对供应商的最高荣誉，也可以显示出企业对供应商的高度信任。免检，当然不是不负责任地随意给出，应当稳妥地进行。既要积极地推进免检考核的进程，又要确保产品质量。一般免检考核时间要经历三个月左右时间，在免检考核期间内，起初总要进行严格的全检或抽检。如果全检或抽检的结果，不合格品率很小，则可以降低抽检的频次，直到不合格率几乎降到零。这时，要组织供应商有关方面的人员，稳定生产工艺和管理条件，保持住零不合格率。如果真能保持住零不合格率一段时间，就可以实行免检了。当然，免检期间，也不是绝对地免检。还要不时地随机抽检一下，以防供应商的质量滑坡，影响本企业的产品质量。抽检的结果如果满意，则就继续免检。一目发现了问题，就要增大抽检频次，进一步加大抽检的强度，甚至取消免检。通过这种方式，也可以激励和控制供应商。

此外，建立信任关系，还包括在很多方面。例如不定期地开一些企业负责人的碰头会，交换意见，研究问题，协调工作，甚至开展一些互助合作。特别对涉及企业之间的一些共同的业务、利益等有关问题，一定要开诚布公，把问题谈透、谈清楚。要搞好这些方面的工作，需要树立起一个指导思想，就是“双赢”。一定要尽可能让供应商有利可图。不要只顾自己，不顾供应商的利益，只有这样，双方才能真正建立起比较协调可靠的信任关系。这种关系实际上就是一种供应链关系。

4. 建立相应的监督控制措施

在建立起信任关系的基础上，也要建立起比较得力的、相应的监督控制措施。特别是一旦供应商出现了一些问题，或者一些可能发生问题的苗头之后，一定要建立起相应的监督控制措施。根据情况的不同，可以分别采用以下一些措施：

第一，对一些非常重要的供应商，或是当问题比较严重时，可以向供应商单位派常驻代表。常驻代表的作用，就是沟通信息、技术指导、监督检查等。常驻代表应当深入到生产线各个工序、各个管理环节，帮助发现问题，提出改进措施，切实保证把有关问题彻底解决。对于那些不太重要的供应商，或者问题不那么严重的单位，则视情况分别采用定期或不定期到工厂进行监督检查，或者设监督点对关键工序或特殊工序进行监督检查，或者要求供应商自己报告生产条件情况、提供工序管制上的检验记录，让大家进行分析评议等办法实行监督控制。

第二，加强成品检验和进货检验，做好检验记录，退还不合格品，甚至要求赔款或处以罚款，督促供应商改进。

第三，组织本企业管理技术人员对供应商进行辅导，提出产品技术规范要求，使其提高产品质量水平或企业服务水平。

三、供应商关系管理

（一）供应商关系的划分

1. 按 80/20 规则划分

根据采购的 80/20 规则可以将供应商细分为重点供应商和普通供应商，其基本思想是针对不同的采购物品应采取不同的策略，同时采购工作精力的分配也应各有侧重，相应地对于不同物品的供应商也应采取不同的策略。根据 80/20 规则可以将采购物品分为重点采购品（占采购价值 80% 的 20% 的采购物品）和普通采购品（占采购价值 20% 的 80% 的采购物品），相应地，可以将供应商进行依据 80/20 规则分类，划分为重点供应商和普通供应商，即占 80% 采购金额的 20% 的供应商为重点供应商，而其余只占 20% 采购金额的 80% 的供应商为普通供应商。对于重点供应商应投入 80% 的时间和精力进行管理与改进。这些供应商提供的物品为企业的战略物品或需集中采购的物品，如汽车厂需要采购的发动机和变速器，电视机厂需要采购的彩色显像管及一些价值高但供应保障不力的物品。而对于普通供应商则只需要投入 20% 的时间和精力跟踪其交货。因为这类供应商所提供的物品的运作对企业的成本质量和生产的影响较小，例如办公用品、维修备件、标准件等物品。

对不同的供应商采用不同的管理策略，在按 80/20 规则进行供应商划分时，应注意几个问题：

（1）按 80/20 规则划分的供应商并不是一成不变的，随着企业生产结构和产品线的调整，需要重新进行划分。

（2）对重点供应商和普通供应商应采取不同的策略。

2. 按供应商的重要性划分

根据供应商分类模块法可以将供应商分为商业型、重点商业型、优先型、伙伴型供应商 4 种形式。供应商分类的模块法是依据供应商对本单位的重要性和本单位对供应的重要性进行矩阵分析，并据此对供应商进行分类的一种方法。供应商分类模块法如图 6–2 所示。

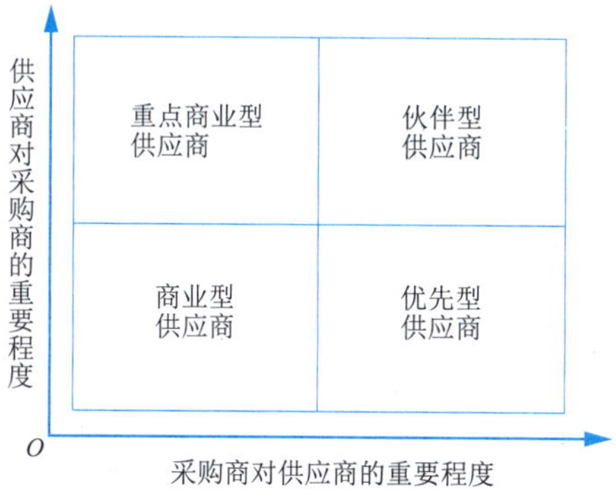

图 6–2　供应商分类模块法

在供应商分类的模块中，如果供应商认为本单位的采购业务对于他们来说非常重要，供应商自身又有很强的产品开发能力等，同时该采购业务对本公司也很重要，那么这些采购业务对应的供应商就是“伙伴型”；如果供应商认为本单位的采购业务对于他们来说非常重要，但该项业务对于本单位却并不是十分重要，这样的供应商无疑有利于本单位，是本单位的“优先型”；如果供应商认为本单位的采购业务对他们来说无关紧要，但该采购业务对本单位却是十分重要的，这样的供应商就是需要注意改进提高的“重点商业型”；对于那些对于供应商和本单位来说均不是很重要的采购业务，相应的供应商可以很方便地选择更换，那么这些采购业务对应的供应商就是普通的“商业型”。

（二）供应商伙伴关系

1. 供应商伙伴关系的概念

供应商伙伴关系是企业与供应商之间达成的最高层次的合作关系，是在相互信任的基础上，由双方为着共同的明确目标而建立的一种长期合作关系。这种关系有明确的合约确定，双方共同确认并且在各个层次都有相应的沟通；双方为着共同的目标有挑战性地改进计划，相互信任，共担风险，共享信息，共同开发和创造。

2. 建立供应商伙伴关系的意义

采购方发展与供应商的伙伴关系具有十分重要的意义。表现在：可以缩短供应商的供应周期、提高供应的灵活性；减少原材料、零部件的库存，降低行政费用，加快资金周转；提高原材料、零部件的质量，降低非质量成本；加强与供应商的沟通，改善订单处理过程，提高材料需求准确度；共享供应商的技术与革新成果，加快产品开发速度；与供应商共享管理经验，推动企业整体管理水平的提高。

3. 如何建立供应商伙伴关系

建立供应商伙伴关系的先决条件是要得到公司高层领导的重视和支持。

（1）对潜在供应商的调查。

（2）供应商的改进。

（3）供应商的合理化调整。

（4）供应商的管理。

具体需做好以下几个方面的工作：

（1）建立主次供应商。

（2）积极与供应商沟通。

（3）就近寻找合适的供应商。

（4）对供应商进行定期考核。

（5）培养长期协作能力。

（6）帮助供应商成长。

（7）完善内部采购机制。

四、供应商的控制

（一）控制供应商的方法

1. 完全竞争控制

这种方法使供应商成为市场的接受者，使采购方拥有更多的讨价还价能力；同时供应商为了获得采购方的信赖而进行竞争，不断地提高产品质量，控制生产成本。由于供应商的激烈竞争，使价格和信息都逐渐趋向于客观，采购方得到较为全面准确的价格和质量信息。

2. 合约控制

合约控制是一种介于供应商正常交易管理和伙伴管理模式之间的供应商控制方法，采购方利用自己的实力建立一个宽松的环境，通过合约控制得到非常优厚的条件，从而获得更多的利润。合约控制的关键是要对双方的利益和关系进行积极的维护，以实现真正有效的控制。

（二）防止供应商控制

1. 供应商的独家供应

独家供应除了客观上的条件局限以外，也具有主观方面的优势，主要体现在：

（1）节省时间和精力。

课堂笔记

（2）更容易实施双方在产品开发、质量控制、计划交货、降低成本等方面的改进并取得积极成效。

同时，独家供应会造成供需双方的相互依赖，进而可能导致以下风险：

（1）供应商有了可靠顾客，但会失去竞争的动力及应变、革新的积极性。

（2）供应商可能会疏远市场，以致不能完全掌握市场的真正需求。

（3）采购方本身不容易更换供应商。

2. 防止供应商控制的方法

（1）再找一家供应商。

（2）增强相互依赖性。

（3）更好地掌握信息。

（4）注意业务经营的总成本。

（5）让最终客户参与。

（6）协商长期合同。

（7）与其他企业联合采购。

采购方可以通过采取上述措施，摆脱供应商的控制，最大限度地为企业带来利益。

技能训练

◇ 实训案例

某公司是一个有 6 年历史的生产制造型企业。为了改进以往由采购经理进行的供应商评价体制而产生的种种不正常现象，决定由多个部门共同组成一个评价小组，经过多次讨论，制定评价体系。

◇ 实训要求

（1）将学生分组，每小组分工协作，以小组为单位完成任务。

（2）要有详细的考评项目，考评项数至少 4 个。

（3）每个考评项要有明确的权重。

（4）每个考评项要有明确的打分依据。

拓展阅读

一汽 – 大众供应商关系管理

供应商的关系管理是汽车工业在采购管理方面的核心工作，也是主机厂和供应商共同关注的焦点问题。

一汽 – 大众双方关系由最初的竞争甚至是对立关系，逐渐走向握手言和追求合

课堂笔记

作共赢并期望建立战略合作，以此来打造一支成本低、质量优、技术开发能力强、交付稳定的供应链合作伙伴。市场成本的日益激烈竞争给一汽－大众的采购成本控制带来了巨大压力，使一汽－大众意识到外包零件管理的核心，以支持业务。当前的采购战略已经在本地化方面遇到了重大困难，这严重损害了采购支持系统，在管理措施上造成混乱，并给支持公司的长期管理造成障碍。不利于支持公司发展的联系。一汽－大众指出，如何提高未来的竞争力以及如何进一步提高支持业务管理的有效性是一个巨大的考验，迫切需要一汽－大众继续探索。从主机厂角度来看，目前一汽－大众有600多家供应商在直接物料和间接物料领域为其供货和服务，庞大的供应商服务体系支持了一汽－大众的运营和每年2 000亿人民币的采购金额，面对这样庞大的供应商体系如何才能做到精细化管理，采购部300多人，如何能维持如此庞大的供应商管理。

问题思考：

（1）什么是供应商关系管理？

（2）如何开展供应商管理？

素养园地

社会担当

——以民为本：国家医保局践行人民至上，生命至上

新冠肺炎疫情暴发以来，国家医疗保障局（简称“国家医保局”）坚决贯彻落实党中央决策部署，以“人民至上，生命至上”为宗旨。2021年2月，国家正式启动居民免费接种新型冠状病毒疫苗，疫苗采购和接种费用主要由医保基金和财政共同承担，同时，国家医保局临时承担了与企业谈判磋商疫苗采购价格的工作。居民免费接种疫苗初期，疫苗生产企业少、产能不足，全球范围内供求矛盾非常突出。国家医保局坚持以疫情防控为第一要务，反复沟通协调国内疫苗生产企业，首轮将灭活疫苗采购价格降到不超过90元／剂，整体低于企业供给其他国家的价格。后又经过多次与企业磋商，推动企业连续降价，先后降至40元／剂、20元／剂。同时，配合有关部门协调生产能力强、供应量大的疫苗生产企业免费提供疫苗6亿剂，促使其履行社会责任。在世界人口大国中，我国的新冠病毒疫苗接种速度最快、覆盖面最广。

◇问题与思考

我国新冠疫苗采购价格为何能够快速连续下降？

◇内化与提升

江山就是人民，人民就是江山。在抗疫这场人民战争中，国家医保局坚决贯彻

落实党中央决策部署，以“人民至上、生命至上”为宗旨，担当善为推动国内疫苗生产企业连续降价；另一方面，疫苗生产企业，肩扛社会责任，注重人民生命健康安全和社会效益，主动降本增效，为抗疫尽职。

项目综合实训

供应商选择与管理

◇实训目的

（1）掌握供应商的选择与评价的流程。

（2）掌握供应商的选择指标。

（3）理解供应商的选择方法。

◇实训组织

在教师的指导下，每小组实地调查供应商企业，并通过互联网查找资料，集体讨论、分析，最终得出供应商选择的相关数据。

◇实训案例

大学某专业为了体现专业文化特征，打算统一购买两套班服，作为采购部成员，首先要对供应商进行调查，并制作供应商管理卡片。

◇实训要求

（1）对供应商的基本情况、产品、价格进行调查，对于本地的供应商要进行实地调查。

（2）根据调结果，制作供应商卡片。

（3）制定对供应商考评指标，对每个供应商作出客观的考评。

（4）由学生讨论供应商考评结果，选择供应商。

◇实训成果说明

（1）每小组分工协作，以小组为单位写出供应商选择方案，并上交纸质文稿和电子稿各一份。

（2）本次实训成绩按个人表现、团队表现、实训成果各项成绩汇总而成。

（3）熟悉需求订单操作的物料项目。

订单的种类很多，订单人员首先应熟悉订单计划，花时间去了解物料项目，花时间去了解物料技术资料等，直接从国外采购可能获得较好的质量和较低的价格，但同时增加了订单环节的操作难度，手续复杂，交货期长。

（4）比较 / 确认价格。

采购人员有权力向供应商群体中价格最适当的供应商下达订单 / 合同，以维护企业的最大利益 .

课堂笔记

（5）确认需求材料的标准及数量。

◇项目小结

（1）所谓供应商管理，是对供应商的了解、选择、开发、使用和控制等综合性的管理工作的总称。其中，了解是基础，选择、开发、控制是手段，使用是目的。

（2）供应商选择是供应商管理的目的，是供应商管理中最重要的工作。选择一批好的供应商，不但对于企业的正常生产起着决定作用，而且对企业的发展也非常重要。

（3）供应商考核，主要是指同供应商签订正式合同以后正式运作期间，对供应商整个运作活动的全面考核。主要有价格、质量、服务、交货期等指标。

思考题

（1）供应商初步调查的内容有哪些？

（2）供应商深入调查的情况有哪些？

（3）供应商全面考核的指标有哪些？

（4）供应商激励的方法有哪些？

◇项目评价表

实训完成情况（40 分）			得分：
计分标准： 出色完成 30~40 分；较好完成 20~30 分；基本完成 10~20 分；未完成 0~10 分			
学生自评（20 分）			得分：
计分标准：得分 =2×A 的个数 +1×B 的个数 +0×C 的个数			
专业能力	评价指标	自测结果	要求 （A 掌握；B 基本掌握；C 未掌握）
供应商调查	1. 供应商管理 2. 资源市场分析 3. 供应商深入调查	A □ B □ C □ A □ B □ C □ A □ B □ C □	能够根据供应商初步调查的步骤填写供应商调查表。掌握供应商资格考察的内容
供应商选择	1. 供应商综合评分项目 2. 掌握供应商选择方法	A □ B □ C □ A □ B □ C □	掌握供应商评审作业流程
供应商管理	1. 供应商考核体系 2. 供应商考核方法	A □ B □ C □ A □ B □ C □	掌握供应商激励方法。掌握供应商控制方法
职业道德思想意识	1. 爱岗敬业、认真严谨 2. 遵纪守法、遵守职业道德 3. 顾全大局、团结合作	A □ B □ C □ A □ B □ C □ A □ B □ C □	专业素质、思想意识得以提升，德才兼备
小组评价（20 分）		得分：	

续表

计分标准：得分 =10 × A 的个数 +5 × B 的个数 +3 × C 的个数				
团队合作	A □ B □ C □	沟通能力		A □ B □ C □
教师评价（20 分）			得分：	
教师评语				
总成绩		教师签字		

项目七 采购谈判与签订合同

项目概述

采购合同是企业之间或者企业与供应商之间达成一致的文件，约定了双方在采购过程中的权利和义务。谈判与签订采购工作的核心内容，是采购工作是否完成和保证采购质量的关键步骤。一个好的采购谈判可以为企业争取更多的利益，一个好的采购合同可以给企业规避很多风险。所以，我们采购人员一定要重视采购合同的谈判与签订。

案例导入

一汽－大众商务谈判的准备工作

一汽－大众在与供应商进行商务谈判之前需要进行充分的准备，具体工作如下：一是零件产品分析：零件规划信息（产量、时间节点、车型等）；二是零件工艺分析（零件加工工艺、相应设备及原材料价格等信息）；三是确定 Common Strategy：收集欧价、CKD 价格、SVW、历史价格等信息；四是结合工艺分析、价格信息及供应商报价进行 Cost Break Down（包括原材料、人工费、关税等）建立采购员目标价；五是年降与捆绑降价分配优化；六是供应商分析：供应商报价与采购员目标价对比，分析差异价格及原因（原材料、工艺、利润等因素）；七是供应商降价潜能分析（原材料、国产化、利润缩减）；八是供应商状态（产能、研发、分布、现供货状态及采购战略规划等）；九是谈判安排：确定谈判时间、地点、人员及重点谈判对象；十是确定供应商邀请清单及谈判顺序；十一是团队支持。

引例思考：

什么是采购谈判？

任务一　实施采购谈判

学习目标

◇知识目标

了解谈判基础知识。

掌握采购谈判程序。

掌握谈判策略技巧。

◇能力目标

识别谈判的时机；描述谈判的主要阶段；说明谈判的内容 。

具有谈判能力，并能够进行采购谈判组织实施。

◇素养目标

培养学生的沟通意识。

知识储备

一、采购谈判概述

（一）谈判的含义和特征

1. 谈判的含义

谈判是人们以消除分歧、改善相互关系为出发点，通过交换意见、交流信息，最终为了取得一致意见或契合利益而进行的相互磋商的行为和过程。

2. 谈判的特征

（1）谈判是各方获取契合利益的行为，因为谈判任何一方的利益都必须通过与对方的合作或从对方的承诺中才能得到。

（2）谈判的主体是两方或多方的组织与个人。

（3）谈判的手段是观点互换、感情互动。

（4）谈判的实质是运用公共关系理论，通过人际传播和相互交流，在双向沟通的基础上，消除分歧，达成共识。

（二）谈判的类型和原则

1. 谈判的类型

（1）双边谈判与多边谈判。这是以谈判主体的多少进行的谈判分类。

课堂笔记

（2）大型谈判、中型谈判和小型谈判。这是以谈判规模（谈判项目的多少、谈判人员的范围、谈判内容的复杂程度等）进行的谈判分类。

（3）经济性谈判与非经济性谈判。这是以谈判所涉及的利益性质进行的分类。

（4）正式谈判与非正式谈判。这是以谈判主体的身份和对谈判内容的准备程度进行的分类。

（5）受调停谈判与无调停谈判。这是以有无第三方作为中间人介入谈判而进行的分类。

（6）直接谈判与间接谈判。这是以谈判的交往方式进行的分类。

（7）对抗性谈判与非对抗性谈判。这是以谈判各方的对立程度和对谈判结果的追求进行的分类。

（8）分配型谈判、融合型谈判和混合型谈判。

除了按照上述标准进行分类外，谈判还可以根据谈判过程分为一次性谈判和多轮连续性谈判；根据时间的长短分为长期谈判和短期谈判；根据谈判内容与谈判目标的关系分为实质性谈判和非实质性谈判；根据谈判内容的公开程度分为秘密谈判与公开谈判等。

2. 谈判的原则

谈判活动若没有明确的指导思想，则有可能使谈判活动事倍功半，甚至使谈判陷入困境。不同的谈判方法受不同的谈判原则制约，谈判的主要原则有：

（1）人事分开原则。

（2）利益中心原则。

（3）多方案原则。

（4）客观标准原则。

二、采购谈判的目的和特点

采购谈判是指企业在采购时与供应商所进行的贸易谈判。采购方想以自己比较理想的价格、商品质量和供应商服务条件来获取供应商的产品，而供应商则想以自己希望的价格和服务条件向购买者提供自己的商品。当两者不完全统一时，就需要通过谈判来解决，这就是采购谈判。另外，在采购过程中，由于业务操作失误发生的货物的货损、货差、货物质量问题在赔偿问题上产生争议，也属于采购谈判范围。

（一）采购谈判的目的

从采购方而言，谈判的目的主要有：

（1）希望获得供应商质量好、价格低的产品。

（2）希望获得供应商比较好的服务。

（3）希望在发生物资差错、事故、损失时获得合适的赔偿。

（4）当发生纠纷时能够妥善解决，不影响双方的关系。

课堂笔记

（二）采购谈判的特点

1. 合作性与冲突性

由于采购谈判是建立在双方的利益既有共同点又有分歧点的基础上的，因此，从此特点来说，就是合作性和冲突性并存。

2. 原则性和可调整性

原则性指谈判双方在谈判中最后退让的界限，即谈判的底线。通常谈判双方在弥合分歧方面彼此都会做出一些让步，但是，让步不是无休止和任意的，而是有原则的。超过了原则性所要求的基本条件，让步就会给企业带来难以承受的损失。因而，谈判双方对重大原则问题通常是不会轻易让步的，退让也是有一定限度的。

可调整性是指谈判双方在坚持彼此基本原则的基础上可以向对方做出一定让步和妥协。

3. 经济利益中心性

采购谈判是商务谈判的一种类型，在采购谈判中双方主要围绕着各自的经济利益作为谈判的中心。作为供应商，则希望以较高的价格出售而使自己得到较多的利润；而作为采购方，则希望以较低的价格购买而使自己降低成本。因此，谈判的中心是各自的经济利益，而价格在谈判中作为调节和分配经济利益的主要杠杆就成为谈判的焦点。

三、采购谈判的内容、意义和影响因素

（一）采购谈判的内容

1. 产品条件谈判

采购的主角是产品或原材料，因此，谈判的内容首先是对产品的有关条件的谈判。产品条件谈判有的复杂，有的简单，主要决定于采购方购买产品的数量和产品的品种、型号。

2. 价格条件谈判

价格条件谈判是采购谈判的中心内容，是谈判双方最关心的问题。

3. 其他条件谈判

除了产品条件谈判和价格条件谈判之外，还有交货时间与地点、付款方式、运输方式、售后服务、违约责任和仲裁等其他条件的谈判。

（二）采购谈判的意义

采购谈判既是一门科学，又是一门艺术。掌握谈判的基本知识和一些常用的策略技巧能使谈判者有效地驾驭谈判的全过程，为己方赢得最大的利益。可见采购谈判技术是实现采购行为的关键环节。 采购谈判的重要性主要表现在以下几个方面：

（1）可以争取降低采购成本。

课堂笔记

（2）可以争取保证产品质量。

（3）可以争取采购物资及时送货。

（4）可以争取获得比较优惠的服务项目。

（5）可以争取降低采购风险。

（6）可以妥善处理纠纷，维护双方的利益，维持双方的正常关系，为以后的继续合作创造条件。

（三）采购谈判的影响因素

影响采购谈判的因素主要有：

1. 交易的内容对双方的重要程度

虽然采购交易成功对各方面都有益，但并不是交易本身对各方的重要性都一样，一般而言，交易的结果对哪一方更为重要，则该方在谈判中就处于弱势。

2. 各方对交易内容和交易条件的满足程度

在交易中的某一方对交易内容和交易条件的满足程度越高，那么在谈判中它的优势就越大。比如在货物买卖谈判中，如果卖方对买方在货物的质量、数量、交易时间等方面的要求都能充分予以保证和满足，则卖方的优势较大。

3. 竞争状态

在采购交易中，如果出现多个买者的态势，则对卖方有利，可以增加卖方的谈判实力；反之，如果出现多个卖方的态势，则有利于买方，会增强买方的谈判实力。从微观经济学角度讲，就是完全垄断的市场有利于卖方，卖方拥有“独此一家，别无他店”的优势；相反，在一个完全竞争的市场中则对买方有利，买方可以挑选卖方的产品和服务，拥有更多的选择机会。

4. 对于商业行情的了解程度

商业信息是无形资源，它可以转化为财富，谈判双方谁掌握的商业行情多，了解得更详细，谁就会在谈判中占主动地位，所谓“知己知彼，百战不殆”就是这个道理。

5. 企业的信誉和实力

企业的信誉和实力不等于谈判的实力，但它是形成谈判实力的基础，企业的商业信誉越高，社会知名度越大，谈判时的优势就越明显，谈判中的主动性就越大。

6. 对谈判时间因素的反应

在谈判中，哪一方对时间要求紧张，不想拖延谈判时间，希望尽快结束谈判，达成交易，则时间的局限性就会削弱其谈判实力；反之，最有耐心的一方，能够持久地谈判，其谈判时就处于有利地位，占有时间上的优势。

7. 谈判的艺术和技巧

艺术，是一种技能。它以从艺人的悟性、经验和知识为基础，体现在从艺人的职业个性、言谈举止、风度气质和内在魅力之中。谈判里面有科学，但在谈判桌上表现出来的多是艺术。生意人经常要干的重要工作莫过于谈判了，谈判人员必须外塑形象、内强素质，素质高、谈判技巧娴熟，就能增强谈判的实力，否则就会影响谈判实力的发挥。

四、采购谈判应遵循的原则

采购谈判一般包括以下几个基本原则：

（一）合作原则

合作原则包括：

（1）量的准则。要求所说的话包括交谈所需要的信息，不应包含超出的信息。

（2）质的准则。要求不要说自知是虚伪的话，不要说缺乏足够证据的话。

（3）关系准则。要求所说的话内容要关联并切题，不要漫无边际地胡说。

（4）方式准则。要求清楚明白，避免晦涩、歧义，要简练、井井有条。

（二）自愿原则

这里讲的自愿，是指有独立行为能力的交易各方能够按照自己的意愿来进行谈判并做出决定。“自愿”是交易各方顺利进行合作的基础。

自愿原则是采购谈判各方进行合作的前提和保证。

（三）平等原则

在采购谈判中，参与谈判的各方应以平等的姿态出现，无论其谈判实力的强弱，都不应该歧视或轻视对手。

（四）合法原则

合法原则是采购谈判中的重要原则。所谓合法，包括两个方面：一是谈判各方所从事的交易项目必须合法；二是谈判各方在谈判过程中的行为必须合法。

（五）利益共享原则

利益共享原则，是指在采购谈判过程中，要使参与谈判的各方都能获得一定的经济利益，并且要使其获得的经济利益大于其支出成本。

面包公司的价值谈判

（六）系统化原则

采购谈判是一项综合性的工作，它不但要考虑自身的利益，还要考虑谈判对手的利益和整个社会利益；不但要处理好与合作伙伴的关系，还要处理好与政府及整个外部环境的关系。

（七）社会效益原则

社会效益原则，是指在进行采购谈判时，谈判的各方一定要从全社会的角度出发，综合考虑谈判的合作项目对全社会的影响。

以上是采购谈判中必须遵循的七个原则。只有准确地把握和理解这些原则，才能认识采购谈判的本质，进而才能掌握和运用好采购谈判的策略和技巧。

课堂笔记

五、采购谈判的基本程序

（一）采购谈判的准备

“凡事预则立，不预则废”，采购谈判也是如此。准备工作做得如何在很大程度上决定着谈判的进程及其结果。总体上说，前期的准备工作主要从以下几个方面展开：

1. 有关价格方面的事情的准备

（1）慎重选择供应商。

（2）确定底价与预算。

（3）请报价厂商提供成本分析表或报价单。

（4）审查、比较报价内容。

（5）了解优惠条件。

2. 谈判地点和时间的选择

谈判地点的选择。通常包括三种情况：己方所在地、对方所在地、双方之外的第三地。对于最后一种情况往往是双方在参加产品展销会时进行的谈判。三种地点的选择各有利弊。

一般来说，在选择谈判时间时要考虑以下几个方面的因素：

（1）准备的充分程度，要注意给谈判人员留有充分的准备时间，以防仓促上阵。

（2）要考虑对方的情况，不要把谈判安排在对对方明显不利的时间进行。

（3）谈判人员的身体和情绪状况，避免在身体不适、情绪不佳时进行谈判。

3. 谈判人员的选择

在实际谈判活动中应注意：

（1）在确定具体谈判人选时，尽量选择“全能型的专家”。所谓“全能”，即通晓技术、经济、法律和语言四个方面的知识，“专家”即指能够专长于某一个方面。

（2）在确定谈判小组具体人数时，合理确定谈判小组的规模，同时也要兼顾谈判小组的工作效率。一般情况下，谈判小组由 3~5 人组成。

总体上说，谈判人员应当具有以下几方面的知识和能力：

（1）了解我国有关贸易的方针政策及我国政府颁布的有关法律法规。

（2）具有丰富的产品知识。这包括：与本单位采购物料相关的各种产品的性能、特点和用途；产品的技术要求和质量标准；所采购产品在国内外的生产状况和市场供求关系；产品价格水平及变化趋势的信息；产品的生产潜力及发展的可能性。

（3）熟悉不同供应商谈判者的风格和特点；懂得谈判心理学和行为科学；有丰富的谈判经验，能应付在谈判过程中突然出现的复杂情况等。

（4）熟悉国外有关法律知识，包括贸易法、技术转让法、外汇管理法，以及有关国家税法的知识、有关国际贸易和国际惯例的知识等。

课堂笔记

4. 谈判的分工与合作

在确定了具体谈判人员并组成谈判小组之后，就要对其内部成员进行分工，确定主谈与辅谈人员。

主谈与辅谈人员、辅谈与辅谈人员在谈判过程中并不是各行其是，而是在主谈人员的指挥下，互相密切配合，形成目标一致的有机谈判统一体。

5. 谈判方式的选择

采购谈判方式可以简单地分为两大类：面对面的会谈以及其他谈判方式。面对面的会谈又可以分为正式的场内会谈和非正式的场外会谈，其他谈判方式包括采用信函、电话、电传、电报、互联网等方式。

6. 模拟谈判

为了提高谈判工作的效率，使谈判方案、计划等各项准备工作更加周密，更有针对性，在谈判准备工作基本完成以后，应对此项工作进行检查。在实践中行之有效的方法就是进行模拟谈判。

（二）正式谈判阶段

1. 摸底阶段

2. 询价阶段

价格是采购谈判的敏感问题，也是谈判最关键的环节，在这一阶段要考虑的问题是：谁先开价、如何开价、对方开价后如何还价等问题。

3. 磋商阶段

磋商阶段主要是双方彼此讨价还价，尽力为已方争取更多利益的阶段。

4. 消除分歧

分歧的类型有三种：一是由于误解而造成的分歧；二是出于策略的考虑而人为造成的分歧；三是双方立场相差很远而形成的真正的分歧。在明确了分歧的类型和产生的影响之后，就要想办法消除双方之间的分歧。

5. 成交阶段

经过磋商之后，双方的分歧得到了解决，就进入了成交阶段。在这个阶段，谈判人员应将意见已经一致的方面进行归纳和总结，并办理成交的手续或起草成交协议文件。

（三）检查确认阶段

这是谈判的最后阶段，在这一阶段主要做好以下工作：

1. 检查成交协议文本

应该对文本进行一次详细的检查，尤其是对关键的词、句子和数字的检查一定要仔细认真。一般应该采用统一的经过公司法律顾问审定的标准格式文本，如合同书、订货单等。对大宗或成套项目交易，其最后文本一定要经过公司法律顾问的审核。

课堂笔记

2. 签字认可

经过检查审核之后，由谈判小组长或谈判人员进行签字并加盖公章，予以认可。

3. 小额交易的处理

对小额交易直接进行交易，在检查确认阶段，应主要做好货款的结算和产品的检查移交工作。

4. 礼貌道别

无论是什么样的谈判及谈判的结果如何，双方都应该诚恳地感谢对方并礼貌地道别，这有利于建立长期的合作关系。

总之，在谈判过程中，双方都是力求维护本企业的利益，想方设法使对方让步。如果双方都不让步，谈判就进行不下去，就是谈判破裂、失败。如果双方能够逐步让步、协调，最后大体利益均等，这时谈判双方意见达成一致，谈判就获得成功了。

六、采购谈判的主旨和方法

采购人员如何去争取这些有利的条件呢？通过多年的工作总结，现把采购谈判中的法概括为“四有”，即有理、有据、有节、有义。

（一）有理

一般来讲，在采购业务谈判中供应商都希望尽可能扩大其产品的市场占有率，提高市场知名度，同时推销人员为完成销售任务也常表现出积极灵活的态度。对于采购人员来说，就是要充分利用供应商满足本身需要的心理变化，选择不同的理由和方式去顺应、抵制或改变对方的动机方向，以达到理想的效果。

（二）有据

所谓有据，就是要有根据，就是我们在进入谈判之前应该占有并在谈判中酌情运用一切有关的信息和资料。比如：

（1）对同类产品有哪些供应商及其生产历史、生产成本、销售价格、经营状况等情况应有较为详细的了解。

（2）对选定产品的厂家产品说明书、价格表、用户反馈意见、售后服务措施等应掌握清楚。

（3）对当时物价指数、原材料市场情况、产品供求情况也应尽可能了解，对商家营销策略、国家税收政策等都应非常熟悉。掌握这些信息要靠平时积累收集，其中有些要靠在谈判中注意探听、分析。不做任何准备的谈判，无疑会使自己陷入盲目和被动的地位。

（三）有节

所谓有节，就是谈判条件要适当，谈判方法要有节奏。具体表现如下：

（1）要求供应商提供优惠条件时，不可漫无边际地讲话。否则，往往会使谈判陷于无意义的僵持状态，甚至不欢而散。事实上在采购谈判中，不同性质的厂家、

课堂笔记

不同地区、不同产品、不同时期，其最终可能谈妥的优惠折扣和其他优惠条件不一定完全相同。

（2）谈判要求的尺度取决于自己对情况的调查，对自己信心、能力的把握和经验积累。事情成功有时就在于再坚持一下之中。

（3）谈判时要采取有节制的态度，保持冷静的头脑，注意谈判进程的节奏。遇上僵持状态，不要急于求成，有时将谈判“冷冻”一下，给对方一个回旋的余地，欲擒故纵，反而会使谈判顺利得多。

（4）谈判要注意语言技巧。从询价摸底到成本分析、条款落实，任何时候话不能说得太绝对，要给自己留下一个回旋的余地。有时要学会“妥协”，以退为进，达到预定的目标，也是成功的谈判。俗话说“生意不成仁义在”，无数的事实证明，供需良好的协作关系要靠双方共同努力，尤其是当事人的共同努力，才能保持长久、健康的发展。

（四）有义

所谓有义，就是采购人员在谈判时要有正确的出发点、正确的态度。与供应商建立良好的关系已经成为众多企业关注的事情，其实供需双方的大目标是一致的，那就是增加彼此利润。

七、采购谈判的策略

谈判策略是在实施战略时所采取的短期计划和活动，有意造成对方成交位置的改变，影响其他人来实现自己谈判的目标。在谈判过程中，谈判者可以选择合理策略来努力说服对方，以保证双方在希望的特定位置成交。此外，谈判者必须了解对方采取了何种策略，即知己知彼，百战百胜，了解对方策略可以减少自己在谈判中无效性策略的使用。

（一）避免争论策略

谈判中出现分歧是很正常的事。出现分歧时应始终保持冷静，防止感情冲动，尽可能地避免争论。因此，应注意：冷静地倾听对方的意见；婉转地提出不同的意见；谈判无法继续时应马上休会。

（二）抛砖引玉策略

抛砖引玉策略是指在谈判中，一方主动提出各种问题，但不提供解决的办法，让对方来解决。这一策略不仅能表示尊重对方，而且还可摸清对方的底细，争取主动。

（三）留有余地策略

在实际谈判中，不管是否留有余地或真的没留什么余地，对方总认为你是留有余地的，所以在对方最看重的方面作了让步，可在其他条款上争取最大利益。

在以下两种情况下尤其需要这种策略：

课堂笔记

（1）对付寸利必争的谈判方。

（2）在不了解对方的情况下。

（四）避实就虚策略

避实就虚策略是指己方为达到某种目的和需要，有意识地将洽谈的议题引导到相对次要的问题上，借此来转移对方的注意力，以求实现己方的谈判目标。

（五）保持沉默策略

保持沉默，是处于被动地位的谈判人员常用的一种策略，是为了给对方造成心理压力，同时也能起到缓冲的作用。但是如果运用不当，易于适得其反。

（六）忍气吞声策略

（七）多听少讲策略

（八）情感沟通策略

（九）先苦后甜策略

（十）最后期限策略

八、采购谈判的技巧

在了解了谈判所应遵循的原则的基础上，我们在实际谈判中还可以总结出许多规律性、技巧性的经验和策略，称之为谈判的技巧。

（一）入题技巧

谈判双方刚进入谈判场所时，难免会感到拘谨，尤其是谈判新手，在重要谈判中，往往会产生忐忑不安的心理。为此，必须讲求入题技巧，采用恰当的入题方法。

1. 迂回入题

为避免谈判时单刀直入、过于暴露，影响谈判的融洽气氛，谈判时可以采用迂回入题的方法，如先从题外话入题，从介绍己方谈判人员入题，从“自谦”入题，或者从介绍本企业的生产、经营、财务状况入题等。

2. 先谈细节、后谈原则性问题

围绕谈判的主题，先从洽谈细节问题入题，条分缕析，丝丝入扣，待各项细节问题谈妥之后，也便自然而然地达成了原则性的协议。

3. 先谈一般原则、再谈细节

一些大型的经贸谈判，由于需要洽谈的问题千头万绪，双方高级谈判人员不应该也不可能介入全部谈判，往往要分成若干等级进行多次谈判。这就需要采取先谈原则问题，再谈细节问题的方法入题。一旦双方就原则问题达成了一致，那么，洽谈细节问题也就有了依据。

4. 从具体议题入手

大型谈判总是由具体的一次次谈判组成，在具体的每一次谈判中，双方可以首

课堂笔记

先确定本次会议的谈判议题，然后从这一议题入手进行洽谈。

（二）阐述技巧

1. 开场阐述

谈判入题后，接下来就是双方进行开场阐述，这是谈判的一个重要环节。

（1）开场阐述的要点，具体包括：一是开宗明义，明确本次会谈所要解决的主题，以集中双方的注意力，统一双方的认识。二是表明我方通过洽谈应当得到的利益，尤其是对我方至关重要的利益。三是表明我方的基本立场，可以回顾双方以前合作的成果，说明我方在对方所享有的信誉；也可以展望或预测今后双方合作中可能出现的机遇或障碍；还可以表示我方可采取何种方式共同获得利益做出贡献等。四是开场阐述应是原则的，而不是具体的，应尽可能简明扼要。五是开场阐述的目的是让对方明白我方的意图，创造协调的洽谈气氛，因此，阐述应以诚挚和轻松的方式来表达。

（2）对对方开场阐述的反应，具体包括：一是认真耐心地倾听对方的开场阐述，归纳弄懂对方开场阐述的内容，思考和理解对方的关键问题，以免产生误会。二是如果对方开场阐述的内容与我方意见差距较大，不要打断对方的阐述，更不要立即与对方争执，而应当先让对方说完，认同对方之后再巧妙地转开话题，从侧面进行谈判。

①让对方先谈。

在谈判中，当你对市场态势和产品定价的新情况不太了解，或者当你尚未确定购买何种产品，或者你无权直接决定购买与否的时候，你一定要坚持让对方先说明可提供何种产品，产品的性能如何，产品的价格如何等，然后，你再审慎地表达意见。有时即使你对市场态势和产品定价比较了解，有明确的购买意图，而且能直接决定购买与否，也不妨先让对方阐述利益要求、报价和介绍产品，然后你在此基础上提出自己的要求。这种先发制人的方式，常常能收到奇效。

②坦诚相见。

谈判中应当提倡坦诚相见，不但将对方想知道的情况坦诚相告，而且可以适当透露我方的某些动机和想法。

坦诚相见是获得对方同情的好办法，人们往往对坦诚的人自然有好感。但是应当注意，与对方坦诚相见，难免要冒风险。对方可能利用你的坦诚逼你让步，你可能因为坦诚而处于被动地位，因此，坦诚相见是有限度的，并不是将一切和盘托出，总之，以既赢得对方的信赖又不使自己陷于被动、丧失利益为度。

（3）注意正确使用语言：

①准确易懂。

在谈判中，所使用的语言要规范、通俗，使对方容易理解，不致产生误会。

课堂笔记

②简明扼要，具有条理性。

由于人们有意识的记忆能力有限，对于大量的信息，在短时间内只能记住有限的、具有特色的内容，所以，我们在谈判中一定要用简明扼要而又有条理性的语言来阐述自己的观点。这样，才能在洽谈中收到事半功倍的效果。反之，如果信口开河，不分主次，话讲了一大堆，不仅不能使对方及时把握要领，而且还会使对方产生厌烦的感觉。

③第一次要说准。

在谈判中，当双方要你提供资料时，你第一次要说准确，不要模棱两可，含糊不清。如果你对对方要求提供的资料不甚了解，应延迟答复，切忌脱口而出。要尽量避免所使用含上下限的数值，以防止波动。

④语言富有弹性，谈判过程中使用的语言，应当丰富、灵活、富有弹性。

对于不同的谈判对手，应使用不同的语言。如果对方谈吐优雅，我方用语也应十分讲究，做到出语不凡；如果对方语言朴实无华，那么我方用语也不必过多修饰。

（三）提问技巧

要用提问摸清对方的真实需要、掌握对方心理状态、表达自己的意见观点。

1. 提问的方式

①封闭式提问。

②开放式提问。

③婉转式提问。

④澄清式提问。

⑤探索式提问。

⑥借助式提问。

⑦强迫选择式提问。

⑧引导式提问。

⑨协商式提问。

2. 提问的时机

①在对方发言完毕时提问。

②在对方发言停顿、间歇时提问。

③在自己发言前后提问。

④在议程规定的辩论时间提问。

3. 提问的其他注意事项

①注意提问速度。

②注意对方心境。

③提问后给对方足够的答复时间。

课堂笔记

④提问时应尽量保持问题的连续性。

（四）答复技巧

答复不是容易的事，回答的每一句话，都会被对方理解为是一种承诺，都负有责任。答复时应注意：

①不要彻底答复对方的提问。

②针对提问者的真实心理答复。

③不要确切答复对方的提问。

④降低提问者追问的兴趣。

⑤让自己获得充分的思考时间。

⑥礼貌地拒绝不值得回答的问题。

⑦找借口拖延答复。

（五）说服技巧

1. 说服原则

①不要只说自己的理由。

②研究分析对方的心理、需求及特点。

③消除对方戒心、成见。

④不要操之过急、急于奏效。

⑤不要一开始就批评对方、把自己的意见观点强加给对方。

⑥说话用语要朴实亲切、不要过多讲大道理；态度诚恳、平等待人、积极寻求双方的共同点。

⑦承认对方“情有可原”善于激发对方的自尊心。

⑧坦率承认如果对方接受你的意见，你也将获得一定利益。

2. 说服具体技巧

①讨论先易后难。

②多向对方提出要求、传递信息、影响对方意见。

③强调一致、淡化差异。

④先谈好后谈坏。

⑤强调合同有利于对方的条件。

⑥待讨论赞成和反对意见后，再提出你的意见。

⑦说服对方时，要精心设计开头和结尾，要给对方留下深刻印象。

⑧结论要由你明确提出，不要让对方揣摩或自行下结论。

⑨多次重复某些信息和观点。

⑩多了解对方、以对方习惯的能够接受的方式逻辑去说服对方；先做铺垫、下毛毛雨，不要奢望对方一下子接受你突如其来的要求；强调互惠互利、互相合作的可能性、现实性。激发对方在自身利益认同的基础上来接纳你的意见。

课堂笔记

技能训练

模拟采购谈判

◇实训任务

H 企业打算在宝洁、联合利华和欧莱雅之间选择一家供应商，作为“十一”黄金周期间日化商品促销推广活动的合作商。H 企业可通过自有 APP、网站、微博、微信等进行促销推广。

H 企业的预期采购目标：付款结算期限为 30 天；不按最低进货箱数进货，但享受最大进货箱数的采购价格；营销费用不包含销售折让费（由于商品质量不合格等原因，供应商在价格方面给予的减让）；希望供应商承担广告费。

三家供应商提出的条件如下。

（1）宝洁：付款结算期限为 14 天；采用统一进货价，设定最低进货箱数，按不同进货箱数给予不同的折扣；根据进货商品的系数，给予不同额度的费用作为营销费用。

（2）联合利华：不愿意承担广告费，并且要求在 H 企业日化商品中占最大市场份额。

（3）欧莱雅：要求附带护肤品、化妆品类商品进入 H 企业，并且要求在 H 企业日化商品中占最大市场份额。

◇实训要求

根据上述材料，模拟该企业采购谈判过程。

◇实训步骤

（1）将全班学生分成 4 组，其中一组扮演采购方，其他三组分别扮演三家供应商。

（2）每组选定一名组长，由组长分配组内各成员的权限。

（3）参与采购谈判的各小组成员查阅相关资料，并结合上述资料设计采购谈判方案，然后模拟本次谈判过程。

（4）教师对各组的表现进行点评，各小组总结此次实训中的经验和不足。

任务二　签订采购合同

学习目标

◇知识目标

了解采购合同的内容和格式。

熟悉合同的履行以及相关的法律关系。

课堂笔记

掌握采购合同的条款。

◇能力目标

能够独立编写合同，熟悉相关法律事项。

◇素养目标

培养学生法律意识。

知识储备

一、采购合同的概念

采购合同的订立对供需双方来说都非常重要，它直接关系到合同能否得到有效履行，也关系到双方的利益。在了解采购合同之前，必须弄清经济合同、商业合同。

（一）经济合同与商业合同

1. 经济合同

经济合同是法人之间为实现一定的经济目的，明确相互的权利义务关系，而签订的书面契约。经济合同是商品经济发展到一定阶段的产物，是商品交换关系的法律表现形式。经济合同的订立是在交易双方自愿互利的基础上签订的，一经签订就具有法律效力，并受法律保护。

2. 商业合同

商业合同是经济合同的重要组成部分，是保证商业经营过程顺利进行的重要手段。零售企业的商业合同是指零售企业在经营活动中同其他企业（生产企业、其他零售企业、交通、银行等），为实现一定经济目的，明确相互权利义务关系，自愿平等签订的一种具有法律效力的书面契约。商业合同的种类很多，按业务性质不同，可划分为收购合同、销售合同、储运合同、信贷合同等。其中零售企业的采购合同是零售企业在经济活动中使用最频繁、也是最主要的一种合同。零售企业的采购合同是保证企业经营活动顺利进行的主要手段。

（二）采购合同的概念

采购合同是企业（供方）与分供方，经过双方谈判协商一致同意而签订的“供需关系”的法律性文件，合同双方都应遵守和履行，并且是双方联系的共同语言基础。签订合同的双方都有各自的经济目的，采购合同是经济合同，双方受“经济合同法”保护和承担责任。

二、采购合同的签订

（一）签订采购合同的原则

（1）合同的当事人必须具备法人资格。这里所指的法人，是指有一定的组织机构和独立支配财产，能够独立从事商品流通活动或其他经济活动，享有权利和承担

课堂笔记

义务，依照法定程序成立的企业。

（2）合同必须合法。也就是必须遵照国家的法律、法规、方针和政策签订合同，其内容和手续应符合有关合同管理的具体条例和实施细则的规定。

（3）签订合同必须坚持平等互利，充分协商的原则。

（4）签订合同必须坚持等价、有偿的原则。

（5）当事人应当以自己的名义签订经济合同，委托别人代签，必须要有委托证明。

（6）采购合同应当采用书面形式。

（二）签订采购合同的程序

签订采购合同的程序是指合同当事人对合同的内容进行协商，取得一致意见，并签署书面协议的过程。一般有以下四个步骤：

（1）订约提议。

订约提议是指当事人一方向对方提出的订立合同的要求或建议，也称要约。订约提议应提出订立合同所必须具备的主要条款和希望对方答复的期限等，以供对方考虑是否订立合同。

（2）填写合同文本。

（3）履行签约手续。

（4）报请签证机关签证，或报请公证机关公证。

有的经济合同，法律规定还应获得主管部门的批准或工商行政管理部门的签证。对没有法律规定而又必须签证的合同，双方可以协商决定，是否签证或公证。

三、采购合同的签订

供应商的很多物品要靠采购合同来确保。不是所有的物品都需要采购合同，主要是数量大、常年使用的物料需要采购合同，临时性、量小的物料不需要采购合同。采购合同是一把双刃剑，不仅对供应商进行约束，也对采购企业进行约束。

采购合同一般由三部分构成，分别是首部、正文和尾部，采购合同结构表如表 7–1 所示。

表 7–1　采购合同结构表

首部	1. 合同名称 2. 合同编号 3. 采购双方企业名称 4. 签约地点 5. 签约时间	
正文	1. 物品名称与规格 3. 货物品质条款 5. 价格条款 7. 支付条款	2. 货物数量条款 4. 货物包装条款 6. 运输方式 8. 交货地点

课堂笔记

续表

正文	9. 检验条款　10. 保险 11. 违约责任　12. 仲裁 13. 不可抗拒力等
尾部	1. 合同份数及生效日期 2. 签订人签名 3. 采购双方公司盖章

1. 首部

首部部分要注意，签约地点要选择本企业所在地。因为一旦采购合同引起纠纷，一般是由合同签约地法院进行审判。

2. 正文

物品的名称与规格。物品的名称与规格一定要写清楚，切记一定要写物品的术名，不可以用土语代替，土语不具备法律效应，遇到合同纠纷时无法说清。

货物的数量条款。货物的数量条款一定要写清楚。数量条款包括两项内容，即总的数量条款和每个包装箱里的数量条款，这两项都要写清楚。

货物的品质条款。货物的品质条款要写清楚要求达到的品质标准，包括外观品质和内在品质。

货物的包装条款。不同的包装材料，成本是不一样的。为了防止运输过程中货物因碰撞而损坏，或者收货时产生纠纷，企业一定要写清楚采用何种包装，否则供应商可能钻漏洞。

价格条款。企业在采购合同上一定要写清楚货物是出厂价、现货价还是现金价，避免产生麻烦。

运输方式。企业要求供应商采用何种运输方式，是自运或者他运，交通工具是火车、轮船还是飞机，这些都要写清楚。

支付条款。企业在采购合同上要写清楚是货到付款、期票付款或者其他付款方式。

交货地点。企业要求供应商在什么地点交货也要在采购合同上写清楚。

检验条款。企业在采购合同上要写清检验的各个方面，检验工具，目检或者仪器检验的方式等。

保险。企业是否买保险，要有明确的说明。

违约责任。如果有一方违约，需要承担的责任，在采购合同上要有明确说明。

仲裁。采购合同上要写清楚仲裁的地方。

不可抗拒因素。如果遭遇洪水、地震等不可抗拒因素时，如何处理，也要有明确的说明。

课堂笔记

3. 尾部

签署人是尾部的重点，其一定是企业法人，否则合同无效。如果签署人不是企业法人，则一定要有企业法人的授权委托书才能签合同。

四、采购合同范本

购货单位：__________________（以下简称甲方）

供货单位：__________________（以下简称乙方）

就有关甲方购买乙方产品事宜，甲、乙双方根据《中华人民共和国合同法》及其他有关法律、法规，经过友好协商，特制定本协议，以备共同遵守。

第一条：合同目的

甲、乙双方将诚实履行本协议，以达成甲、乙双方形成并保持公平、公正交易的目的。

第二条：合同产品：__________________

设备名称：__________________

产品编号：__________________

单位：__________________

数量：__________________

单价：__________________

总计：__________________

第三条：产品的支付及货物运输

1. 采取乙方送货方式时，乙方应按时将合同产品送至甲方指定的交货地点，甲方接受合同产品后，应在乙方出具的销货清单上签名盖章或出具收货凭证。

2. 采取甲方自提方式时，甲方应委派提货人员携带其身份证明及甲方加盖公章的授权提货介绍信，凭乙方签发的销售清单到提货地提货，并验货、签收。

3. 乙方送货所发生的费用由乙方承担，甲方自提货物所发生的费用由甲方自行承担。

第四条：付款期限及方式

1. 甲方应在设备安装、调试完毕后，日内付清全部货款。

2. 结算时可使用银行电汇、转账支票等银行结算方式。

3. 特殊情况需采取现金方式支付时，应事先通知乙方财务部，并要求取得乙方公司有效的收据。否则，如果发生乙方未在付款期限内收到货款的情况时，由甲方自行承担损失，并承担违约责任。

第五条：违约责任

甲方未在约定时间内付清全额货款时，从应付之日起每日按延付款金额的千分之二向乙方支付延期付款违约金。

课堂笔记

第六条：产品质量保证

1. 乙方将保证严格按照甲方订货的品牌和质量为甲方提供产品，绝不提供假冒伪劣产品；如有假冒伪劣产品，乙方应按照《消费者权益保护法》双倍赔偿甲方的损失。

2. 全新未使用过的商品。

3. 符合国家标准的原厂正品。

4. 特殊定制商品的质量标准依双方共同达成并签订的标准为准。

第七条：产品的保修和售后服务条款

1. 所有产品的保修期限均依据生产制造商公告为准。

2. 整机类商品的退换货。

甲方在乙方处所购买的整机类产品（电脑、复印机、打印机、传真机、碎纸机、打卡钟等）出现质量问题时，甲方应立即与乙方维修服务中心联系并停止使用该产品，乙方将依据经市产品检测中心认可的产品存在质量问题的证明进行按照国家三包规定的退、换货服务。

第八条：本合同解除条件

电脑、复印机、打印机、传真机类商品一经送至甲方所在地并开箱安装后，非机器本身质量原因，本合同不可解除。

第九条：合同争议的解决方式

合同其他条款中未规定的责任执行本条的规定。违约方给对方造成损失的，需按实际情况赔偿，出现争议时，双方应力争协商解决，必要时可向当地人民法院提起诉讼。

第十条：合同期限

本合同有效期从______年____月____日起，至______年____月____日止。

第十一条：其他事项

1. 合同中没有约定的事项将遵循一般商业惯例执行，或双方另行签订补充合同。

2. 本合同如有涂改，双方均应在涂改部分加盖公章确认，否则涂改部分无效。

3. 本合同的解除或期满将并不解除支付任何在本合同下应付款的义务。

4. 乙方销售人员未经乙方授权，无权动用甲方的任何有价物品，不得向甲方借钱、借物。如有发生，应视为其个人行为，乙方不承担任何责任。

5. 乙方的一切关于承担义务的意思表示，必须由乙方盖章确认，任何个人的签名和口头均属无效。本协议自甲、乙双方盖章后生效，协议一式两份，双方各执一份，具有同等的法律效力。

购货单位：____________　　　　供货单位：____________

______年______月______日　　　　______年______月______日

课堂笔记

技能训练

◇案例分析

甲、乙双方于 2007 年 7 月 12 日签订了一份简单的购销合同，约定乙方向甲方购买 50 万米涤纶哔叽，由于当时货物的价格变化大，不便将价格在合同中定死，双方一致同意合同价格只写明以市场价而定，同时双方约定交货时间为 2007 年年底，除上述简单约定，合同中便无其他条款。

合同签署后，甲方开始组织生产，到 2007 年 11 月底甲方已生产 40 万米货物，为防止仓库仓储货物过多，同时为便于及时收取部分货款，甲方遂电告乙方，要求向乙方先交付已生产的 40 万米货物。乙方复函表示同意。货物送达乙方后乙方根据相关验收标准组织相关工作人员进行了初步检验，认为货物布中跳丝、接头太多，遂提出产品质量问题，但乙方同时认为考虑到该产品在市场上仍有销路，且与甲方有多年的良好合作关系，遂同意接受了该批货物，并对剩下的 10 万米货物提出了明确的质量要求。在收取货物的 15 天后，乙方向甲方按 5 元 / 米的价格汇去了 200 万元人民币货款。甲方收到货款后认为价格过低，提出市场价格为 6.8 元 / 米，按照双方合同约定的价格确定方式，乙方应按照市场价格 1.8 元 / 米补足全部货款，但是乙方一直未予回复。

2007 年 12 月 20 日，甲方向乙方发函提出剩下货物已经生产完毕，要求发货并要求乙方补足第一批货物货款。乙方提出该批货物质量太差，没有销路，要求退回全部货物，双方因此发出纠纷并诉之法院。

思考：

案例中的甲乙双方在所签订的合同有哪些问题？

拓展阅读

谈判 14 戒

1. 准备不周

缺乏准备，首先无法得到对手的尊重，你心理上就矮了一截；同时无法知己知彼，漏洞百出，很容易被抓住马脚，然后就是你为了挣开这一点，就在另一点上做了让步。

2. 缺乏警觉

对供应商叙述的情况和某些词汇不够敏感，无法抓住重点，无法迅速而充分地利用洽谈中出现的有利信息和机会。

3. 脾气暴躁

人在生气时不可能做出好的判断。盛怒之下，往往作出不明智的决定，并且需要承担不必要的风险。同时由于给对方非常不好的印象，在对方的心目中形成成见，使你在日后的谈判中处于被动状态。

4. 自鸣得意

骄兵必败，原因是骄兵很容易过于暴露自己，结果让对手看清你的缺点，同时失去了深入了解对手的机会。

同时骄傲会令你做出不尊重对方的言行，激化对方的敌意和对立，增加不必要的矛盾，最终增大自己谈判的困难。

5. 过分谦虚

过分谦虚只会产生两个效果：

一个可能就是让别人认为你缺乏自信，缺乏能力，而失去对你的尊重。

另一个可能就是让人觉得你太世故，缺乏诚意，对你有戒心，产生不信任的感觉。

6. 不留情面

赶尽杀绝，会失去对别人的尊重，同时在关系型地区，也很有可能影响自己的职业生涯。

7. 轻诺寡信

不要为了满足自己的虚荣心，越权承诺，或承诺自己没有能力做到的事情。不但使个人信誉受损，同时也影响企业的商誉。你要对自己和供应商明确这一点：为商信誉为本，无信无以为商。

8. 过分沉默

过分沉默会令对方很尴尬，往往有采购人员认为供应商是有求于自己，自己不需要理会对方的感受。对方若以为碰上了木头人，不知所措，也会减少信息的表达。最终无法通过充分的沟通了解更多的信息，反而让你争取不到更好的交易条件。

9. 无精打采

采购人员一天见几个供应商后就很疲劳了，但这时依然要保持职业面貌。不要冲着对方的高昂兴致泼冷水，这可能让我们失去很多的贸易机会。

10. 仓促草率

工作必须是基于良好的计划管理，仓促草率的后果之一是：被供应商认为是对他的不重视，从而无法赢得对方的尊重。

11. 过分紧张

过分紧张是缺乏经验和自信的信号，通常供应商会觉得遇到了生手，好欺负，一定会好好利用这个机会。供应商会抬高谈判的底线，可能使你一开始就无法达到上司为你设定的谈判目标。

12. 贪得无厌

工作中，在合法合理的范围里，聪明的供应商总是以各种方式迎合和讨好采购人员，遵纪守法、自律廉洁是采购员的基本职业道德，也是发挥业务能力的前提。

课堂笔记

采购人员应当重视长期收益，而非短期利益。

13. 玩弄权术

不论是处理企业内部还是外部的关系都应以诚实、客观的处事态度和风格来行事。玩弄权术最终损失的是自己，因为时间会使真相暴露，别人最终会给你下一个结论。

14. 泄露机密

天机不可泄露，严守商业机密，是雇员职业道德中最重要的条件。对手会认为你是可靠与可尊敬的谈判对象。所以时刻保持警觉性，在业务沟通中要绝对避免披露明确和详细的业务信息。当你有事要离开谈判座位时，一定要合上资料、关掉电脑，或将资料直接带出房间。

素养园地

阳光采购

——“阳光”下的废旧处置

近年来，中铁二局四公司围绕废旧物资处置这一廉洁风险点，在市场价、收购商招标等关键点，严格管控，有效避免了从中谋利、损害企业利益的现象。

过去，有的基层项目在废旧物资处置过程中，遇到一些不法收购商利用地磅存在的漏洞，使用技术手段操纵、干扰计量装置，以及个别人员与废旧物资收购商串通，监守自盗，从而达到非法获利的目的，损害企业利益。为堵住废旧物资处置过程中的漏洞，防止腐败行为滋生，该公司出台了废旧物资处置全程摄像监督专项制度，把废旧物资处置过程晒在“阳光”下。各基层项目部全部成立了废旧物资处置工作小组，监督废旧物资处置各个环节。为此，该工作小组设立了“三道防线”，做到“五个监督”。“三道防线”是指：对废旧物资进行分类鉴别，凡是有可利用价值的都不能作为废旧处置；将无法再利用的废旧物资全部入库统一管理；安装视频监控。“五个监督”是指：监督网上招投标过程是否合规；监督装车前空车过磅是否真实；监督装车过程是否存在可用物资；监督过磅时计量记录是否准确；监督运输途中是否有走、漏、跑的行为。

全过程视频录像不留“暗门”，不开“天窗”，确保震慑常在，无死角记录废旧物资处置全过程，将废旧物资处置晒在“阳光”下，取得了实实在在的成效。自2019年以来，该公司基层项目共计处置废旧物资194批次，金额达1 704万元，没有发现一例违规违纪行为。

◇问题与思考

废旧物资处置对采购人员的素养提出了怎样的要求？

课堂笔记

◇内化与提升

对于采购绩效的评价中，剩余物资（包含废旧料）的处置容易被忽视，导致缺乏严格的管理，出现廉洁风险，造成损失和浪费。因此，在加强对采购人员廉洁教育的同时，加强制度建设，改革管理手段是提质增效的治本之政策。

项目综合实训

采购谈判

◇实训目的

（1）掌握采购谈判条款的具体内容。

（2）掌握采购谈判的技巧。

◇实训组织

在教师指导下，将班级学生分成四人为一组的谈判项目小组，并确定小组长，由教师选择 2~3 个类型的产品作为谈判的样本对象。各小组抽签决定采购方和供应商，小组成员通过充分讨论后，统一认识，统一口径，基本统一谈判标准，最后进行谈判。

◇实训案例

将参加实训的学生分成若干谈判小组，分别代表我校和计算机供应商或是教材的供应商各写一份商务谈判计划，并组成谈判队伍进行谈判。

◇实训要求

（1）各小组经过分析讨论从哪家买入较好 。

（2）由小组抽签决定采购商和供应商 。

（3）各小组按角色写出谈判方案，并草拟采购合同。

（4）各小组以采购商和供应商身份进行谈判，如果谈判成功后，双方签订合同。

◇实训成果说明

（1）每小组分工协作，以小组为单位写出谈判方案、采购合同草稿，并上交谈判方案纸质文稿和电子稿各一份。

（2）谈判成功的小组上交签订过的合同，未成功的，只提交合同草稿。

（3）本次实训成绩按个人表现、团队表现、实训成果各项成绩汇总而成。

◇项目小结

（1）采购谈判是指企业在采购时与供应商所进行的贸易谈判。采购方想以自己比较理想的价格、商品质量和供应商服务条件来获取供应商的产品，而供应商则想以自己希望的价格和服务条件向购买者提供自己的商品。当两者不完全统一时，就需要通过谈判来解决，这就是采购谈判。另外，在采购过程中，由于业务操作失误发生的货物的货损、货差、货物质量问题在赔偿问题上产生争议，也属于采购谈判范围。

（2）采购合同是企业（供方）与分供方，经过双方谈判协商一致同意而签订的“供需关系”的法律性文件，合同双方都应遵守和履行，并且是双方联系的共同语言基础。签订合同的双方都有各自的经济目的，采购合同是经济合同，双方受“经济合同法”保护和承担责任。

思考题

（1）采购谈判的方法和技巧有哪些？

（2）采购谈判的流程是什么？

（3）采购合同签订的核心条款有哪些？

（4）采购合同签订的原则有哪些？

◇项目评价表

实训完成情况（40 分）				得分：
计分标准： 出色完成 30~40 分；较好完成 20~30 分；基本完成 10~20 分；未完成 0~10 分				
学生自评（20 分）				得分：
计分标准：得分 =2 × A 的个数 +1 × B 的个数 +0 × C 的个数				
专业能力	评价指标	自测结果	要求 （A 掌握；B 基本掌握；C 未掌握）	
采购谈判	1. 了解谈判基础知识 2. 掌握采购谈判程序 3. 谈判的内容	A □ B □ C □ A □ B □ C □ A □ B □ C □	识别谈判的时机；描述谈判的主要阶段；说明谈判的内容	
采购谈判技巧	1. 掌握谈判技巧 2. 掌握谈判策略	A □ B □ C □ A □ B □ C □	具有谈判能力，并能够进行采购谈判组织实施	
采购合同	1. 采购合同的内容和格式 2. 掌握采购合同的条款	A □ B □ C □ A □ B □ C □	能够独立编写合同，熟悉合同的履行以及相关的法律关系	
职业道德思想意识	1. 爱岗敬业、认真严谨 2. 遵纪守法、遵守职业道德 3. 顾全大局、团结合作	A □ B □ C □ A □ B □ C □ A □ B □ C □	专业素质、思想意识得以提升，德才兼备	
小组评价（20 分）			得分：	
计分标准：得分 =10 × A 的个数 +5 × B 的个数 +3 × C 的个数				
团队合作	A □ B □ C □	沟通能力		A □ B □ C □
教师评价（20 分）			得分：	
教师评语				
总成绩		教师签字		

模块二

供应链管理

课堂笔记

项目八 认知供应链和供应链管理

项目概述

供应链管理是近年来在国内外逐渐受到重视的一种新的管理理念与模式。供应链管理的研究最早是从物流管理开始的，起初人们并没有把它和企业的整体管理联系起来，主要是进行供应链管理的局部性研究，如研究多级库存控制问题、物资供应问题，其中较多的是关于分销运作问题，例如分销需求计划（Distribution Requirement Planning，DRP）的研究就是典型的属于供应链中的物资配送问题。随着经济全球化和知识经济时代的到来，以及全球制造的出现，供应链在制造业管理中得到普遍应用。我们生活在政治、经济国际化和动态化的时代，面对的是市场竞争日益激烈、用户需求的不确定性和个性化增加、高新技术迅猛发展、产品寿命周期缩短和产品结构越来越复杂的环境，企业管理如何适应新的竞争环境，已成为广大管理理论及实际工作者关注的焦点。

本项目从这一大的背景出发，介绍了供应链的概念、结构模型、特征、类型，以及供应链管理的定义和主要内容等，随后分析了供应链管理的核心逻辑：如何识别核心竞争力？最后详细阐述了外包业务的内容。

案例导入

供应链的不确定性

现在，我们可以从复杂的产品物流看到大型的生产系统日趋复杂。不同的供应

课堂笔记

商以其不同的方式将原料、零部件送至生产现场，经过复杂的生产过程生产出各种零部件和最终产品，再将零部件和产品送至客户。这里，客户的含义不仅包括最终产品的外部使用者，也包括内部以此为原料的下游过程的生产者。原料经过了运输、生产、运输、再生产……最后成为产品，并送至客户手中，其中复杂的生产过程多少带有不确定性。运输本身，也有多种手段，如飞机、火车、轮船、汽车等，实际承运时往往又组合了多种运输手段，能否准时运到，也多少带有随机性。

一旦某日由于某种原因原料延迟到达，机器不得不停止运行，订货被迫取消，这些不确定的因素均使管理者被迫增加库存。什么是库存？可以说，库存是对抗不确定性的一种保险措施。在单一生产过程中，这种不确定性可以通过建立一定容量的原料、工件和最终产品的库存来克服。尽管建立库存需要不菲的资金，但从方法上讲并不困难。进行简单的统计后，就可以决定需有多大的库存量才能保证客户在绝大部分时间段内的任意时刻随时得到最终产品。

然而，在生产系统形成网络时，问题远非如此简单，不确定性可以像瘟疫一样在生产网络中传播。举一个简单的例子，由于原料硅供应滞后，集成块的生产者因为没有建立库存，不得不向它的客户（电脑厂家）推迟供货。电脑厂家又由于原料缺货被迫停止生产线，而推迟提供电脑给电脑代理商。顾客在代理商处发现他所需要的电脑缺货，别的代理商就会乘机向他推销同类可竞争产品。由于小小的原料硅未能及时到货，最终却失去了一宗买卖。

当然，这仅是一个极端的例子。几乎所有的生产者都拥有一定的库存，以对抗这种可能发生的情况。而其困难是由于不确定性的传播从数学上讲是复杂的，现有的知识未能给人们提供一种分析方法，能够精确地计算出生产过程中库存量应有的大小，也可以说，前人未能精确地洞察到供应链中的其他过程。目前很大比例企业按照传统方法依赖经验和直觉决定库存量。这是他们对付供应链中变化莫测的不确定性的重要方法。于是，供应链的不确定性成了近来人们关注的问题。

思考：

结合案例思考：供应链不确定性给企业和产业带来哪些坏处？

任务一　认知供应链

学习目标

◇知识目标

了解供应链的概念。

熟悉供应链特征和种类。

课堂笔记

掌握供应链的结构模型。

◇能力目标

能够准确识别一个熟悉企业的供应链模型。

◇素养目标

培养学生的产业链意识。

知识储备

一、供应链的概念

供应链目前尚未形成统一的定义，许多学者从不同的角度出发给出了许多不同的定义。

早期的观点认为供应链是制造企业中的一个内部过程，它是指把从企业外部采购的原材料和零部件，通过生产转换和销售等活动，再传递到零售商和用户的一个过程。传统的供应链概念局限于企业的内部操作层上，注重企业自身的资源利用。

有些学者把供应链的概念与采购、供应管理相关联，用来表示与供应商之间的关系，这种观点得到了研究合作关系、JIT 关系、精细供应、供应商行为评估和用户满意度等问题的学者的重视。但这样一种关系也仅仅局限在企业与供应商之间，而且供应链中的各企业独立运作，忽略了与外部供应链成员企业的联系，往往造成企业间的目标冲突。

后来供应链的概念注意了与其他企业的联系，注意了供应链的外部环境，认为它应是一个“通过链中不同企业的制造、组装、分销、零售等过程将原材料转换成产品，再到最终用户的转换过程”，这是更大范围、更为系统的概念。例如，美国的史迪文斯（Stevens）认为：“通过增值过程和分销渠道控制从供应商的供应商到用户的用户的流就是供应链，它开始于供应的源点，结束于消费的终点”。伊文斯（Evens）认为：“供应链管理是通过前馈的信息流和反馈的物料流及信息流，将供应商、制造商、分销商、零售商，直到最终用户连成一个整体的模”。这些定义都注意了供应链的完整性，考虑了供应链中所有成员操作的一致性（链中成员的关系）。

而到了最近，供应链的概念更加注重围绕核心企业的网链关系，如核心企业与供应商、供应商的供应商乃至与一切前向的关系，与用户、用户的用户及一切后向的关系。此时对供应链的认识形成了一个网链的概念，像丰田、耐克、尼桑、麦当劳和苹果等公司的供应链管理都从网链的角度来实施。哈理森（Harrison）进而将供应链定义为：“供应链是执行采购原材料、将它们转换为中间产品和成品、并且将成品销售到用户的功能网”。这些概念同时强调供应链的战略伙伴关系问题。菲力浦（Phillip）和温德尔（Wendell）认为供应链中战略伙伴关系是很重要的，通过建立战

复杂的供应链

课堂笔记

略伙伴关系，可以与重要的供应商和用户更有效地开展工作。

在研究分析的基础上，我们给出一个供应链的定义：供应链是围绕核心企业，通过对信息流、物流、资金流的控制，从采购原材料开始，制成中间产品以及最终产品，最后由销售网络把产品送到消费者手中的将供应商、制造商、分销商、零售商、直到最终用户连成一个整体的功能网链结构模式。它是一个范围更广的企业结构模式，它包含所有加盟的节点企业，从原材料的供应开始，经过链中不同企业的制造加工、组装、分销等过程直到最终用户。它不仅是一条联结供应商到用户的物料链、信息链、资金链，而且是一条增值链，物料在供应链上因加工、包装、运输等过程而增加其价值，给相关企业都带来收益。

二、供应链的结构模型

根据以上供应链的定义，其结构可以简单地归纳为如图 8–1 所示的模型。

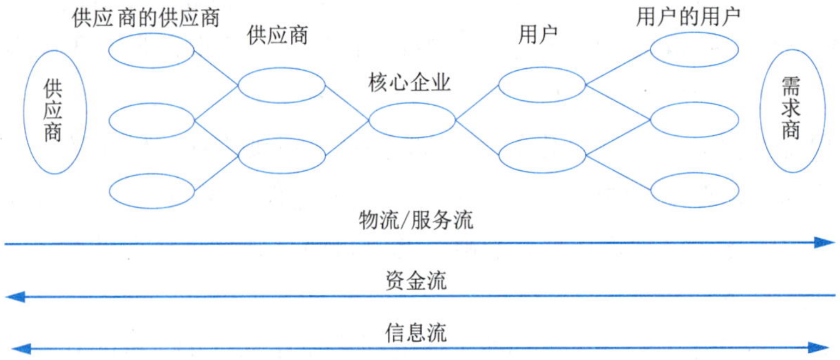

图 8–1　供应链的结构模型

从图 8-1 中可以看出，供应链由所有加盟的节点企业组成，其中一般有一个核心企业（可以是产品制造企业，也可以是大型零售企业，如美国的沃尔玛），节点企业在需求信息的驱动下，通过供应链的职能分工与合作（生产、分销、零售等），以资金流、物流或服务流为媒介实现整个供应链的不断增值。

三、供应链的特征

从供应链的结构模型可以看出，供应链是一个网链结构，由围绕核心企业的供应商、供应商的供应商和用户、用户的用户组成。一个企业是一个节点，节点企业和节点企业之间是一种需求与供应关系。供应链主要具有以下特征：

（1）复杂性。因为供应链节点企业组成的跨度（层次）不同，供应链往往由多个、多类型甚至多国企业构成，所以供应链结构模式比一般单个企业的结构模式更为复杂。

（2）动态性。供应链管理因企业战略和适应市场需求变化的需要，其中节点企业需要动态地更新，这就使供应链具有明显的动态性。

课堂笔记

（3）面向用户需求。供应链的形成、存在、重构，都是基于一定的市场需求而发生，并且在供应链的运作过程中，用户的需求拉动是供应链中信息流、产品 / 服务流、资金流运作的驱动源。

（4）交叉性。节点企业可以是这个供应链的成员，同时又是另一个供应链的成员，众多的供应链形成交叉结构，增加了协调管理的难度。

四、供应链的类型

根据不同的划分标准，我们可以将供应链分为以下几种类型。

1. 稳定的供应链和动态的供应链

根据供应链存在的稳定性划分，可以将供应链分为稳定的和动态的供应链。基于相对稳定、单一的市场需求而组成的供应链稳定性较强，而基于相对频繁变化、复杂的需求而组成的供应链动态性较高。在实际管理运作中，需要根据不断变化的需求，相应地改变供应链的组成。

2. 平衡的供应链和倾斜的供应链

根据供应链容量与用户需求的关系可以划分为平衡的供应链和倾斜的供应链。一个供应链具有一定的、相对稳定的设备容量和生产能力（所有节点企业能力的综合，包括供应商、制造商、运输商、分销商、零售商等），但用户需求处于不断变化的过程中，当供应链的容量能满足用户需求时，供应链处于平衡状态，而当市场变化加剧，造成供应链成本增加、库存增加、浪费增加等现象时，企业不是在最优状态下运作，供应链则处于倾斜状态，如图 8–2 所示。

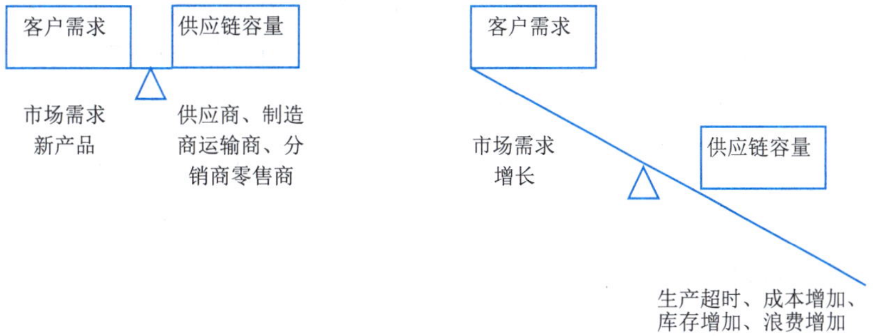

图 8–2　平衡的供应链和倾斜的供应链

平衡的供应链可以实现各主要职能（采购 / 低采购成本、生产 / 规模效益、分销 / 低运输成本、市场 / 产品多样化和财务 / 资金运转快）之间的均衡。

供应链的两种功能

3. 有效性供应链和反应性供应链

根据供应链的功能模式（物理功能和市场中介功能）可以把供应链划分为两种：有效性供应链（Efficient Supply Chain）和反应性

课堂笔记

供应链（Responsive Supply Chain）。

有效性供应链主要体现供应链的物理功能，即以最低的成本将原材料转化成零部件、半成品、产品，以及在供应链中的运输等；反应性供应链主要体现供应链的市场中介的功能，即把产品分配到满足用户需求的市场，对未预知的需求做出快速反应等。两种类型的供应链的比较如表 8-1 所示。

表 8-1　反应性供应链和有效性供应链的比较

项目	反应性供应链	有效性供应链
基本目标	尽可能快地对不可预测的需求作出反应，使缺货、降价、库存最小化	以最低的成本供应可预测的需求
制造的核心	配置多余的缓冲库存	保持高的平均利用率
库存策略	安排好零部件和成品的缓冲库存	创造高收益而使整个供应链的库存最小化
提前期	大量投资以缩短提前期	尽可能缩短提前期
供应商的标准	速度、质量、柔性	成本、质量
产品设计	采用模块化设计，尽可能差异化	绩效最大化、成本最小化

技能训练

一、任务的提出

一个公司的经营运作主要有“供产销”三个环节，需要依靠上游供应商给企业提供原材料和零部件，也依靠下游的分销商和零售商给企业提供销售渠道，保证把企业的产品和服务送到消费者手中。企业与上游的供应商和下游的分销商零售商以及辅助企业就构成了一条供应链，为了让学生更立体直观地了解一家企业，必须了解企业目前所有在供应链情况。能够根据企业的经营状况清晰地分析出企业所在供应链的结构模型就成为必备的技能。

二、任务的实施与要求

找一家自己身边熟悉的企业，通过查阅资料或者实地调研，画出该企业的供应链模型图。

要求：

（1）用点、线、箭头等图形清晰地画出企业供应链模型图。

（2）供应链模型图层清晰，结构关系一目了然。

（3）每个节点企业功能需要标注。

课堂笔记

任务二　认知供应链管理

学习目标

◇知识目标

了解供应链管理的概念。

熟悉供应链管理的目标。

掌握供应链管理的优势。

◇能力目标

能够掌握供应链管理的关键环节。

◇素养目标

培养学生供应链管理意识。

知识储备

一、供应链管理的概念

随着全球化的加速和信息技术的快速发展，供应链管理已经成为企业管理中不可或缺的一环。供应链管理是一种综合性的管理方法，它涉及多个环节，包括原材料采购、生产、物流、销售等各个方面。它的目标是通过优化供应链中的各个环节，提高企业的效率和竞争力，实现可持续发展。

康柏和 WORLD 公司的敏捷供应链管理

供应链管理是指企业在生产和销售过程中，通过统一规划和协调各个环节，从而在提高效率的同时降低成本，提高客户满意度和市场竞争力的综合管理方法。简单来说，供应链管理就是把企业的生产和销售过程看作一个整体，通过优化各个环节，实现最优化的管理。

二、供应链管理的目标

（一）提高效率

供应链管理的一个重要目标是提高效率。通过优化供应链中的各个环节，可以降低生产成本，提高生产效率，从而提高企业的盈利能力。同时，提高生产效率还可以缩短生产周期，提高生产能力，更好地满足客户需求。

（二）降低成本

供应链管理还可以通过优化供应链中的各个环节，降低生产成本。比如，通过优化采购环节，选择更优质的供应商，可以降低原材料采购成本；通过优化生产流程，降低生产成本；通过优化物流环节，降低运输成本等。

课堂笔记

（三）提高客户满意度

供应链管理的另一个重要目标是提高客户满意度。通过优化供应链中的各个环节，可以更好地满足客户需求，提高客户满意度。比如，通过优化物流环节，缩短交货时间，提高交货准确率等，可以提高客户满意度，增加客户忠诚度，从而提高企业的市场竞争力。

（四）实现可持续发展

供应链管理还可以实现可持续发展。通过优化供应链中的各个环节，可以降低企业对环境的影响，提高资源利用效率，实现可持续发展。比如，通过优化物流环节，降低运输排放，减少能源消耗等，可以降低企业对环境的影响，实现可持续发展。

三、供应链管理的关键环节

（一）采购管理

采购管理是供应链管理中的一个重要环节。通过优化采购环节，可以选择更优质的供应商，降低原材料采购成本，提高原材料质量，从而提高生产效率和产品质量。

（二）生产管理

生产管理是供应链管理中的另一个重要环节。通过优化生产流程，降低生产成本，提高生产效率，从而提高产品质量和客户满意度。

（三）物流管理

物流管理是供应链管理中的又一个重要环节。通过优化物流环节，可以提高运输效率，缩短交货时间，降低运输成本，从而提高客户满意度和市场竞争力。

（四）销售管理

销售管理是供应链管理中的最后一个环节。通过优化销售环节，可以更好地满足客户需求，提高客户满意度，增加客户忠诚度，从而提高企业的市场竞争力。

四、供应链管理的优势

（一）提高效率

供应链管理可以通过优化供应链中的各个环节，提高生产效率，缩短生产周期，降低生产成本，从而提高企业的效率。

（二）降低成本

供应链管理可以通过优化供应链中的各个环节，降低生产成本，提高生产效率，从而降低企业的成本。

（三）提高客户满意度

供应链管理可以通过优化供应链中的各个环节，提高产品质量和交货准确率，从而提高客户满意度。

（四）增强市场竞争力

供应链管理可以通过提高效率、降低成本、提高客户满意度等，增强企业的市场竞争力。

五、供应链管理的挑战

（一）信息不对称

在供应链管理中，信息不对称是一个常见的问题。不同环节之间的信息流动不畅，导致信息不对称。比如，销售环节的需求信息没有及时传递给生产环节，导致生产计划不合理，影响生产效率和产品质量。

（二）风险管理

供应链管理中存在各种风险，比如供应商倒闭、自然灾害等。企业需要采取相应的风险管理措施，降低风险对供应链的影响。

（三）竞争压力

供应链管理中的竞争压力也是一个挑战。随着市场竞争的加剧，企业需要不断优化供应链管理，提高效率和客户满意度，才能在激烈的市场竞争中立于不败之地。

六、供应链管理对我国企业的意义

研究供应链管理对我国企业实现“两个转变”、彻底打破“大而全、小而全”、迅速迈向国际市场、提高在国际市场上的生存和竞争能力都有着十分重要的理论与实际意义。尤其从我国目前许多企业的运作方式来看，供应链管理的研究与实践是十分必要的。例如，大型百货商场看起来气势不凡，然而其内部却是作坊式的管理模式，各个部门单独进货，各有各的进货渠道。这不仅加大了进货成本，而且使整个企业失去了抵御市场变化的能力，没有发挥集团公司应有的优势。连锁经营是国际零售业的一种行之有效的经营方式，然而我国许多模仿建立起来的连锁公司却半路夭折，原因就在于连锁商店不连锁，名为连锁，实则各自为政，根本没有发挥连锁经营的长处。此间的原因是多种多样的，观念落后、管理模式跟不上时代发展就是其中一个主要原因。服务企业尚且如此，制造企业的供应链应用情况就更差了。从服务业企业的单独进货、制造业的大而全、小而全等现象，可以看出我国企业界还没有构成真正意义上的链，仍是铁路警察各管一段。其结果是使我国企业失去竞争实力。

国际上对供应链管理的早期研究主要集中在供应链的组成、多级库存、供应链的财务等方面，主要解决供应链的操作效率问题。近来的研究主要把供应链管理看作一种战略性的管理体系，研究扩展到了所有加盟企业的长期合作关系，特别是集中在合作制造和建立战略伙伴关系方面，而不仅仅是供应链的联结问题，其范围已

课堂笔记

经超越了供应链出现初期的那种以短期的、基于某些业务活动的经济关系，更偏重于长期计划的研究。

国内对供应链管理的研究才刚刚起步。过去国内企业对供应链的关注主要集中在供应商－制造商这一层面上，只是供应链上的一小段，研究的内容主要局限于供应商的选择和定位、降低成本、控制质量、保证供应链的连续性和经济性等问题，没有考虑整个从供应商、分销商、零售商到最终用户的完整供应链，而且研究也没有考虑供应链管理的战略性等问题。因此，可以说目前在我国还没有形成真正意义上的供应链，供应链管理的研究与应用都是很不够的。

为了适应供应链管理的发展，必须从与生产产品有关的第一层供应商开始，环环相扣，直到货物到达最终用户手中，真正按链的特性改造企业业务流程，使各个节点企业都具有处理物流和信息流的运作方式的自组织和自适应能力。因此，对我国企业传统制造模式的改造应侧重以下几个方面：

（一）供应链管理系统的设计

怎样将制造商、供应商和分销商有机地集成起来，使之成为相互关联的整体，是供应链管理系统设计要解决的主要问题。其中与供应链管理联系最密切的是关于生产系统设计时间问题。就传统而言，有关生产系统设计主要考虑的是制造企业的内部环境，侧重点在生产系统的可制造性、质量、效率、生产率、可服务性等方面，对企业外部因素研究考虑较少。在供应链管理的影响下，对产品制造过程的影响不仅要考虑企业内部因素的影响，而且还要考虑供应链对产品成本和服务的影响。供应链管理的出现，扩大了原有的企业生产系统设计范畴，把影响生产系统运行的因素延伸到了企业外部，与供应链上所有的企业都联系起来，因而供应链管理系统设计就成为构造企业系统的一个重要方面。

（二）贯穿供应链的分布数据库的信息集成

对供应链的有效控制要求集中协调不同企业的关键数据。所谓关键数据，是指订货预测、库存状态、缺货情况、生产计划、运输安排、在途物资等数据。为便于管理人员迅速、准确地获得各种信息，应该充分利用电子数据交换（EDI）、Internet等技术手段实现供应链的分布数据库信息集成，达到共享采购订单的电子接收与发送、多位置库存控制、批量和系列号跟踪、周期盘点等重要信息。

（三）集成的生产计划与控制模式和支持系统

供应链上各节点企业都不是孤立的，任何一个企业的生产计划与控制决策都会影响整个供应链上其他企业的决策，因此要研究出协调决策方法和相应的支持系统。运用系统论、协同论、精细生产等理论与方法，研究适应于供应链管理的集成化生产计划与控制模式和支持系统。

（四）适应供应链管理的组织系统重构

现行企业的组织既然都是基于职能部门专业化的，基本上适应可制造性、质量、生产率、可服务性等方面的要求，但不一定能适应供应链管理，因而必须研究基于供应链管理的流程重构问题。为了使供应链上的不同企业、在不同地域的多个部门协同工作以取得整个系统最优的效果，必须根据供应链的特点优化运作流程，进行企业重构，确定出相应的供应链管理组织系统的构成要素及应采取的结构形式。

（五）研究适合我国企业的供应链绩效评价系统

供应链管理不同于单个企业管理，因而其绩效评价和激励系统也应有所不同。新的组织与激励系统的设计必须与新的绩效评价系统相一致。

技能训练

一、任务的提出

供应链管理是企业管理中不可或缺的一环，是一种管理思维的创新，有效的供应链管理现在正成为公司赢得竞争优势的重要源泉。凡是国内外知名公司都非常注重供应链管理，对公司的成长与发展起到至关重要的作用。实际上不仅仅是企业，高校也越来越注重上下游关联节点的合作与沟通，比如高职院校与中等职业学校合作办“专本连读 3+2”，与本科院校合作办“中职 3+2”等。另外各个学校也非常重视校企合作工作，开设“订单班”与企业建立紧密型合作关系。

二、任务的实施与要求

查阅自己学校的招生资料并实地走访学校的招生办、就业办、中外合作交流处等职能部门了解自己学校招生渠道和就业渠道等方面的政策和措施，写一份自己学校的“供应链管理”报告，要求如下：

（1）画出学校“供应链”结构模型。

（2）将招生合作和校企合作项目进行详细分析。

（3）对合作项目效果进行分析。

任务三　识别核心竞争力与业务外包

学习目标

◇知识目标

了解核心竞争力的概念。

熟悉业务外包的优势。

掌握外包业务的形式。

课堂笔记

◇能力目标

能够快速识别企业核心竞争力。

◇素养目标

培养学生合作共赢管理意识。

知识储备

一、企业核心竞争力的概念

（一）企业竞争力

根据世界经济论坛的看法，所谓企业竞争力，就是企业和企业家设计、生产和销售产品与服务的能力，其产品和服务的价格和非价格的质量等特性比竞争对象具有更大的市场吸引力。也就是说，是企业和企业家在适应、协调和驾驭外部环境的过程中成功地从事经营活动的能力。

竞争力和能力代表了两种不同的但相互补充的企业战略的新范式，前者强调价值链上特定技术和生产方面的专有知识，后者含义更为广泛，涵盖了整个价值链。对于企业来说，能力是企业某项业务运营的前提条件，是生存发展的基础，是进入竞争舞台的门票；而竞争力则是企业在竞争舞台上脱颖而出、获得竞争优势的关键。

但竞争力的形成又依赖企业所拥有的诸多能力。若把企业竞争力看作是一个层次结构，其能力结构便可以分为三个层次。第一个层次是企业竞争力的表层，是企业竞争力大小的体现，主要表现为一系列竞争力衡量指标；第二个层次是企业竞争力的中层，是企业竞争优势的重要来源，决定了竞争力衡量指标的分值；第三个层次是企业竞争力的深层，是企业竞争力的深层次土壤和真正的源泉，决定了企业竞争力的持久性。

从另一个角度来说，企业竞争力可以看作是企业的持续发展、后劲增长、资产增值和效益提高的能力。因此，就企业本身来说，竞争力因素大体上包括以下 5 个方面：

（1）采用新技术的速度和技术改造的进度。

（2）新产品、新技术研究、开发的状况。

（3）劳动生产率的提高。

（4）产品的质量优势。

（5）综合成本的降低和各种开支的节约。

另外，宏观方面的金融政策、税率高低、法制情况、知识产权的保护等，对企业竞争力都有重要的影响。

可以说，竞争力是特定企业个性化发展过程中的产物，它并不位于公司的某一个地方，而是充斥于公司不同的研究、开发、生产、采购、仓储以及市场营销等部门。

它往往体现了意会知识的积累，对于竞争对手而言，既无法完全模仿，更无法完全交易。它是根植于企业中的无形资源，不像实物资源会随使用而折损；相反，它是组织中集体学习的结晶，将在不断的应用和分享过程中得到改进和精炼。

（二）核心竞争力与非核心竞争力

进入20世纪90年代以来，关于企业竞争力的研究开始逐渐转移到企业核心竞争力领域，因为从长远考察，企业竞争优势来源于以比竞争对手更低的成本、更快的速度去发展自身的能力，来源于能够产生更高的、具有强大竞争力的核心能力。由于任何企业所拥有的资源都是有限的，它不可能在所有的业务领域都获得竞争优势，因而必须将有限的资源集中在核心业务上。

所谓核心竞争力，我们可以定义为企业借以在市场竞争中取得并扩大优势的决定性的力量。例如，本田公司的引擎设计及制造能力，联邦航空公司的追踪及控制全世界包裹运送的能力，都使他们在本行业及相关行业的竞争中立于不败之地。一家具有核心竞争力的公司，即使制造的产品看起来不怎么样，像万宝路公司生产极多的相关性很低的产品，但它却能利用核心能力，使公司整体蓬勃发展，扩大了原来局限于香烟的竞争优势。

企业核心竞争力的表现形式多种多样，这些不同形式的核心能力，存在于人、组织、环境、资产/设备等不同的载体之中。由于信息、专长、能力等在本质上仍是企业/组织内部的知识，而组织独特的价值观和文化，属于组织的特有资源，所以，我们可以认为企业的核心竞争力本质是企业特有的知识和资源。

二、核心竞争力的诊断分析

供应链节点企业在供应链管理环境下，要想在竞争中获得竞争优势，就必须在供应链中具有独特的核心竞争力，企业必须在诊断分析的基础上找到企业的核心竞争力所在，并使之得到持续发展。

企业核心竞争力的外部特征可以归纳为三个方面：

（1）顾客价值：核心竞争力必须对顾客所重视的价值有关键性的贡献。

（2）竞争差异化：核心竞争力必须能够使竞争力独树一帜，不能轻易地被竞争对手模仿。

（3）延展性：核心竞争力必须能够不断推衍出一系列的新产品，具有旺盛和持久的生命力。

对企业核心竞争力的诊断和分析首先要从外部环境开始，分析企业是否在一定的市场环境下有核心产品，然后对企业进行核心竞争力分析。分析的主要内容包括：支持企业核心产品和主营业务的技术优势和专长是什么，这种技术和专长的难度、先进性和独特性如何，企业是否能够巩固和发展自己的专长，能为企业带来何种竞争优势，以及竞争力强度如何等。企业核心竞争力的独特性和持久性在很大程度上

课堂笔记

由它存在的基础来决定。一般说来，那些具有高技术难度或内化于企业整个组织体系、建立在系统学习经验基础上的专长，比建立在一般技术难度或个别技术骨干基础上的专长，具有更显著的独特性。

为了使企业具有长久的竞争优势，必须不断保护和发展自己的核心竞争力，包括对现有核心竞争力的关注和对新的核心竞争力的培育。对企业核心竞争力的诊断和分析，还应涉及企业发展核心竞争力的能力分析。主要包括企业对现有技术和专长的保护与发展、对新技术信息及市场变化趋势的追踪与分析、高层领导的进取精神与预见能力等。

企业能够在供应链中长久发展，并不是光靠表面的策略，关键是企业能否找到自己的核心竞争力，并且利用它向外发展。核心竞争力的培养过程是一个动态过程。企业的核心竞争力并非一成不变，或是永远存在的，就像企业的职工有走有来一样，核心竞争力也会新陈代谢。品牌知名度需要企业的实力来维护，技术需要不断创新。因此，我们应该认识到：核心竞争力的培养是一个动态的过程，企业要想永远维护核心竞争力，就必须构建一个学习型组织。在这样的组织中，成员具有充沛的学习能力，他们会不断更新现有的技术，开发更有竞争力的新技术。

三、供应链管理环境下的企业业务外包

供应链管理注重的是企业核心竞争力，强调根据企业的自身特点，专门从事某一领域、某一专门业务，在某一点形成自己的核心竞争力，这必然要求企业将其他非核心竞争力业务外包给其他企业，即所谓的业务外包。为了适应目前技术更新快、投资成本高、竞争全球化的制造环境。现代企业应更注重高价值生产模式，更强调速度、专门知识、灵活性和革新。与传统的纵向一体化控制和完成所有业务的做法相比，实行业务外包的企业更强调集中企业资源于经过仔细挑选的少数具有竞争力的核心业务，也就是集中在那些使他们真正区别于竞争对手的技能和知识上，而把其他一些虽然重要但不是核心的业务职能外包给世界范围内专家企业，并与这些企业保持紧密合作的关系。从而使自己企业的整个运作提高到世界级水平，而所需要的费用则与目前的开支相等甚至有所减少，并且还往往可以省去一些巨额投资。更重要的是，实行业务外包的公司出现财务麻烦的可能性仅为没有实行业务外包公司的三分之一。把多家公司的优秀人才集中起来为我所用的概念正是业务外包的核心，其结果是使现代商业机构发生了根本的变化。企业内向配置的核心业务与外向配置的业务紧密相联，形成一个关系网络（即供应链）。

四、企业业务外包的优势

业务外包推崇的理念是，如果在供应链上的某一环节不是世界上最好的，如果这又不是我们的核心竞争优势，如果这种活动不至于与客户分开，那么可以把它外

课堂笔记

包给世界上最好的专业公司去做。也就是说，首先确定企业的核心竞争力，并把企业内部的智能和资源集中在那些有核心竞争优势的活动上，然后将剩余的其他企业活动外包给最好的专业公司。供应链环境下的资源配置决策是一个增值的决策过程，如果企业能以更低的成本获得比自制更高价值的资源，那么企业选择业务外包。以下是促使企业实施业务外包的原因。

（一）分担风险

企业可以通过外向资源配置分散由政府、经济、市场、财务等因素产生的风险。企业本身的资源、能力是有限的，通过资源外向配置，与外部的合作伙伴分担风险，企业可以变得更有柔性，更能适应变化的外部环境。

（二）加速重构优势的形式

企业重构需要花费企业很多的时间，并且获得效益也要很长的时间，而业务外包是企业重构的重要策略，可以帮助企业很快解决业务方面的重构问题。

（三）企业难以管理或失控的辅助业务职能

企业可以将在内部运行效率不高的业务职能外包，但是这种方法并不能彻底解决企业的问题，相反这些业务职能可能在企业外部变得更加难以控制。在这种时候，企业必须花时间去找到问题的症结所在。

（四）使用企业不拥有的资源

如果企业没有有效完成业务所需的资源（包括所需现金、技术、设备），而且不能盈利时，企业也会将业务外包。这是企业临时外包的原因之一，但是企业必须同时进行成本 / 利润分析，确认在长期情况下这种外包是否有利，由此决定是否应该采取外包策略。

（五）降低和控制成本，节约资本资金

许多外部资源配置服务提供者都拥有能比本企业更有效、更便宜的完成业务的技术和知识，因而他们可以实现规模效益，并且愿意通过这种方式获利。企业可以通过外向资源配置避免在设备、技术、研究开发上的大额投资。

五、业务外包应注意的问题

成功的业务外包策略可以帮助企业降低成本、提高业务能力、改善质量、提高利润率和生产率，但是它也同时会遇到一些问题。

首先，业务外包一般可以减少企业对业务的监控，但它同时可能增加企业责任外移的可能性。企业必须不断监控外企业的行为并与之建立稳定长期的联系。

另一个问题来自职工本身，随着更多业务的外包，他们会担心失去工作。如果他们知道自己的工作被外包只是时间问题的话，就可能会使剩下职工的职业道德和业绩下降，因为他们会失去对企业的信心，失去努力工作的动力，导致更低的业绩水平和生产率。另一个关于员工的问题是企业可能希望获得较低的劳动力成本。越

课堂笔记

来越多的企业将部分业务转移到不发达国家，以获得廉价劳动力以降低成本。企业必须确认自己在这些地方并没有与当地水平偏差太大，并且必须确认企业的招聘工作在当地公众反应是否消极。公众的反应对于企业的业务、成本、销售有很大影响。

许多业务外包的失败不仅是因为忽略了以上问题的存在，同时也是因为没有正确地将合适业务进行外向资源配置。再一个原因就是没有选择好合作伙伴，遇到不可预知情况，过分强调短期效益。

六、企业业务外包的方式

在实施业务外包活动中，确定核心竞争力是至关重要的。因为在没有认清什么是我们的核心竞争优势之前，从外包中获得的利润几乎是不可能的。核心竞争力首先取决于知识，而不是产品。

业务外包主要包括以下几种方式。

（一）临时服务和临时工

一些企业在完全控制他们主产品生产过程的同时，会外包一些诸如自助餐厅、邮件管理、门卫等辅助性、临时性的服务。同时企业更偏向于使用临时工（指合同期短的临时职工），而不是雇佣工（指合同期长的稳定职工）。企业用最少的雇佣工，最有效地完成规定的日常工作量，而在有辅助性服务需求的时候雇用临时工去处理。因为临时工对失业的恐惧或报酬的重视，使他们对委托工作认真负责，从而提高工作效率。临时性服务的优势在企业需要有特殊技能的职工而又不需永久拥有，这在企业有超额工作时尤为显著。这样企业可以缩减过量的经常性开支，降低固定成本，同时提高劳动力的柔性，提高生产率。

（二）子网

为了夺回以往的竞争优势，大量的企业将控制导向、纵向一体化的企业组织分解为独立的业务部门或公司，形成母公司的子网公司。就理论上而言，这些独立的部门性公司几乎完全脱离母公司，变得更加有柔性、效率和创新性，同时，因为减少了纵向一体化环境下官僚作风的影响，他们能更快地对快速变化的市场环境作出反应。

1980 年，IBM 公司为了在与苹果公司的竞争中取胜，将公司的 7 个部门分解出去，创立了 7 个独立的公司，它的这些子网公司更小、更有柔性，能更有效地适应不稳定的高科技市场，这使 IBM 迸发出前所未有的创造性，最终导致 IBM PC 的伟大成功。

（三）与竞争者合作

与竞争者合作使两个竞争者把自己的资源投入到共同的任务（诸如共同的开发研究）中，这样不仅可以使企业分散开发新产品的风险，同时，也使企业可以获得比单个企业更高的创造性和柔性。

Altera公司与竞争者英特尔公司的合作就是一个最好的例证。Altera公司是一个高密CMOS逻辑设备的领头企业，当时它有了一个新的产品设想，但是他没有其中硅片的生产能力，而作为其竞争者的英特尔公司能生产，因此，他们达成一个协议：英特尔公司为Altera公司生产这种硅片，而Altera公司授权英特尔公司生产和出售Altera的新产品。这样两家都通过合作获得了单独所不可能获得的竞争优势，Altera获得了英特尔的生产能力，而英特尔获得了Altera新产品的相关利益。

尤其在高科技领域，要获得竞争优势，企业就必须尽可能小而有柔性，并尽可能与其他企业建立合作关系。

（四）除核心竞争力之外的完全业务外包

业务外包的另一种方式是转包合同。在通信行业，新产品寿命周期基本上不超过1年，MCI公司就是靠转包合同而不是靠自己开发新产品在竞争中立于不败之地。

MCI公司的转包合同每年都在变换，他们有专门的小组负责寻找能为其服务增值的企业，从而使MCI公司能提供最先进的服务。他的通讯软件包都是由其他企业所完成的，而他所要做的（也就是他的核心业务）是将所有通讯软件包集成在一起为客户提供最优质的服务。

（五）全球范围的业务外包

在世界经济范围内竞争，企业必须在全球范围内寻求业务外包。在全球范围内对原材料、零部件的配置正成为企业国际化进程中获得竞争优势的一种重要技术手段。全球资源配置已经使许多行业的产品制造国的概念变得模糊了。原来由一个国家制造的产品，可能通过远程通信技术和迅捷的交通运输成为国际组装而成的产品，开发、产品设计、制造、市场营销、广告等可能是由分布在世界各地的能为产品增值最多的企业完成的。例如，通用汽车公司的Pontiac Le Mans已经不能简单定义为美国制造的产品，它的组装生产是在韩国完成的，发动机、车轴、电路是由日本提供，设计工作在德国，其他一些零部件来自新加坡和日本，西班牙提供广告和市场营销服务，数据处理在爱尔兰和巴巴多斯完成，其他一些服务如战略研究、律师、银行、保险等分别由底特律、纽约、和华盛顿等地提供。只有大约总成本的40%成本发生在美国本土。

全球业务外包也有它的复杂性、风险和挑战。国际运输方面可能遇到地区方面的限制，订单和再订货可能遇到配额的限制，汇率变动及货币的不同也会影响付款的正常运作。因此，全球业务外包需要有关人员具备专业的国际贸易知识，包括国际物流、外汇、国际贸易实务、国外供应商评估等方面的知识。

（六）供应链管理环境下的扩展企业

供应链管理改变了企业的竞争方式，将企业之间的竞争转变为供应链之间的竞争，尤其是在业务外包思想的指导下，强调核心企业通过和供应链中上下游企业之间建立战略伙伴关系，以强强联合的方式，使每个企业都发挥各自的优势，在价值增值链上达到共赢的效果，这种竞争方式将改变企业的组织结构、管理机制、企业文化，是一种新的企业模式，我们不妨称之为扩展企业。即在供应链管理环境下，在业务外包的基础上产生的一种新的企业形式。

技能训练

一、任务的提出

识别企业自身的核心竞争力，将非核心业务外包给合作企业，是企业供应链管理的底层逻辑。我们发现高等教育也如此，目前我国高等教育主要分为本科和高职两种类型，本科教育的核心是科研，而高职教育的核心竞争力是学生实践能力的培养。目前我国高等教育大发展，学历内卷严重，本科生和研究生毕业人数屡创新高，作为就业主力的高职学生即使拿到专升本的本科文凭在就业市场上的学历劣势也很明显。学校和学生也渐渐意识到与其拼学历不如拼实践动手能力，这才是高职学生的核心竞争力，所以很多学生在校期间就积极参加社会实践，提高自己的动手能力，提升自己的就业竞争力。

二、任务的实施与要求

SWOT 分析法是企业识别核心竞争力，了解自身劣势，分析市场机会和威胁的好方法。对的我们高职学生来说也是一样，用 SWOT 分析法对自己的职场能力进行充分分析，然后给自己一个合适的定位，制订一个学习和实践的目标和计划，通过努力实现自己的目标，将来在就业市场就会游刃有余，获得与本科学生同等的机会。

（1）画出自己就业 SWOT 分析矩阵。

（2）识别自己就业市场的核心竞争力，制定大学学习和实践目标。

（3）根据自己的学习和实践目标制订一个详细的滚动计划。

拓展阅读

现行企业运作模式与供应链管理思想的冲突

如前所述，当今世界各种技术和管理问题日益复杂化和多维化，这种变化促使人们认识问题和解决问题的思维方法也发生了变化，逐渐从点的和线性空间的思考向面的和多维空间思考转化，管理思想也从纵向思维朝着横向思维方式转化。在经济全球化的背景下，横向思维正成为国际管理学界和企业界的热门话题和新的追求，供应链管理就是其中一个典型代表。

供应链管理是新的管理哲理，在许多方面表现出不同于传统管理思想的特点。

课堂笔记

从另一个角度看，这一新的管理哲理与传统管理模式之间也必然存在着许多冲突的地方，因此，应用供应链管理首先要认清传统管理模式在当前环境下存在的问题。总体上讲，传统的企业管理与运作模式已不能很好地适应供应链管理的要求，主要存在着以下几个方面的问题。

（1）企业生产与经营系统的设计没有考虑供应链的影响。现行的企业系统在设计时只考虑生产过程本身，而没有考虑本企业生产系统以外的因素对企业竞争力的影响。

（2）供、产、销系统没有形成统一的供应链系统。供、产、销是企业的基本活动，但在传统的运作模式下基本上是各自为政，相互脱节。

（3）存在着部门主义障碍。激励机制以部门目标为主，孤立地评价部门业绩，造成企业内部各部门片面追求本部门利益，物流、信息流经常被扭曲、变形。

（4）信息系统落后。我国大多数企业仍采用手工处理方式，企业内部信息系统不健全、数据处理技术落后，企业与企业之间的信息传递工具落后，没有充分利用EDI、Internet等先进技术，致使信息处理不准确、不及时，不同地域的数据库没有集成起来。

（5）库存管理系统满足不了供应链管理的要求。传统企业中库存管理是静态的、单级的，库存控制决策没有与供应商联系起来，无法利用供应链上的资源。

（6）没有建立有效的市场响应、用户服务、供应链管理方面的评价标准与激励机制。

（7）系统协调性差。企业和各供应商没有协调一致的计划，每个部门各搞一套，只顾安排自己的活动，影响整体最优。

（8）没有建立对不确定性变化的跟踪与管理系统。

（9）与供应商和经销商都缺乏合作的战略伙伴关系，且往往从短期效益出发，挑起供应商之间的价格竞争，失去了供应商的信任与合作基础。市场形势好时对经销商态度傲慢，市场形势不好时又企图将损失转嫁给经销商，因此得不到经销商的信任与合作。

以上这些问题的存在，使企业很难一下子从传统的纵向发展管理模式很快转到供应链管理模式上来。

现代企业的业务越来越趋向国际化，优秀的企业都把主要精力放在企业的关键业务上，并与世界上优秀的企业建立战略合作关系，将非关键业务转由这些企业完成。现在行业的领头企业在越来越清楚地认识到保持长远领先地位的优势和重要性的同时，也意识到竞争优势的关键在于战略伙伴关系的建立。而供应链管理所强调的快速反应市场需求、战略管理、高柔性、低风险、成本－效益目标等优势，吸引了许多学者和企业界人士研究和实践它，国际上一些著名的企业，如惠普公司、IBM公司、戴尔计算机公司等在供应链管理实践中取得的巨大成就，使人更加坚信供

课堂笔记

应链管理是进入21世纪后企业适应全球竞争的一种有效途径。

素养园地

学习劳模精神
——在平凡岗位成就不平凡的事业

党的二十大代表、快递小哥宋学文，自从2011年加入京东物流以来，配送了30余万件包裹，行程32万多千米，创下零投诉、零差评、零安全事故的佳绩。他表示："每天把自己的每件小事做好；无论你走到哪里、干什么工作，都要让人记着你的好；客户能收的货一定要送完才回家，送不完就住在站点；快递员配送的不仅仅是包裹，更是一份情谊。"

在过去的11年间，他从一名普通的快递小哥成长为营业部负责人，再到现在负责京东快递在北京的一部分运营规划工作，他把每天的收寄快递做成了一门"学问"。把每一天过好，普通人也能在平凡的岗位上成就不平凡的事业。因为出色的服务业绩，他先后获得"首都劳动奖章""全国五一劳动奖章""最美快递员""全国劳动模范""全国优秀共产党员""党的二十大代表"等荣誉称号。

项目综合实训

有关企业供应链管理的市场调研

◇实训组织

实训以小组为单位，小组中要合理分工。在教师指导下，选取一家熟悉的中小企业进行调查，了解供应链管理方面的相关资料，并以小组为单位组织研讨、分析，在充分讨论基础上，形成小组的调研报告。

◇实训案例

各小组可选择一家熟悉的中小企业，以真实的案例作为实训内容。

◇实训要求

（1）各小组在对企业进行调研前，应收集调查企业的有关资料，制订调研计划，并制定出供应链管理流程草稿。

（2）了解企业内部业务流程和企业外部环境，梳理企业所在供应链的节点企业和业务流向，画出此供应链的结构模型。

（3）分析企业核心竞争力，了解企业外包现状和合作企业的基本情况。

（4）写一份调研报告，内容要包括供应链管理的效果。字数要求1 000字以上。

课堂笔记

◇实训成果说明

（1）每小组分工协作，以小组为单位写出调研计划和调研报告，并上交纸质文稿和电子稿各一份。

（2）本次实训成绩按个人表现、团队表现、实训成果各项成绩汇总而成。

◇项目小结

（1）供应链是围绕核心企业，通过对信息流、物流、资金流的控制，从采购原材料开始，制成中间产品以及最终产品，最后由销售网络把产品送到消费者手中的将供应商、制造商、分销商、零售商、直到最终用户连成一个整体的网链结构和模式。供应链的特点在于网链结构，由顾客需求拉动，高度一体化地提供产品和服务的增值过程，每个节点代表一个经济实体以及供需的两个方面，具有物流、信息流和资金流三种表现形态。

（2）供应链管理（SCM，Supply Chain Management）是用系统的观点通过对供应链中的物流、信息流和资金流进行设计、规划、控制与优化，即行使通常管理的职能，进行计划、组织、协调与控制，以寻求建立供、产、销企业以及客户间的战略合作伙伴关系，最大程度地减少内耗与浪费，实现供应链整体效率的最优化并保证供应链中的成员取得相应的绩效和利益，来满足顾客需求的整个管理过程。

（3）供应链管理强调的是把主要精力放在企业的核心竞争力上，充分发挥其优势，根据企业的自身特点，专门从事某一领域、某一专门业务，在某一点形成自己的核心竞争力，同时与全球范围内合适的企业建立战略合作关系，企业中非核心业务外包给其他企业或由合作企业完成。

思考题

（1）供应链和供应链管理的基本含义是什么？

（2）简述供应链管理的优势是什么？

（3）核心竞争力的识别方法有哪些？

（4）企业业务外包形式有哪些？

◇项目评价表

实训完成情况（40 分）	得分：
计分标准： 出色完成 30~40 分；较好完成 20~30 分；基本完成 10~20 分；未完成 0~10 分	
学生自评（20 分）	得分：
计分标准：得分 =2 × A 的个数 +1 × B 的个数 +0 × C 的个数	

课堂笔记

续表

专业能力	评价指标	自测结果	要求 （A 掌握；B 基本掌握；C 未掌握）	
供应链	1. 了解供应链的概念 2. 熟悉供应链特征和种类 3. 掌握供应链的结构模型	A □ B □ C □ A □ B □ C □ A □ B □ C □	能够准确识别一个熟悉企业的供应链模型	
核心竞争力	1. 了解核心竞争力的概念 2. 掌握核心竞争力的选择	A □ B □ C □ A □ B □ C □	核心竞争力分析与选择	
外包	1. 掌握外包业务的形 2. 熟悉业务外包的优势	A □ B □ C □ A □ B □ C □	能够快速识别企业核心竞争力	
职业道德思想意识	1. 爱岗敬业、认真严谨 2. 遵纪守法、遵守职业道德 3. 顾全大局、团结合作	A □ B □ C □ A □ B □ C □ A □ B □ C □	专业素质、思想意识得以提升，德才兼备	
小组评价（20 分）			得分：	
计分标准：得分 =10 × A 的个数 +5 × B 的个数 +3 × C 的个数				
团队合作	A □ B □ C □	沟通能力	A □ B □ C □	
教师评价（20 分）			得分：	
教师评语				
总成绩		教师签字		

课堂笔记

项目九
设计与优化供应链

项目概述

为了提高供应链管理的绩效，除了必须有一个高效的运行机制外，建立一个高效精简的供应链，也是极为重要的一环。虽说供应链的构成不是一成不变的，但是在实际经营中，不可能像改变办公室的桌子那样随意改变供应链上的节点企业。因此，作为供应链管理的一项重要环节，无论是理论研究人员还是企业实际管理人员，都非常重视供应链的构建问题。

案例导入

苏宁构建智慧供应链之路

苏宁作为国内零售巨头，在供应链上的建设，以主打智慧供应链而闻名。目前，苏宁从企业内物流到物流企业，从专注于服务苏宁线上线下到开放物流云资源，从智慧物流的定位到智慧供应链的延展，苏宁物流正在不断将物流生态的定义向前延伸，苏宁 4 000 多家线下门店网络的服务化，售后帮客家 5 500 多个网点和物流融合，收购天天快递补充分拨和末端网络，11 月份又联合深创投联合成立了 300 亿元的物流地产基金，预计到2019年，将实现管理仓储面积规模达到 1 200 万~1 500 万平方米。

严格来说，对于零售巨头，涉及的上下游环节之多，商家和合作伙伴数量也多。因此，对于零售巨头而言，优化供应链，让供应链形成由内而外的循环，提升整体的效率，进而实现商业化价值的最大化，这是诸多零售巨头探索供应链的初心。当

课堂笔记

然，对于苏宁而言也如此。只是，苏宁对于供应链的整合更加全面、系统，也更加复杂、维度也更加丰富。而在智慧零售的大旗之下，苏宁打造的供应链更加注重大数据、云计算、人工智能技术维度的赋能，于是，代表崭新时代的智慧供应链强势崛起。

可以说，苏宁此举，创新充满挑战，但是，目前的苏宁在供应链的建设之中，一路高歌猛进，并取得十分令人瞩目的成就。而目前，致力于建设中国零售业最大的供应链基础设施服务商，这一梦想，对于苏宁而言，更是承载着中国零售和经济再一次腾飞的引擎。因此，智慧供应链，在科技技术的赋能之下，将发挥出更为出色的社会使命和价值。

思考

结合案例思考：构建供应链为什么是企业的必经之路？

任务一　构建基于产品的供应链

学习目标

◇知识目标

了解功能性产品和革新性产品的特性。

熟悉有效性供应链和反应性供应链的侧重点。

掌握两种产品和两种供应链的匹配关系。

◇能力目标

能够根据企业所提供产品特性构建供应链。

◇素养目标

培养学生的目标意识。

知识储备

一、构建供应链注意的问题

供应链设计是一个非常复杂的问题，牵扯到企业方方面面。为了更好地对供应链进行设计，首先对以下问题作一简要说明。

（一）供应链设计与物流系统设计

物流系统是供应链的物流通道，是供应链管理的重要内容。物流系统设计是指原材料和外购件所经历的采购入厂－存储－投料－加工制造－装配－包装－运输－分销－零售等一系列物流过程的设计。物流系统设计也称通道设计（Channel

课堂笔记

Designing），是供应链系统设计中最主要的工作之一。设计一个结构合理的物流通道对于降低库存、减少成本、缩短提前期、实施 JIT 生产与供销、提高供应链的整体运作效率都是很重要的。但供应链设计却不等同于物流系统设计，（集成化）供应链设计是企业模型的设计，它从更广泛的思维空间，即企业整体角度去构画企业蓝图，是扩展的企业模型。它既包括物流系统，还包括信息和组织以及价值流和相应的服务体系建设。在供应链的设计（建设）中创新性的管理思维和观念极为重要，要把供应链的整体思维观融入供应链的构思和建设中，企业之间要有并行的设计才能实现并行的运作模式，这是供应链设计中最为重要的思想。

（二）供应链设计与环境因素的考虑

一个设计精良的供应链在实际运行中并不一定能按照预想的那样，甚至无法达到设想的要求，这是主观设想与实际效果的差距，原因并不一定是设计或构想得不完美，而是环境因素在起作用。因此构建和设计一个供应链，一方面要考虑供应链的运行环境（地区、政治、文化、经济等因素），同时还应考虑未来环境的变化对实施供应链的影响。因此，我们要用发展的、变化的眼光来设计供应链，无论是信息系统的构建还是物流通道设计都应具有较高的柔性，以提高供应链对环境的适应能力。

（三）供应链设计与企业再造工程

从企业的角度来看，供应链的设计是一个企业的改造问题，供应链所涉及的内容任何企业或多或少在进行。供应链的设计或重构不是要推翻现有的企业模型，而是要从管理思想革新的角度，以创新的观念武装企业（比如动态联盟与虚拟企业，精细生产），这种基于系统进化的企业再造思想是符合人类演进式的思维逻辑的，尽管 BPR 教父哈默和钱贝一再强调其彻底的、剧变式的企业重构思想，但实践证明，实施 BPR 的企业最终还是走向改良道路，所谓无源之水、无本之木的企业再造是不存在的。因此在实施供应链的设计与重建时，并不在于是否打碎那个瓷娃娃（M.C.杰克逊透过新潮管理法看系统管理学），需要的是新的观念、新的思维和新的手段，这是我们实施供应链管理所要明确的。

（四）供应链设计与先进制造模式的关系

供应链设计既是从管理新思维的角度去改造企业，也是先进制造模式的客观要求和推动的结果。如果没有全球制造、虚拟制造这些先进的制造模式的出现，集成化供应链的管理思想是很难得以实现的。正是先进制造模式的资源配置沿着劳动密集—设备密集—信息密集—知识密集的方向发展才使企业的组织模式和管理模式发生相应的变化，从制造技术的技术集成演变为组织和信息等相关资源的集成。供应链管理适应了这种趋势，因此，供应链的设计应把握这种内在的联系，使供应链管理成为适应先进制造模式发展的先进管理思想。

课堂笔记

二、构建供应链的原则

在供应链的设计过程中，我们认为应遵循一些基本的原则，以保证供应链的设计和重建能满足供应链管理思想得以实施和贯彻的要求。

（一）自顶向下和自底向上相结合的设计原则

在系统建模设计方法中，存在两种设计方法，即自顶向下和自底向上的方法。自顶向下的方法是从全局走向局部的方法，自底向上的方法是从局部走向全局的方法；自上而下是系统分解的过程，而自下而上则是一种集成的过程。在设计一个供应链系统时，往往是先有主管高层做出战略规划与决策，规划与决策的依据来自市场需求和企业发展规划，然后由下层部门实施决策，因此供应链的设计是自顶向下和自底向上的综合。

（二）简洁性原则

简洁性是供应链的一个重要原则，为了能使供应链具有灵活快速响应市场的能力，供应链的每个节点都应是精洁的、具有活力的、能实现业务流程的快速组合。比如供应商的选择就应以少而精的原则，通过和少数的供应商建立战略伙伴关系，于减少采购成本，推动实施 JIT 采购法和准时生产。生产系统的设计更是应以精细思想（Lean Thinking）为指导，努力实现从精细的制造模式到精细的供应链这一目标。

（三）集优原则（互补性原则）

供应链的各个节点的选择应遵循强强联合的原则，达到实现资源外用的目的，每个企业只集中精力致力于各自核心的业务过程，就像一个独立的制造单元（独立制造岛），这些所谓单元化企业具有自我组织、自我优化、面向目标、动态运行和充满活力的特点，能够实现供应链业务的快速重组。

（四）协调性原则

供应链业绩好坏取决于供应链合作伙伴关系是否和谐，因此建立战略伙伴关系的合作企业关系模型是实现供应链最佳效能的保证。席酉民教授认为和谐是描述系统是否形成了充分发挥系统成员和子系统的能动性、创造性及系统与环境的总体协调性。只有和谐而协调的系统才能发挥最佳的效能。

（五）动态性（不确定性）原则

不确定性在供应链中随处可见，许多学者在研究供应链运作效率时都提到不确定性问题。由于不确定性的存在，导致需求信息的扭曲。因此要预见各种不确定因素对供应链运作的影响，减少信息传递过程中的信息延迟和失真。降低安全库存总是和服务水平的提高相矛盾。增加透明性，减少不必要的中间环节，提高预测的精度和时效性对降低不确定性的影响都是极为重要的。

（六）创新性原则

创新设计是系统设计的重要原则，没有创新性思维，就不可能有创新的管理模

课堂笔记

式，因此在供应链的设计过程中，创新性是很重要的一个原则。要产生一个创新的系统，就要敢于打破各种陈旧的思维框框，用新的角度、新的视野审视原有的管理模式和体系，进行大胆地创新设计。进行创新设计，要注意几点：一是创新必须在企业总体目标和战略的指导下进行，并与战略目标保持一致；二是要从市场需求的角度出发，综合运用企业的能力和优势；三是发挥企业各类人员的创造性，集思广益，并与其他企业共同协作，发挥供应链整体优势；四是建立科学的供应链和项目评价体系及组织管理系统，进行技术经济分析和可行性论证。

（七）战略性原则

供应链的建模应有战略性观点，通过战略的观点考虑减少不确定影响。从供应链的战略管理的角度考虑，我们认为供应链建模的战略性原则还体现在供应链发展的长远规划和预见性，供应链的系统结构发展应和企业的战略规划保持一致，并在企业战略指导下进行。

三、供应链体系的设计策略

设计和运行一个有效的供应链对于每一个制造企业都是至关重要的，因为它可以获得提高用户服务水平、达到成本和服务之间的有效平衡、提高企业竞争力、提高柔性、渗透入新的市场、通过降低库存提高工作效率等好处。但是供应链也可能因为设计不当而导致浪费和失败。

费舍尔（Fisher）认为供应链的设计要以产品为中心。供应链的设计首先要明白用户对企业产品的需求是什么？产品寿命周期、需求预测、产品多样性、提前期和服务的市场标准等都是影响供应链设计的重要问题。必须设计出与产品特性一致的供应链，也就是所谓的基于产品的供应链设计策略（Product-Based Supply Chain Design，PBSCD）。

鸡肉面条汤和太阳镜

（一）产品类型

不同的产品类型对供应链设计有不同的要求，高边际利润、不稳定需求的革新性产品（Innovative Products）的供应链设计就不同于低边际利润、有稳定需求的功能性产品（Functional Products）。两种不同类型产品的比较（在需求上）如表 9-1 所示。

实用性产品和创新性产品

表 9-1 两种不同类型产品的比较（在需求上）

需求特征	功能性产品	革新性产品
产品寿命周期 / 年	>2	1 ~ 3
边际贡献（%）	5 ~ 20	20 ~ 60
产品多样性	低（每一目录 10 到 20 个）	高（每一目录上千）

续表

需求特征	功能性产品	革新性产品
预测的平均边际错误率（%）	10	40 ~ 100
平均缺货率（%）	1 ~ 2	10 ~ 40
季末降价率（%）	0	10 ~ 25
按订单生产的提前期	6 个月 ~ 1 年	1 天 ~ 2 周

由表 9-1 可以看出，功能性产品一般用于满足用户的基本需求，变化很少，具有稳定的、可预测的需求和较长的寿命周期，但它们的边际利润较低。为了避免低边际利润，许多企业在式样或技术上革新以寻求消费者的购买，从而获得高的边际利润，这种革新性产品的需求一般不可预测，寿命周期也较短。正因为这两种产品的不同，才需要有不同类型的供应链去满足不同的管理需要。

对于功能型产品，如果边际贡献率为 10%，平均缺货率为 1%，则边际利润损失仅为 0.1%，因此，为改善市场反应能力而投入巨资是得不偿失的。生产这类产品的企业，主要目标在于尽量减少成本。企业通常只要制订一个合理的最终产品的产出计划，并借助相应的管理信息系统协调客户订单、生产及采购，使链上的库存最小化，提高生产效率，缩短提前期，从而增强竞争力。

对于创新型产品，如果边际贡献率为 40%，平均缺货率为 25%，则边际利润损失为 10%，所以，此类产品就需要有高度灵活的供应链，对多变的市场做出迅速的反应，投资改善供应链的市场反应能力就成为必要之举。

产品类型与供应链的匹配

（二）基于产品的供应链设计策略

当知道产品和供应链的特性后，就可以设计出与产品需求一致的供应链。供应链设计与产品类型策略矩阵如表 9–2 所示：

表 9–2　供应链设计与产品类型策略矩阵

	功能性产品	革新性产品
有效性供应链	匹配	不匹配
反应性供应链	不匹配	匹配

策略矩阵的四个元素代表四种可能的产品和供应链的组合，从中可以看出产品和供应链的特性，管理者可以根据它判断企业的供应链流程设计是否与产品类型一致，就是基于产品的供应链设计策略：有效性供应链流程适于功能性产品，反应性供应链流程适于革新性产品，否则就会产生问题。

（三）有效性供应链和反应性供应链侧重点

1. 功能性产品的有效供给

主要体现供应链的物理功能，即以最低的成本将原材料转化成零部件、半成品、产成品以及在供应链中的库存、运输等，以使整个供应链的费用降到最低。有效型供应链面对的市场需求、产品特性和相关技术具有相对稳定性，因而供应链上的各节点企业可以关注获取规模经济效益、提高设备利用率、降低生产、运输、库存等方面的相关费用，从而最大限度地降低产品成本。

2. 革新性产品的反应性供给

主要体现供应链的市场中介功能，即把产品分配到满足用户需求的市场，对未预知的需求作出快速反应等，以适应多变的市场需求。反应型供应链需要保持较高的市场应变能力，实现柔性生产，从而减少产品过时和失效的风险。

四、基于产品的供应链设计的步骤

基于产品的供应链设计步骤可以归纳为：

第一步是分析市场竞争环境。目的在于找到针对哪些产品市场开发供应链才有效，为此，必须知道现在的产品需求是什么，产品的类型和特征是什么。分析市场特征的过程要向卖主、用户和竞争者进行调查，提出诸如“用户想要什么？”“他们在市场中的分量有多大？”之类的问题，以确认用户的需求和因卖主、用户、竞争者产生的压力。这一步骤的输出是每一产品的按重要性排列的市场特征。同时对市场的不确定性要有分析和评价。

第二步是总结、分析企业现状。主要分析企业供需管理的现状（如果企业已经有供应链管理，则分析供应链的现状），这一个步骤的目的不在于评价供应链设计策略的重要性和合适性，而是着重于研究供应链开发的方向，分析、找到、总结企业存在的问题及影响供应链设计的阻力等因素。

第三步针对存在的问题提出供应链设计项目，分析其必要性。

第四步是根据基于产品的供应链设计策略提出供应链设计的目标。主要目标在于获得高用户服务水平和低库存投资、低单位成本两个目标之间的平衡（这两个目标往往有冲突），同时还应包括以下目标：

（1）进入新市场。

（2）开发新产品。

（3）开发新分销渠道。

（4）改善售后服务水平。

（5）提高用户满意程度。

（6）降低成本。

（7）通过降低库存提高工作效率等。

课堂笔记

第五步是分析供应链的组成，提出组成供应链的基本框架。

供应链中的成员组成分析主要包括制造工厂、设备、工艺和供应商、制造商、分销商、零售商及用户的选择及其定位，以及确定选择与评价的标准。

第六步是分析和评价供应链设计的技术可能性。这不仅仅是某种策略或改善技术的推荐清单，而且也是开发和实现供应链管理的第一步，它在可行性分析的基础上，结合本企业的实际情况为开发供应链提出技术选择建议和支持。这也是一个决策的过程，如果认为方案可行，就可进行下面的设计；如果不可行，就要重新进行设计。

第七步是设计供应链，主要解决以下问题：

（1）供应链的成员组成（供应商、设备、工厂、分销中心的选择与定位、计划与控制）。

（2）原材料的来源问题（包括供应商、流量、价格、运输等问题）。

（3）生产设计（需求预测、生产什么产品、生产能力、供应给哪些分销中心、价格、生产计划、生产作业计划和跟踪控制、库存管理等问题）。

（4）分销任务与能力设计（产品服务哪些市场、运输、价格等问题）。

（5）信息管理系统设计。

（6）物流管理系统设计等。

在供应链设计中，要广泛地应用到许多工具和技术，包括：归纳法、集体解决问题、流程图、模拟和设计软件等。

第八步是检验供应链。供应链设计完成以后，应通过一定的方法、技术进行测试检验或试运行，如不行，返回第四步重新进行设计；如果没有什么问题，就可实施供应链管理。

技能训练

一、任务的提出

一个公司经营成败的最关键因素是所经营的产品定位是否与公司的供应链匹配。如果匹配得好会让公司的经营如鱼得水，事半功倍。如果不匹配，公司经营得再努力也是南辕北辙，事倍功半。作为高职院校学生，社会实践经验欠缺，对公司经营了解的少之又少，如果让我们通过实践真实体验和了解产品定位的供应链的策略成了本项目的一个重要环节。

二、任务的实施与要求

找一家自己身边熟悉的超市（比如中百仓储、武商量贩、沃尔玛等），然后再找一家中档偏上的大型商场（比如万象城、大悦城、群光广场、银泰城等），实地调研两家商业主体。

要求：

（1）两家商业主体在产品定位上的差异。

（2）分析两家商业主体服务客户的需求差异。

（3）结合所学习的功能性产品和革新性产品知识，对两家商业主体产品经营策略进行匹配分析。

任务二 优化供应链的环节

学习目标

◇知识目标

了解供应链优化的必要性。

熟悉供应链优化的环节。

掌握供应链优化分析的两种具体方法。

◇能力目标

能够根据企业现状进行关键少数聚焦。

◇素养目标

培养学生的优化意识。

知识储备

一、供应链优化分析

供应链优化是一个复杂但值得追求的目标，因为它可以帮助企业降低成本、提高产品质量并增强灵活性。

（一）数据统计和分析

了解供应链中各个环节的成本和效率，以便找出可以优化的地方。通过数据统计和分析，企业可以确定哪些成本是不必要的，哪些流程可以更高效，哪些环节需要更多的资源投入。

数据统计和分析是供应链优化中非常重要的一环。通过收集和分析供应链中的各种数据，企业可以更好地了解供应链的运作情况，发现存在的问题，并制订相应的解决方案。

以下是数据统计和分析在供应链优化中的一些应用：

（1）成本分析：通过对供应链中各个环节的成本进行分析，企业可以找出哪些成本是不必要的，哪些流程可以更高效，哪些环节需要更多的资源投入。

（2）库存分析：通过对库存数据进行统计和分析，企业可以了解库存水平是否合理，是否存在积压或缺货现象，进而优化库存管理。

（3）销售数据分析：通过对销售数据分析，企业可以了解市场需求和消费者行为，进而制定更合理的销售策略。

（4）供应商数据分析：通过对供应商数据分析，企业可以了解供应商的绩效和质量情况，进而优化供应商选择和管理。

（5）物流数据分析：通过对物流数据分析，企业可以了解运输、仓储和配送等环节的效率和成本情况，进而优化物流管理。

在进行数据统计和分析时，需要注意以下几点：

（1）数据质量：要确保数据的准确性和完整性，避免出现数据误差和缺失。

（2）数据标准化：对于不同来源和类型的数据，需要进行标准化处理，以便进行比较和分析。

（3）数据可视化：将数据以图表、图像等形式呈现，可以更直观地了解数据的变化和趋势。

（4）数据挖掘：通过数据挖掘技术，可以发现数据中隐藏的模式和关联关系，为供应链优化提供更多线索和思路。

总之，数据统计和分析是供应链优化的关键环节之一。通过数据的收集和分析，企业可以更好地了解供应链的运作情况，发现存在的问题，并制订相应的解决方案，从而实现降低成本、提高产品质量并增强灵活性的目标。

（二）聚焦关键少数

根据二八原则，20% 的关键类别通常占 80% 的成本。在优化供应链时，应首先关注这 20% 的关键类别，并全力降低其成本。完成这一步后，再关注剩余的 80%，找出并解决其他可以降低成本的地方。

聚焦关键少数是供应链优化中的一种策略，它指的是在供应链中找出关键的少数环节或流程，并对其进行重点优化，以实现整个供应链的优化和提升。

关键少数的确定通常基于以下几个因素：

（1）关键性：这些环节或流程在供应链中具有关键的作用，一旦出现问题或失效，会对整个供应链的运作造成严重影响。

（2）成本占比：这些环节或流程的成本在供应链总成本中占比较大，对其进行优化可以显著降低总成本。

（3）资源占用：这些环节或流程需要占用的资源较多，优化它们可以更有效地利用资源。

聚焦关键少数的策略包括以下几种：

（1）流程优化：对关键环节或流程进行深入分析，找出存在的问题和瓶颈，通过改进流程、简化操作、消除浪费等方式，提高运作效率和降低成本。

（2）技术升级：采用先进的供应链管理技术，如物联网、大数据、人工智能等，对关键环节或流程进行智能化、自动化的升级和改造。

（3）供应商合作：与关键供应商建立紧密的合作关系，通过信息共享、协同计划、联合采购等方式，降低采购成本、提高供应稳定性。

（4）数据分析：通过收集和分析供应链中的各种数据，了解关键环节或流程的实际运作情况，发现存在的问题和瓶颈，为优化提供数据支持和参考。

（5）人才引进和培养：引进具有供应链管理和优化经验的人才，同时加强对现有员工的培训和培养，提高企业在关键环节或流程上的专业能力和管理水平。

总之，聚焦关键少数是供应链优化中的一种有效策略。通过对关键环节或流程的重点优化，可以显著提升整个供应链的运作效率和降低成本。需要注意的是，不同企业的供应链情况和关键环节可能存在差异，因此需要结合实际情况进行具体分析和制定相应的优化策略。

二、供应链优化环节

（一）跨部门团队运作

优化供应链通常需要多个部门的合作。这需要建立一个跨部门的团队，让研发、质量、生产、物流和财务等部门都参与到优化过程中。通过跨部门合作，可以更好地协调资源，确保供应链的各个部分都能协同工作。

跨部门团队运作是确保供应链优化成功的关键因素之一。由于供应链涉及多个部门和环节，因此需要建立有效的跨部门团队，以协调各方的工作，确保供应链的顺畅运行。

以下是跨部门团队运作的一些关键要素：

（1）明确目标：在跨部门团队中，需要明确共同的目标和愿景，以便各方能够了解并致力于实现这些目标。这有助于建立团队凝聚力和合作精神。

（2）建立沟通渠道：跨部门团队需要建立有效的沟通渠道，以确保信息畅通无阻。这包括定期会议、电话会议、电子邮件等沟通方式。同时，需要制定明确的沟通规则和时间表，以确保各方能够及时获取所需信息并做出相应反应。

（3）制定工作流程：跨部门团队需要制定明确的工作流程，以确保各方能够按照既定的步骤和时间表执行任务。这包括任务分配、时间表制定、任务完成情况的评估和反馈等环节。

（4）协作分工：在跨部门团队中，需要明确各方的职责和分工，以确保工作能够顺利进行。这包括各部门之间的任务分配、资源共享、协同工作等环节。

（5）建立信任：跨部门团队需要建立相互信任的关系，以便各方能够相互支持、理解和尊重对方的意见。这需要团队成员之间进行有效的沟通和合作，共同解决问题和面对挑战。

课堂笔记

（6）培训和发展：跨部门团队需要定期进行培训和发展活动，以提高团队成员的专业技能和知识水平。这有助于提高团队的整体能力和绩效，促进供应链优化的发展。

总之，跨部门团队运作是供应链优化中的重要环节。通过明确目标、建立沟通渠道、制定工作流程、协作分工、建立信任、培训和发展等措施的实施，可以建立一个高效、协作良好的跨部门团队，推动供应链优化的成功实现。

（二）优化生产计划

建立有效的生产计划，包括生产调度、物料需求计划和生产线平衡等，以确保生产计划的准确性和及时性。这样可以减少库存积压和缺货现象，提高产品质量。

优化生产计划是提高供应链效率和降低成本的关键步骤。以下是一些优化生产计划的建议：

（1）精确需求预测：对市场需求进行精确预测，有助于企业提前准备生产计划，避免产能过剩或不足的问题。通过收集销售数据、市场趋势和客户需求等信息，可以更准确地预测未来的市场需求。

（2）协同生产和库存管理：生产部门需要与采购、物流和销售等部门紧密合作，协同制订生产和库存计划。通过实时共享数据和信息，可以更好地协调生产和库存管理，避免出现库存积压或缺货现象。

（3）优化排产计划：根据企业的生产能力和市场需求，制订合理的排产计划。在制订排产计划时，需要考虑生产线的平衡、生产周期的安排以及生产资源的利用等方面，以实现生产效率的最大化。

（4）引入先进的生产管理软件：采用先进的生产管理软件，如 ERP、SCM 和 CRM 等，可以更好地管理生产计划、库存和物流等环节。这些软件可以帮助企业实现信息化和数字化管理，提高管理效率和准确性。

（5）定期评估和调整：定期评估生产计划的执行情况，并根据实际情况进行调整。在评估时，需要考虑生产效率、产品质量、交货期等方面的指标，以便及时发现问题并采取相应的措施进行改进。

（6）强化人员培训：对生产管理人员进行定期培训，提高他们的专业技能和管理水平。通过培训，可以增强生产管理人员的意识和能力，帮助他们更好地执行生产计划和管理库存等工作。

总之，优化生产计划需要从多个方面入手，包括需求预测、协同管理、排产计划、先进软件的应用、定期评估和调整以及人员培训等。通过这些措施的实施，可以更好地管理生产计划和库存等环节，提高供应链的效率和降低成本。

（三）优化物流管理

建立高效的物流管理系统，包括运输、仓储和配送等，以确保物流的准确性和及时性。这样可以减少运输成本和时间，同时保证产品质量。

课堂笔记

优化物流管理是实现供应链优化的重要环节之一。以下是一些优化物流管理的建议：

（1）合理规划运输路线和方式：根据货物的特性、运输距离和交货时间等因素，合理规划运输路线和方式。例如，选择陆运、海运、空运或多种运输方式的组合，以实现运输成本和交货时间的平衡。

（2）建立高效的仓储和库存管理系统：通过建立高效的仓储和库存管理系统，可以实现库存水平的合理控制、货物的有序存放和快速出库等目标。例如，采用先进的仓储管理软件、建立合理的库存水平和采用先进的库存控制方法等。

（3）强化物流信息管理：通过强化物流信息管理，实现供应链各环节的信息共享和协同运作。例如，采用先进的物流管理软件、建立电子数据交换系统（EDI）或采用物联网技术等。

（4）优化包装和配送流程：优化包装和配送流程可以降低运输成本、提高运输效率并减少货物损失。例如，采用轻量化、可回收的包装材料和规范化的包装标准，同时优化配送路线和方式等。

（5）加强物流人才的培养和管理：加强物流人才的培养和管理，提高物流管理人员的专业素质和管理能力。例如，开展专业培训、引进先进的管理理念和方法以及建立激励机制等。

（6）引入新技术和创新模式：引入新技术和创新模式可以进一步优化物流管理流程和提高效率。例如，采用自动化设备、机器人技术、无人机配送等新兴技术，同时创新管理模式如共同配送、共享物流等。

总之，优化物流管理需要从规划、信息管理、人才管理等多个方面入手，不断提升物流管理的水平和效率，从而实现供应链的整体优化。

（四）优化供应商管理

建立有效的供应商管理体系，包括供应商评估、供应商协议管理和供应商绩效评估等，以确保供应商的质量和成本。这样可以更好地控制供应链的成本和质量。

优化供应商管理是供应链优化中的重要环节之一。以下是一些优化供应商管理的建议：

（1）建立高标准的供应商绩效目标：企业应与供应商建立长期、稳定的合作伙伴关系，并明确供应商的绩效目标。这些目标应关注质量、成本、交货期、服务等方面，并以此为依据对供应商进行评估和选择。

（2）供应商分类和分级管理：根据供应商的绩效表现，将供应商进行分类和分级管理。对于优秀的供应商，可以采取一些激励措施，如增加采购量、提供更多的业务机会等；对于表现不佳的供应商，则应采取改进措施，如加强质量管控、提高生产效率等。

（3）建立供应商评估和选择机制：企业应建立一套完善的供应商评估和选择机

课堂笔记

制，对供应商进行全面的了解和评估。评估内容包括供应商的财务状况、生产能力、技术水平、产品质量等方面，以确保选择到合适的供应商。

（4）建立供应商奖惩机制：企业应建立一套完善的供应商奖惩机制，对表现优秀的供应商进行奖励，对表现不佳的供应商进行惩罚。奖励措施可以包括降低采购价格、提供更多的业务机会等，惩罚措施可以包括减少采购量、中止合作关系等。

（5）持续开发新供应商：企业应持续开发新的供应商，以增加供应链的灵活性。通过市场调查和分析，了解潜在供应商的基本情况和信息，并建立合作关系。这有助于企业在不同阶段、不同项目上选择最合适的供应商。

（6）建立良好的沟通渠道：企业应与供应商建立良好的沟通渠道，保持信息畅通。通过定期召开会议、电话沟通等方式，及时了解供应商的生产状况、质量情况等问题，并采取相应的措施加以解决。

（7）关注供应商的环境和社会责任：在选择和评估供应商时，企业应关注供应商的环境和社会责任表现。这有助于确保供应商在环保、劳工权益等方面的合规性，降低供应链中的风险。

总之，优化供应商管理需要从多个方面入手，包括建立高标准的绩效目标、分类分级管理、评估选择机制、奖惩机制、开发新供应商、建立良好沟通渠道以及关注环境和社会责任等。通过这些措施的实施，可以有效地优化供应商管理，提升供应链的整体效率和竞争力。

（五）优化信息系统

建立高效的信息系统，包括 ERP、CRM 和 SCM 等，以实现供应链的信息化和数字化管理。这样可以提高信息传递的效率和准确性，更好地协调各个部门的工作。

优化信息系统是供应链优化的重要环节之一。以下是一些优化信息系统的建议：

（1）定义系统目标和需求：明确信息系统的目标和需求，确保系统的设计符合企业的战略目标。

（2）收集和分析系统数据：收集和分析系统的数据，了解现有系统的性能瓶颈和问题，为优化提供依据。

（3）识别问题和瓶颈：通过数据分析，识别出系统存在的问题和瓶颈，如响应速度慢、数据不准确等。

（4）设计和实施解决方案：根据问题和瓶颈的分析结果，制订相应的解决方案。例如，升级硬件设备、优化软件算法、改进流程等。

（5）测试和评估改进效果：对改进后的系统进行测试和评估，了解改进效果是否达到预期目标。

（6）持续监测和优化系统：在系统运行过程中，持续监测系统的性能和问题，及时发现和解决问题，并不断优化系统。

（7）采用先进的信息技术：引入先进的信息技术，如云计算、大数据、人工智能等，提高信息系统的处理能力、存储能力和智能化水平。

（8）建立高效的信息传递机制：建立高效的信息传递机制，确保信息的及时传递和共享，提高信息系统的协同能力。

（9）加强信息安全保护：加强信息安全保护，确保信息系统的安全性和稳定性，降低安全风险。

（10）定期进行系统审查和评估：定期对信息系统进行审查和评估，了解系统的运行状况、存在问题以及改进方向，为进一步的优化提供参考。

总之，优化信息系统需要从多个方面入手，包括定义系统目标和需求、收集和分析数据、识别问题和瓶颈、设计和实施解决方案、测试和评估改进效果、持续监测和优化系统、采用先进的信息技术、建立高效的信息传递机制、加强信息安全保护以及定期进行系统审查和评估等。通过这些措施的实施，可以有效地优化信息系统，提高信息系统的性能和效率，提升供应链的整体竞争力和绩效。

（六）优化人力资源管理

建立有效的人力资源管理体系，包括员工培训、绩效评估和激励机制等，以提高员工的工作效率和满意度。这样可以提高员工的工作积极性和创造力，从而为供应链的优化提供更多可能性。

优化人力资源管理对于企业供应链优化来说非常重要，因为人力资源是企业成功运营的关键因素之一。以下是一些优化人力资源管理的建议：

（1）招聘和选拔优秀人才：企业应该根据自身的发展需求和战略目标，制订招聘计划和选拔标准，并积极招聘和选拔具有专业技能和素质的优秀人才。在招聘过程中，企业应该注重候选人的技能、经验和潜力，并为其提供良好的职业发展机会。

（2）提供培训和发展机会：企业应该为新员工和现有员工提供培训和发展机会，以提高他们的专业技能和管理能力。培训可以包括技能培训、领导力培训等，同时也可以为员工提供参加行业会议、研讨会等活动的机会，以拓宽他们的视野和知识面。

（3）建立激励机制：企业应该建立有效的激励机制，以鼓励员工积极参与到供应链管理中。这可以包括绩效评估、奖励制度等，通过激励员工提高工作积极性和满意度，从而提高供应链管理的效率和效果。

（4）提高员工参与度：企业应该积极鼓励员工参与到供应链管理中，并建立有效的沟通渠道和反馈机制，以提高员工的参与度和满意度。员工参与供应链管理可以提高工作效率和质量，同时也可以帮助企业更好地了解市场需求和客户需求。

（5）优化人员配置：企业应该根据自身的发展需求和战略目标，优化人员配置，确保供应链管理中的人员数量和技能符合要求。同时，企业也应该关注员工的个人发展和职业规划，为员工提供良好的晋升机会和职业发展路径。

（6）加强团队建设：企业应该加强团队建设，提高团队凝聚力和合作精神。这可以通过组织团队活动、加强团队沟通等方式实现，同时也可以为员工提供参加团

课堂笔记

建活动的机会，以增强团队之间的联系和信任。

（7）建立人才储备库：企业可以建立人才储备库，以备不时之需。通过建立人才储备库，企业可以在需要时快速招聘到所需人才，并为其提供良好的职业发展机会。

总之，优化人力资源管理需要从多个方面入手，包括招聘和选拔优秀人才、提供培训和发展机会、建立激励机制、提高员工参与度、优化人员配置、加强团队建设以及建立人才储备库等。通过这些措施的实施，可以有效地优化人力资源管理，提高员工的工作积极性和满意度，从而提高供应链管理的效率和效果。

（七）优化风险管理

建立有效的风险管理体系，包括供应商风险管理、物流风险管理和质量风险管理等，以降低供应链的风险和损失。这样可以更好地应对供应链中可能出现的各种问题，保证企业的稳定运营。

优化风险管理对于企业供应链优化来说非常重要，因为有效的风险管理可以降低供应链风险，提高供应链的稳定性和绩效。以下是一些优化风险管理的建议：

（1）完善风险管理程序：企业应建立和完善自上而下的风险管理程序，从部门日常工作汇报中总结企业存在的问题，并与企业现阶段管理实际状况结合，找出企业存在主要风险问题，并在此基础上，制定风险控制及管理措施，针对不同部门提出风险管理意见，指导各部门管控风险，同时落实各项风险管控政策，从整体上提高企业的风险管控水平。

（2）构建风险管理模型：企业可以通过财务指标构建阿尔特曼模型进行财务失败预警，通过 Z 值的大小客观评价企业财务状态。同时，采用概率分析法、杠杆分析法及 β 系数法等风险度量法，梳理排查企业可能发生的风险，优先排查出危害性大、最可能发生的风险，并及时做好应对措施。

（3）优化信息系统：企业可以充分利用信息化技术以及管理模式，全面提升企业的管理水平。通过大数据技术的应用实现数据信息共享、存储等，保证获取的信息准确、真实、客观，能够通过数据模型分析预测风险及进行评价，从而降低风险损失。

（4）加强内部风险抑制管理：通过信息化方式和分散方式抑制风险，是增强风险管控应用能力的有效方式。具体来说，员工是工作的基础要素，是最易发现风险问题的人员，一旦发生风险问题，可及时上报相关部门及人员，将风险扼杀到萌芽阶段，合理管控企业风险。

（5）提升决策层和高层管理人员的风险管理意识：从部门日常工作汇报中总结企业存在的问题，并与企业现阶段管理实际状况结合，找出企业存在主要风险问题，并在此基础上制定相应的风险控制及管理措施。

（6）鼓励和培养员工参与风险管理：员工是企业的第一线人员，他们最了解企业的运营情况。鼓励员工参与到风险管理中来，可以更有效地发现和解决潜在的风

课堂笔记

险问题。

（7）建立和完善风险管理制度和流程：明确风险管理流程和制度，让每个员工都了解自己在风险管理中的角色和责任。当发生风险时，可以快速响应并采取有效的措施来降低或避免风险。

（8）建立有效的风险监测和预警机制：通过大数据、人工智能等技术手段，建立有效的风险监测和预警机制。当发现可能的风险或问题时，可以及时采取措施进行干预和处理。

（9）定期进行风险管理培训和演练：定期对员工进行风险管理培训和演练，提高员工对风险的认识和应对能力。同时也可以模拟演练中发现的问题和不足之处进行调整和完善。

（10）建立风险管理考核机制：将风险管理纳入企业的绩效考核中来，让员工认识到风险管理的重要性。同时也可以通过考核机制激励员工更好地参与到风险管理中来。

总之，优化风险管理需要从多个方面入手包括完善风险管理程序、构建风险管理模型、优化信息系统、加强内部风险抑制管理、提升决策层和高层管理人员的风险管理意识、鼓励和培养员工参与风险管理、建立和完善风险管理制度和流程、建立有效的风险监测和预警机制、定期进行风险管理培训和演练以及建立风险管理考核机制等。通过这些措施的实施可以有效地降低供应链风险提高供应链的稳定性和绩效。

供应链优化需要从多个方面入手，包括数据分析、关键少数、跨部门团队运作、生产计划、物流管理、供应商管理、信息系统、人力资源管理和风险管理等。通过这些措施的实施，企业可以有效地降低成本、提高产品质量并增强灵活性，从而提升自身的竞争力。

技能训练

一、任务的提出

采购与供应管理不仅仅是一个企业的行为，我们个人作为一名社会消费者，每天都会面对吃穿住行等普普通通的生活。从油盐酱醋等日常生活物资到汽车房子等大件物资，我们都离不开购买。花同样的钱，有人能购买到物美价廉的物品，生活质量和品位也明显高于其他人。从采购与供应的角度来看，采购供应链一定有它的独特之处，值得我们研究。

二、任务的实施与要求

仔细梳理自己家吃穿住行等方面的采购供应渠道，借鉴其他同学分享的经验和

课堂笔记

案例，对自己家的采购与供应链进行优化。要求如下：

（1）班级分组，5~6 人一组，男女搭配，平时熟悉同学尽量不分配同组。

（2）画出自己家吃穿住行的供应链结构模型。

（3）写一份自己家采购的供应链优化方案。

任务三　优化供应链方法

学习目标

◇知识目标

了解 QR 和 ECR 两种供应链管理方法产生的背景。

熟悉 VMI 和 JMI 两种方法核心思想。

掌握 ECR 四种战略。

◇能力目标

能够根据企业经营现状选择合适的供应链管理方法进行改进。

◇素养目标

培养学生的创新意识。

知识储备

一、快速响应（QR）

（一）QR 出现的背景

从 20 世纪 70 年代开始，美国纺织服装进口急剧增加。到 80 年代，进口服装大约占全美纺织服装行业总销售量的 40%，美国纺织服装企业面临威胁和危机。

美国纺织服装企业一方面要求政府和国会采取措施阻止纺织的大量进口，一方面进行设备投资，提高企业的劳动生产率，通过媒体宣传国产纺织品的优点，开展促销活动。但廉价进口纺织品的市场占有率仍在连续下降。于是，一些主要的经销商委托零售业咨询公司 Kurt Salmon 从事提高竞争力的调查。

QR 是伴随着美国的国货运动而产生的发展起来的，在推动 QR 的过程中，美国的 Kurt Salmon 和沃尔玛发挥了极为重要的先驱或主导作用。

Kurt Salmon 通过充分的调查后发现，虽然纺织品产业供应链各环节的企业都十分注重提高各自的经营效率，但是整个供应链全体的效率却十分低下。为此，Kurt Salmon 公司建议零售业者和纺织服装生产厂家合作共享信息资源，建立一个快速供应系统（QR）来实现销售额增长、利润和顾客服务最大化以及库存量、商品缺货、商品风险和减价最小化的目标。在 Kurt Salmon 公司的倡导下，从 1985 年开始，美国纤维业大规模开展 QR 运动，QR 的主要形式是由零售商、服装生产商和纤维生产商 3 方组成，当时，在美国积极推动 QR 的零售商主要有 3 家，迪拉德百货店、J.C 朋尼和沃尔玛是最早推行 QR 的先驱。1985 年起，QR 概念开始在纺织服装等行业广泛地普及、应用。

（二）沃尔玛的供应链快速反应系统

沃尔玛由于使用了 EDI 和配送中心，货物和信息在供应链中始终处于快速流动的状态，从而提高了供应链的效率。例如，在沃尔玛的一家商店里出售某种品牌的粗斜纹棉布衬衫。由于这种衬衫的供应商的计算机系统已与沃尔玛的 POS/MIS 系统连接在一起，供应商每天都可以到沃尔玛的信息系统里获取数据，包括销售额、库存情况、销售预测、汇款建议等。沃尔玛的决策支持系统（DSS）会向供应商提供这种衬衫在此之前 100 个星期内的销售历史纪录，并能跟踪这种产品在全球或某个特定市场的销售状况。

此后，供应商根据订单通过配送中心向沃尔玛的商店补货。从下订单到货物送抵商店的时间是 3 天，而在 80 年代，这个过程恐怕要花 1 个月的时间。

在美国，沃尔玛做得更为超前。沃尔玛的计算机系统与 Lee 牌服饰厂商实行连接，顾客直接在沃尔玛的商店里量身定做 Lee 牌新款服装，在不到 3 天的时间内，定做服装就会送到。

零售商通过将 POS/MIS 系统与厂商的计算机系统相连来实现降低库存加快资金周转的目的，而对于厂商而言，其意义远不止于此。厂商投入巨资塑造品牌就是为了增加销量，提高市场份额。在这个过程中最提心吊胆的莫过于偏离了市场需求，而供应链快速反应系统的建立将使最真实的、最新的顾客需求信息摆在厂商营销总裁的面前，这换了谁都会欣喜若狂。

“顾客需要什么，我们就生产什么。”要实现这个承诺，在以前至少需要 3 个月以上的时间，最终可能还是一句空话，因为等 3 个月后将产品交到顾客手中时，顾客的需求可能已经变了。现在，你可以拍着胸脯大胆保证了，因为你可以在短短的几天内就向顾客提供他想要的东西。

从沃尔玛的实践者，QR 是一个零售商和生产厂家建立战略伙伴关系，利用 EDI 等信息、技术，进行销售时点以及订货补充经营信息的交换，用多频度小数量配选方式连续补充商品，以实现缩短交纳周期，减少库存，提高顾客服务水平和企业竞争力为目的的供应链管理。

（三）QR 的概念

QR（Quick Response）是指物流企业面对多品种、小批量的买方市场，不是储备了“产品”而是准备了各种“要素”，在用户提出要求时，能以最快速度抽取“要素”，及时“组装”，提供所需服务或产品。

课堂笔记

QR 是美国零售商、服装制造商以及纺织品供应商开发的整体业务概念，是指在供应链中，为了实现共同的目标，至少在两个环节之间进行的紧密合作。目的是减少原材料到销售点的时间和整个供应链上的库存，最大限度地提高供应链的运作效率。一般来说，供应链共同目标包括：

（1）提高顾客服务水平，在正确的时间、正确的地点用正确的商品来响应消费者的需求。

（2）降低供应链的总成本，增加零售商和厂商的销售额，从而提高零售商和厂商的获利能力。

这种新的贸易方式意味着双方都要告别过去的敌对关系，建立起贸易伙伴关系来提高向最终消费者的供货能力，同时降低整个供应链的库存量和总成本。

QR 的着重点是对消费者需求做出快速反应，QR 的具体策略有商品即时出售（FRM）、自动物料搬理（AMH）等。

（四）实施 QR 的三个阶段

（1）第一阶段：对所有的商品单元条码化，即对所有商品消费单元用 EAN/UPC 条码标识，对商品储运单元用 ITF-14 条码标识，而对贸易单元则用 UCC/EAN-128 条码标识。利用 EDI 传输更多的报文，如发货通知报文、收货通知报文等。

（2）第二阶段：在第一阶段的基础上增加与内部业务处理有关的策略。如自动库存补给与商品即时出售等，并 EDI 传输更多的报文，如发货通知报文、收货通知报文等。

（3）第三阶段：与贸易伙伴密切合作，采用更高级的 QR 策略，以对顾客的需求做出快速反应。一般来说，企业内部业务的优化相对来说较为容易，但在贸易伙伴间进行合作时，往往会遇到许多障碍，在 QR 实施的第三个阶段，每个企业必须把自己当成集成供应链系统的一个组成部分，以保证整个供应链的整体效益。

（五）QR 的优点

一是 QR 对厂商的优点：

（1）更好的顾客服务。快速反应零售商可为店铺提供更好的服务，最终为顾客提供更好的店内服务。由于厂商送来的货物与承诺的货物是相符的，厂商能够很好地协调与零售商间的关系。长期的良好顾客服务会增加市场份额。

（2）降低了流通费用。由于集成了对顾客消费水平的预测和生产规划，就可以提高库存周转速度，需要处理和盘点的库存量减少了，从而降低了流通费用。

（3）降低了管理费用。因为不需要手工输入订单，所以采购订单的准确率提高了。额外发货的减少也降低了管理费用。货物发出之前，仓库对运输标签进行扫描并向零售商发出提前运输通知，这些措施降低了管理费用。

（4）更好的生产计划。由于可以对销售进行预测并能够得到准确的销售信息，厂商可以准确地安排生产计划。

二是 QR 对零售商的优点：

（1）提高了销售额。条形码和 POS 扫描使零售商能够跟踪各种商品的销售和库存情况，这样零售商就能够：准确地跟踪存货情况，在库存真正降低时才订货；降低订货周期；实施自动补货系统，使用库存模型来确定什么情况下需要采购，以保证在顾客需要商品时可以得到现货。

（2）减少了削价的损失。由于具有了更准确的顾客需求信息，店铺可以更多地储存顾客需要的商品，减少顾客不需要商品的存货，这样就减少了削价的损失。

（3）降低了采购成本。商品采购成本是企业完成采购职能时发生的费用，这些职能包括订单准备、订单创建、订单发送及订单跟踪等。实施快速反应后，上述业务流程大大简化了，采购成本降低了。

（4）降低了流通费用。厂商使用物流条形码（SCM）标签后，零售商可以扫描这个标签，这样就减少了手工检查到货所发生的成本。

（5）加快了库存周转。零售商能够根据顾客的需要频繁地小批量订货，也降低了库存投资和相应的运输成本。

（6）降低了管理成本。管理成本包括接收发票、发票输入和发票例外处理所发生的费用，由于采用了电子发票及 ASN，管理费用大幅度降低了。

总之，采用了快速反应的方法后，虽然单位商品的采购成本会增加，但通过频繁地小批量采购商品，顾客服务水平就会提高，零售商就更能适应市场的变化，同时，其他成本也会降低，如库存成本和清仓削价成本等，最终提高了利润。

二、有效客户反应（ECR）

（一）什么是 ECR

ECR 是英文字母 Efficient Consumer Response（高效消费者响应）三个英文字母的缩写。ECR 起始于食品杂货业，是指食品杂货的分销商和供应商以满足顾客要求和最大限度降低物流过程费用为原则，及时做出准确反应而进行密切合作，使物品供应或服务流程最佳化。ECR 以信任和合作为理念，通过引进最新的供应链管理运作和创造消费者价值理念；推广供应链管理新技术与成功的供应链管理经验和零售业的精细化管理技术，协调制定并推广相应的标准，力图在满足消费者需求和优化供应链两个方面同时取得突破。

ECR（Efficient Consumer Response）即有效客户反应，是一种可以促进分销商和供应商密切合作，并消除不必要的成本和费用，从而给客户带来更大的效益的供应链管理方式，它的目标是降低供应链各个环节如生产、库存、运输等方面的成本。要实施以上管理方式，支持技术是必不可少的，因此，在引进管理体系及方式的同时，还要大力推广应用先进的信息支持技术，努力提高信息技术的安全性、可靠性。

课堂笔记

ECR 的最终目标是分销商和供应商组成联盟一起为消费者最大的满意度以及最低成本而努力，建立一个敏捷的消费者驱动的系统，实现精确的信息流和高效的实物流在整个供应链内的有序流动。

（二）ECR 是如何产生的

ECR 的产生可归结于 20 世纪商业竞争的加剧和信息技术的发展。20 世纪 80 年代特别是到了 90 年代以后，美国日杂百货业零售商和生产厂家的交易关系由生产厂家占据支配地位，转换为零售商占主导地位，在供应链内部，零售商和生产厂家为取得供应链主导权，为商家品牌（PB）和厂家品牌（NB）占据零售店铺货架空间的份额展开激烈的竞争，使供应链各个环节间的成本不断转移，供应链整体成本上升。

从零售商的角度来看，新的零售业态如仓储商店、折扣店大量涌现，日杂百货业的竞争更趋激烈，他们开始寻找新的管理方法。从生产商角度来看，为了获得销售渠道，直接或间接降价，牺牲了厂家自身利益。生产商希望与零售商结成更为紧密的联盟，对双方都有利。

另外，从消费者的角度来看，过度竞争忽视消费者需求：高质量、新鲜、服务好和合理价格。许多企业通过诱导型广告和促销来吸引消费者转移品牌。可见 ECR 产生的背景是要求从消费者的需求出发，提供满足消费者需求的商品和服务。

为此，美国食品市场营销协会（Food Marketing Institute）联合 COCA-COLA，P&G、Kurt Salmon Associations 对供应链进行调查、总结、分析，得到改进供应链管理的详细报告，提出了 ECR 的概念体系，被零售商和制造商采用，广泛应用于实践。

而在当今中国，制造商和零售商为渠道费用而激烈争执，零售业中工商关系日趋恶化，消费者利益日趋受到损害。ECR 是真正实现以消费者为核心，转变制造商与零售商买卖对立统一的关系，实现供应与需求一整套流程转变方法的有效途径。目前日益被制造商和零售商所重视。

（三）ECR 是过程

ECR 的优点在于供应链各方为了提高消费满意这个共同的目标进行合作，分享信息和诀窍。ECR 是一种把以前处于分离状态的供应链联系在一起来满足消费者需要的工具。ECR 概念的提出者认为，ECR 活动是过程，这个过程主要由贯穿供应链各方的四个核心过程组成：店铺空间安排、商品齐全及补充、促销活动、新产品开发与市场投入，因此，ECR 战略主要集中在以下四个领域。

1. 商品品类管理

商品品类管理的基础是对商品进行分类。具体表现如企业可以把某类商品设定为吸引顾客的商品，把另一类商品设定为增加企业收益的商品，努力做到在满足顾客需要的同时，兼顾企业的利益。

课堂笔记

分类的标准是各类商品的功能和作用的设定依企业的使命和目标的不同而不同，原则上商品的分类不应以是否方便企业来进行，而是应以顾客的需要和顾客购买方法来进行。

店铺空间管理：具体表现为对每个类别下的不同品种的商品进行货架展示，合理布置空间，以提高单位营业面积的销售额和单位营业面积的收益。

2. 物流技术

要求：及时配送和顺畅流动。

实现方法有：CRP——连续补充计划

CAO——计算机辅助订货

ASN——预先发货通知

VMI——供应商管理库存

Cross Docking——交叉配送

DSD——店铺直送

并非所有的物料都适合 VMI：当物料来源有限时，当供应商有限时（精密铸造厂向汽车公司供货，因为国内没有几家。）

适合 VMI 情况：货源充足，供应商多，通用件，标准件，与供应商关系紧密，供应价格稳定，质量、标准通用，可得性强交叉配送，店铺直送。

3. 信息技术

技术支持：EDI 、POS 系统。

零售企业有时将 POS 数据、顾客卡结合起来，通过顾客卡可以知道顾客在什么时间，购买了什么商品，金额多少，到目前为止，共买了哪些商品，总金额多少等，来分析顾客的购买行为，发现顾客不同层次的需要。

4. 组织革新技术

具体来说就是将组织形式改变为以商品流程为基本组织形式。即把企业经营所有商品按类别划分，对应每个商品类别设立一个相应的管理团队。

（五）ECR 的特征

表现在以下三个方面：

1. 管理意识创新

变传统产销双方此消彼长的对立型输赢关系，为互利互惠合作型的双赢关系。简单地说，传统的产销关系是一种输赢关系。而 ECR 要求产销双方的交易关系是一种合作伙伴关系。即交易各方通过相互协调合作，实现以低的成本向消费者提供更高价值服务的目标，在此基础上追求双方的利益，是一种双赢（Win-Win）关系。

2. 供应链整体协调

变传统业务流程中各个企业为追求自身利益最大化而相互摩擦、内耗为进行跨企业、跨部分、跨职能的管理和协调。通过供应链整体效率和效益的提高而达到各

课堂笔记

成员企业自身利益大幅提高。ECR 要求对各部门、各职能以及各企业之间的隔阂，进行跨部门、跨职能和跨企业的管理和协调，使商品流和信息流在企业内和供应链内顺畅地流动。

3. 涉及范围广

对组成或供应链的各类企业进行管理和协调涉及范围必然包括：零售业、批发业、物流运输业、制造业等相关的众多行业。

（六）ECR 的实施原则是什么

要实施 ECR，首先应联合整个供应链所涉及的供应商、分销商以及零售商，改善供应链中的业务流程，使其最合理有效；然后，再以较低的成本，使这些业务流程自动化，以进一步降低供应链的成本和时间。具体地说，实施 ECR 需要将条码、扫描技术、POS 系统和 EDI 集成起来，在供应链（由生产直至付款柜台）之间建立一个无纸系统，以确保产品能不间断地由供应商流向最终客户，同时，信息流能够在开放的供应链中循环流动。这样，才能满足客户对产品和信息的需求，给客户提供最优质的产品和适时准确的信息。ECR 的实施原则包括如下五个方面：

以较少的成本，不断致力于向食品杂货供应链客户提供产品性能更优、质量更好、花色品种更多、现货服务更好以及更加便利的服务。

ECR 必须有相关的商业巨头的带动，该商业巨头决心通过互利双赢的经营联盟来代替传统的输赢关系，达到获利目的。

必须利用准确、适时的信息以支持有效的市场、生产及物流决策。这些信息将以 EDI 的方式在贸易伙伴间自由流动，在企业内部将通过计算机系统得到最充分、高效的利用。

产品必须以最大的增值过程进行流通，以保证在适当的时候可以得到适当的产品。

必须采用共同、一致的工作业绩考核和奖励机制，它着眼于系统整体的效益（即通过减少开支、降低库存以及更好的资产利用来创造更高的价值），明确地确定可能的收益（例如，增加收入和利润）并且公平地分配这些收益。

总之，ECR 是供应链各方推进真诚合作来实现消费者满意和实现基于各方利益的整体效益最大化的过程。

（七）实施 ECR 能带来哪些好处

根据欧洲供应链管理委员会的调查报告，接受调查的 392 家公司，其中制造商实施 ECR 后，预期销售额增加 5.3%，制造费用减少 2.3%，销售费用减少 1.1%，仓储费用减少 1.3%，总盈利增加 5.5%。而批发商及零售商业也有相似的获益，销售额增加 5.4%，毛利增加 3.4%，仓储费用减少 5.9%，平均库存减少 13.1%，每平方米的销售额增加 5.3%。

课堂笔记

由于在流通环节中缩减了不必要的成本，零售商和批发商之间的价格差异也随之降低，这些节约了的成本最终将使消费者受益。除了这些有形的好处以外，还有一些对消费者、分销商和供应商重要的无形的利益。

消费者：增加选择和购物的方便，减少缺货单品，产品更新鲜。

分销商：增加消费者的信任，对顾客更加了解，改善了和供应商的关系。

供应商：减少缺货，增加品牌信誉，改善了和分销商的关系。

三、供应商管理库存（VMI）

长期以来，流通中的库存是各自为政的。流通环节中的每一个部门都是各自管理自己的库存，零售商、批发商、供应商都有各自的库存，各个供应链环节都有自己的库存控制策略。由于各自的库存控制策略不同，因此不可避免地产生需求的扭曲现象，即所谓的需求放大现象，无法使供应商快速地响应用户的需求。在供应链管理环境下，供应链的各个环节的活动都应该是同步进行的，而传统的库存控制方法无法满足这一要求。近年来，在国外，出现了一种新的供应链库存管理方法——供应商管理用户库存（Vendor Managed Inventory，VMI），这种库存管理策略打破了传统的各自为政的库存管理模式，体现了供应链的集成化管理思想，适应市场变化的要求，是一种新的有代表性库存管理思想。

（一）VMI 的基本思想

传统地讲，库存是由库存拥有者管理的。因为无法确切知道用户需求与供应的匹配状态，所以需要库存，库存设置与管理是由同一组织完成的。这种库存管理模式并不总是有最优的。例如，一个供应商用库存来应付不可预测的或某一用户不稳定的（这里的用户不是指最终用户，而是分销商或批发商）需求，用户也设立库存来应付不稳定的内部需求或供应链的不确定性。虽然供应链中每一个组织独立地寻求保护其各自在供应链的利益不受意外干扰是可以理解的，但不可取，因为这样做的结果影响了供应链的优化运行。供应链的各个不同组织根据各自的需要独立运作，导致重复建立库存，因而无法达到供应链全局的最低成本，整个供应链系统的库存会随着供应链长度的增加而发生需求扭曲。VMI 库存管理系统就能够突破传统的条块分割的库存管理模式，以系统的、集成的管理思想进行库存管理，使供应链系统能够获得同步化的运作。

VMI 是一种很好的供应链库存管理策略。关于 VMI 的定义，国外有学者认为："VMI 是一种在用户和供应商之间的合作性策略，以对双方来说都是最低的成本优化产品的可获性，在一个相互同意的目标框架下由供应商管理库存，这样的目标框架被经常性监督和修正，以产生一种连续改进的环境"。

Campbell 的连续补充计划

关于 VMI 也有其他的不同定义，但归纳起来，该策略的关键措

课堂笔记

施主要体现在以下几个原则中：

（1）合作精神（合作性原则）。在实施该策略时，相互信任与信息透明是很重要的，供应商和用户（零售商）都要有较好的合作精神，才能够相互保持较好的合作。

（2）使双方成本最小（互惠原则）。VMI 不是关于成本如何分配或谁来支付的问题，而是关于减少成本的问题。通过该策略使双方的成本都获得减少。

（3）框架协议（目标一致性原则）。双方都明白各自的责任，观念上达成一致的目标。如库存放在哪里，什么时候支付，是否要管理费，要花费多少等问题都要回答，并且体现在框架协议中。

（4）连续改进原则。使供需双方能共享利益和消除浪费。VMI 的主要思想是供应商在用户的允许下设立库存，确定库存水平和补给策略，拥有库存控制权。

精心设计与开发的 VMI 系统，不仅可以降低供应链的库存水平，降低成本。而且，用户外还可获得高水平的服务，改善资金流，与供应商共享需求变化的透明性和获得更高的用户信任度。

（二）VMI 的实施方法

实施 VMI 策略，首先要改变订单的处理方式，建立基于标准的托付订单处理模式。首先，供应商和批发商一起确定供应商的订单业务处理过程所需要的信息和库存控制参数，然后建立一种订单的处理标准模式，如 EDI 标准报文，最后把订货、交货和票据处理各个业务功能集成在供应商一边。

库存状态透明性（对供应商）是实施供应商管理用户库存的关键。供应商能够随时跟踪和检查到销售商的库存状态，从而快速地响应市场的需求变化，对企业的生产（供应）状态做出相应的调整。为此需要建立一种能够使供应商和用户（分销、批发商）的库存信息系统透明连接的方法。

供应商管理库存的策略可以分以下几个步骤实施。

第一，建立顾客情报信息系统。要有效地管理销售库存，供应商必须能够获得顾客的有关信息。通过建立顾客的信息库，供应商能够掌握需求变化的有关情况，把由批发商（分销商）进行的需求预测与分析功能集成到供应商的系统中来。

第二，建立销售网络管理系统。供应商要很好地管理库存，必须建立起完善的销售网络管理系统，保证自己的产品需求信息和物流畅通。为此，必须：①保证自己产品条码的可读性和唯一性；②解决产品分类、编码的标准化问题；③解决商品存储运输过程中的识别问题。

目前已有许多企业开始采用 MRPII 或 ERP 企业资源计划系统，这些软件系统都集成了销售管理的功能。通过对这些功能的扩展，可以建立完善的销售网络管理系统。

第三，建立供应商与分销商（批发商）的合作框架协议。供应商和销售商（批

课堂笔记

发商）一起通过协商，确定处理订单的业务流程以及控制库存的有关参数（如再订货点、最低库存水平等）、库存信息的传递方式（如EDI或Internet）等。

第四，组织机构的变革。这一点也很重要，因为VMI策略改变了供应商的组织模式。过去一般由会计经理处理与用户有关的事情，引入VMI策略后，在订货部门产生了一个新的职能负责用户库存的控制，库存补给和服务水平。

一般来说，在以下的情况下适合实施VMI策略：零售商或批发商没有IT系统或基础设施来有效管理他们的库存；制造商实力雄厚并且比零售商市场信息量大；有较高的直接存储交货水平，因而制造商能够有效规划运输。

四、联合库存管理（JMI）

（一）JMI基本思想

VMI是一种供应链集成化运作的决策代理模式，它把用户的库存决策权代理给供应商，由供应商代理分销商或批发商行使库存决策的权力。联合库存管理则是一种风险分担的库存管理模式，联合库存管理的思想可以从分销中心的联合库存功能谈起，地区分销中心体现了一种简单的联合库存管理思想。传统的分销模式是分销商根据市场需求直接向工厂订货，比如汽车分销商（或批发商），根据用户对车型、款式、颜色、价格等的不同需求，向汽车制造厂订的货，需要经过一段较长时间才能达到，因为顾客不想等待这么久的时间，因此各个推销商不得不进行库存备货，这样大量的库存使推销商难以承受，以至于破产。据估计，在美国，通用汽车公司销售500万辆轿车和卡车，平均价格是18 500美元，推销商维持60天的库存，库存费是车价值的22%，一年总的库存费用达到3.4亿美元。而采用地区分销中心，就大大减缓了库存浪费的现象。

近年来，在供应链企业之间的合作关系中，更加强调双方的互利合作关系，联合库存管理就体现了战略供应商联盟的新型企业合作关系。

传统的库存管理，把库存分为独立需求和相关需求两种库存模式来进行管理。相关需求库存问题采用物料需求计划（MRP）处理，独立需求问题采用订货点办法处理。一般来说，产成品库存管理为独立需求库存问题，而在制品和零部件以及原材料的库存控制问题为相关需求库存问题。

联合库存管理是解决供应链系统中由于各节点企业的相互独立库存运作模式导致的需求放大现象，提高供应链的同步化程度的一种有效方法。联合库存管理和供应商管理用户库存不同，它强调双方同时参与，共同制订库存计划，使供应链过程中的每个库存管理者（供应商、制造商、分销商）都从相互之间的协调性考虑，保持供应链相邻的两个节点之间的库存管理者对需求的预期保持一致，从而消除了需求变异放大现象。任何相邻节点需求的确定都是供需双方协调的结果，库存管理不再是各自为政的独立运作过程，而是供需连接的纽带和协调中心。

课堂笔记

（二）联合库存管理的实施策略

1. 建立供需协调管理机制

为了发挥联合库存管理的作用，供需双方应从合作的精神出发，建立供需协调管理的机制，明确各自的目标和责任，建立合作沟通的渠道，为供应链的联合库存管理提供有效的机制，为供应商与分销商建立供需协调管理机制模型。没有一个协调的管理机制，就不可能进行有效的联合库存管理。

建立供需协调管理机制，要从以下几个方面着手。

（1）建立共同合作目标，要建立联合库存管理模式，供需双方必须本着互惠互利的原则，建立共同的合作目标。为此，要理解供需双方在市场目标中的共同之处和冲突点，通过协商形成共同的目标，如用户满意度、利润的共同增长和风险的减少等。

（2）建立联合库存的协调控制方法，联合库存管理中心担负着协调供需双方利益的角色，起协调控制器的作用。因此需要对库存优化的方法进行明确确定。这些内容包括库存如何在多个需求商之间调节与分配，库存的最大量和最低库存水平、安全库存的确定，需求的预测等等。

（3）建立一种信息沟通的渠道或系统信息共享是供应链管理的特色之一。为了提高整个供应链的需求信息的一致性和稳定性，减少由于多重预测导致的需求信息扭曲，应增加供应链各方对需求信息获得的及时性和透明性。为此应建立一种信息沟通的渠道或系统，以保证需求信息在供应链中的畅通和准确性。要将条码技术、扫描技术、POS 系统和 EDI 集成起来，并且要充分利用因特网的优势，在供需双方之间建立一个畅通的信息沟通桥梁和联系纽带。

（4）建立利益的分配、激励机制，要有效运行基于协调中心的库存管理，必须建立一种公平的利益分配制度，并对参与协调库存管理中心的各个企业（供应商、制造商、分销商或批发商）进行有效的激励，防止机会主义行为，增加协作性和协调性。

2. 发挥两种资源计划系统的作用

为了发挥联合库存管理的作用，在供应链库存管理中应充分利用目前比较成熟的两种资源管理系统：MRPII 和 DRP。原材料库存协调管理中心应采用制造资源计划系统 MRPII，而在产品联合库存协调管理中心则应采用物资资源配送计划 DRP。这样在供应链系统中把两种资源计划系统很好地结合起来。

3. 建立快速响应系统

快速响应系统是在 20 世纪 80 年代末由美国服装行业发展起来的一种供应链管理策略，目的在于减少供应链中从原材料到用户过程的时间和库存，最大限度地提高供应链的运作效率。

快速响应系统在美国等西方国家的供应链管理中被认为是一种有效的管理策略，经历了三个发展阶段。第一阶段为商品条码化，通过对商品的标准化识别处理

课堂笔记

加快订单的传输速度；第二阶段是内部业务处理的自动化，采用自动补库与 EDI 数据交换系统提高业务自动化水平；第三阶段是采用更有效的企业间的合作，消除供应链组织之间的障碍，提高供应链的整体效率，如通过供需双方合作，确定库存水平和销售策略等。

目前在欧美等西方国家，QR 系统应用已到达第三阶段，通过联合计划、预测与补货等策略进行有效的用户需求反应。美国的 Kurt Salmon 协会调查分析认为，实施快速响应系统后供应链效率大有提高：缺货大大减少，通过供应商与零售商的联合协作保证 24 小时供货；库存周转速度提高 1~2 倍；通过敏捷制造技术，企业的产品中有 20% ~ 30% 是根据用户的需求而制造的。快速响应系统需要供需双方的密切合作，因此协调库存管理中心的建立为快速响应系统发挥更大的作用创造了有利的条件。

4. 发挥第三方物流系统的作用

第三方物流系统（Third Party Logistics，TPL）是供应链集成的一种技术手段。TPL 也叫做物流服务提供者（Logistics Service Provider，LSP），它为用户提供各种服务，如产品运输、订单选择、库存管理等。第三方物流系统的产生是由一些大的公共仓储公司通过提供更多的附加服务演变而来，另外一种产生形式是由一些制造企业的运输和分销部门演变而来。

把库存管理的部分功能代理给第三方物流系统管理，可以使企业更加集中精力于自己的核心业务，第三方物流系统起到供应商和用户之间联系的桥梁作用，为企业获得诸多好处。

第三方物流系统在供应链中的作用：

（1）减少成本。

（2）使企业集中核心业务。

（3）获得更多的市场信息。

（4）获得一流的物流咨询。

（5）改进服务质量。

（6）快速进入国际市场。

面向协调中心的第三方物流系统使供应与需求双方都取消了各自独立的库存，增加了供应链的敏捷性和协调性，并且能够大大改善供应链的用户服务水平和运作效率。

拓展阅读

丰田汽车的精细化供应链管理

从时间及空间上，重新规划企业的运作流程，以提升客户满意度，是企业目前

课堂笔记

的紧迫任务，要么重构，要么被淘汰，企业已经站在精细供应链管理的十字路口。

日本丰田汽车公司总装厂与零部件厂家之间的平均间隔为 95.3km，日产汽车公司总装厂与零部件厂的平均间隔为 183.3km，克莱斯勒公司为 875.3km，福特公司为 818.8km，通用公司为 687.2km。从各大汽车公司总装厂到各零部件厂的平均间隔可以看出，合理的布局起着非常重要的作用。

丰田汽车公司这种平均间隔近的优势，充分地转化为管理上的优势。该公司的零部件厂家平均每天向总装厂发运零部件 8 次以上，每周平均 42 次。美国通用汽车公司零部件厂的发运频率仅为每天 1.5 次，每周平均为 7.5 次。显然，日本汽车公司的平均存货成本要低于美国汽车公司。由于丰田公司的零部件协作企业离公司总装厂相距较近，这给各企业管理人员、工程技术人员之间的互相沟通带来便利。丰田公司总装厂与零部件厂人员年平均面对面的沟通次数为 7 236 人 / 天，通用公司为 1 107 人 / 天。丰田公司这种频繁的人员交流为总装厂和零部件厂的充分沟通和协作创造了条件，便于双方解决在新车型开发、技术改造和消费中遇到的问题，从而加快新产品开发、提高产品质量，并降低经营成本。当运货卡车还未到达工厂大门之前，安装在车上的基于卫星全定位技术的移动数据终端，很快将卡车即将到来的消息传递给计算机系统，当卡车驶入工厂大门时，计算机系统自动记录下所装货物的品种和数量，并使零部件恰巧在需要时的前几分钟就到达装配线上……丰田汽车还通过信息的实时沟通，实现了零库存的目的。精细供应链管理创造了丰田汽车称霸全球汽车行业的神话。

素养园地

团队合作意识

——职场必修课

所谓团队合作能力，是指建立在团队的基础之上，发挥团队精神、互补互助以达到团队最大工作效率的能力。当今时代，从各级行政部门，到各类中小学校，大到员工成千上万的企业集团，小到三五人的工作组，不论哪个行业都非常重视团结协作。各种会议和活动中，团队协作精神都是组织者经常强调的重要话题。尽管在一个行业、一个单位讲的话不一样，或者是非常书面的团结协作、密切配合，或者是非常口语化的“相互抱团”“扭成一条绳”等中心的意思，讲的都是团队协作精神。只不过是团队的人数规模大小不同而已。由此可见协作精神已经是当今时代一个团队、一个集体、一个组织生存和发展不可或缺的思想理念和基本原则。那么作为一个团队中的个体，要想在团队中站住脚跟，进而和团队一起发展，也必须自觉培养和发扬团队协作精神，这样才能更好地融入团队和集体，进而取得进步和发展。

项目综合实训

供应链优化报告撰写

◇实训组织

实训以小组为单位，小组中要合理分工。在教师指导下，以上一个单元选取的市场调研企业为研究对象，在充分了解该企业目前供应链现状基础上，以小组为单位组织研讨、分析该企业供应链存在的问题并进行优化，形成小组调研报告。

◇实训案例

各小组以上一个单元选取的市场调研企业为研究对象，以真实的案例作为实训内容。

◇实训要求

（1）各小组在对企业进行研究分析前，走访企业，了解企业目前经营存在的问题，管理上存在的难点、痛点等。

（2）对企业目前面临的问题、难点、痛点进行分析，找出背后的原因。

（3）根据所学知识，从供应链的角度对企业管理流程进行优化，提出可行的解决方法和思路。

（4）根据所学供应链优化流程，撰写一份所研究企业的供应链优化报告。字数要求 1 000 字以上。

◇实训成果说明

（1）每小组分工协作，以小组为单位写出该企业供应链优化报告，并上交纸质文稿和电子稿各一份。

（2）本次实训成绩按个人表现、团队表现、实训成果各项成绩汇总而成

◇项目小结

（1）设计和运行一个有效的供应链对于每一个制造企业都是至关重要的。怎样将制造商、供应商和分销商有机地集成起来，使之成为相互关联的整体，是供应链管理系统设计要解决的主要问题。

（2）快速反应（Quick Response）是美国零售商、服装制造商以及纺织品供应商开发的整体业务概念，目的是减少原材料到销售点的时间和整个供应链上的库存，最大限度地提高供应链的运作效率。QR 的着重点是对消费者需求做出快速反应。

（3）有效客户反应（ Efficient Consumer Response，ECR），是在食品杂货分销系统中，分销商和供应商为消除系统中不必要的成本和费用，给客户带来更大效益而进行密切合作的一种供应链管理策略。

课堂笔记

思考题

（1）举例说明供应链设计应主要包括哪些内容。

（2）以某一企业为例，说明供应链设计的步骤。

（3）以某一企业为例，分析供应链存在的问题并对其进行优化。

（4）QR 战略的优点是什么？实施 QR 战略有哪几个步骤？

（5）通过服装业应用 QR 战略，你得到什么启示？

（6）信息技术在 QR 战略中扮演什么样的角色？

（7）ECR 的四大要素是什么？都起到什么样的作用？

（8）QR 和 ECR 战略有哪些相同和不同之处？

◇项目评价表

<table>
<tr><td colspan="4">实训完成情况（40 分）</td><td>得分：</td></tr>
<tr><td colspan="5">计分标准：
出色完成 30~40 分；较好完成 20~30 分；基本完成 10~20 分；未完成 0~10 分</td></tr>
<tr><td colspan="4">学生自评（20 分）</td><td>得分：</td></tr>
<tr><td colspan="5">计分标准：得分 =2 × A 的个数 +1 × B 的个数 +0 × C 的个数</td></tr>
<tr><td>专业能力</td><td>评价指标</td><td>自测结果</td><td colspan="2">要求
（A 掌握；B 基本掌握；C 未掌握）</td></tr>
<tr><td>认识两种产品</td><td>1. 功能性产品特性
2. 革新性产品特性
3. 两种产品的比较</td><td>A □ B □ C □
A □ B □ C □
A □ B □ C □</td><td colspan="2">能够掌握功能性产品和革新性产品的特性，了解对两种产品进行比较分析</td></tr>
<tr><td>认识两种供应链</td><td>1. 有效性供应链和反应性供应链的侧重点
2. 两种产品和两种供应链的匹配关系</td><td>A □ B □ C □
A □ B □ C □</td><td colspan="2">熟悉有效性供应链和反应性供应链的侧重点，掌握两种产品和两种供应链的匹配关系</td></tr>
<tr><td>供应链优化</td><td>1. 供应链优化环节
2. 供应链优化方法</td><td>A □ B □ C □
A □ B □ C □</td><td colspan="2">熟悉供应链优化的环节，掌握供应链优化分析的两种具体方法</td></tr>
<tr><td>职业道德思想意识</td><td>1. 爱岗敬业、认真严谨
2. 遵纪守法、遵守职业道德
3. 顾全大局、团结合作</td><td>A □ B □ C □
A □ B □ C □
A □ B □ C □</td><td colspan="2">专业素质、思想意识得以提升，德才兼备</td></tr>
<tr><td>小组评价（20 分）</td><td colspan="2"></td><td>得分：</td><td></td></tr>
<tr><td colspan="5">计分标准：得分 =10 × A 的个数 +5 × B 的个数 +3 × C 的个数</td></tr>
<tr><td>团队合作</td><td>A □ B □ C □</td><td>沟通能力</td><td colspan="2">A □ B □ C □</td></tr>
<tr><td>教师评价（20 分）</td><td colspan="2"></td><td>得分：</td><td></td></tr>
<tr><td>教师评语</td><td colspan="4"></td></tr>
<tr><td>总成绩</td><td></td><td>教师签字</td><td colspan="2"></td></tr>
</table>

模块三

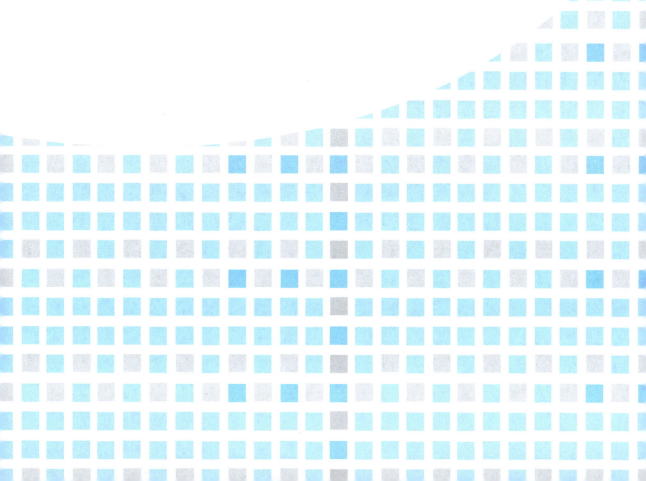

采购与供应链操作及案例分析

课堂笔记

项目十 动态模拟采购与供应链运作

——实施啤酒配送游戏

项目概述

这是一个供应链全程运作的模拟游戏。它是由麻省理工商学院的教授在20世纪60年代开发的，开始主要用于动态系统管理的教学。至今，世界各地已有成千上万人参与过这个游戏，他们包括大学生、企业各级管理者，乃至公司总裁和政府官员。当今，在许多著名大学的MBA课程中，也都把它列为学生的入门教材。关于这一游戏的教材已有很多版本，其中最为完善的要数麻省理工学院的电子版SCLead（供应链导讯）。本书作者开发的这一自助版本结合了几个英文版本的优点，并且为了方便更大范围地应用于学校的课堂教学和企业培训，同时也为了方便个人练习，我们在游戏的编排和道具上都做了一些创新，结合更加丰富的问题解答，从而使整个课程更加活泼有趣。此外，我们还适当添加一些供应链的相关内容以便加深大家对供应链基本概念的理解。 由于时间非常仓促，此课程的编排还谈不上尽善尽美，肯定也存在一些错漏，希望采用这个课程的院校和企业能够给我们提出更多的宝贵意见，共同完善这一课程的内容。

学生做“啤酒游戏”剪影

案例导入

“蒜你狠”“豆你玩”……农产品价格为什么大起大落?

这些年，对农产品的市场价格波动，媒体经常发出惊呼，并创造出了一堆“怪

课堂笔记

异”的新词，例如，“蒜你狠”“豆你玩”“姜你军”“葱击波”“糖高宗”等等。这些所有表达，都有一个共同点：惊呼价格的上涨。而用于价格下降的“怪异”新词很少，好像就一个“跌跌不休”。

对农产品市场价格波动的大惊小怪，可能有各种原因。但其中最根本的，应该是不了解农产品需求与供给的特点。

需求弹性小，是价格暴涨的基础原因。需求弹性小，意味着一个很小的供给数量变化，就会引起一个很大的价格变化。例如，葱姜蒜的供给数量减少时，大家都不想少买，于是，价格就上涨；上涨了，还是没有人想少买，价格就继续涨……直到有人减少购买数量，或者大家都减少一点购买数量，都节约一点。葱姜蒜供给数量减少 10%，就足以把价格拉涨 50% 或更多。葱姜蒜的产量减少 10%，是很容易发生的。原因很简单，天气异常变化，包括多雨低温等，或者病虫害影响，都很容易导致 10% 或更大幅度的产量变化。而 50% 的价格上涨，足以大大刺激农民增加种植面积，乃至很多原来不种葱姜蒜的农民，也开始转种葱姜蒜。我国以小规模农户经济为主，从众和跟风的市场反应行为非常普遍。结果呢，下一个生产周期结束时，市场上的葱姜蒜供给数量就不是增长 10% 了，而可能是 20%、30% 或更多。于是，价格必然下降。但即便下降了 50%，葱姜蒜的消费需求也不会增加很多，又不是很好储藏，生产者都想卖出去，于是，只好竞相降价，价格就会跌得很惨；最后有部分产品，可能就只好任其烂掉了。然后，又开始新的周期：数量减少，价格升高，数量增加，价格下降……

需求弹性小、供给量易变、产品储藏难、生物周期性等，是农产品的普遍特点，不是偶然现象，所以一些农产品价格的较大波动，属于正常现象，很难避免。农产品市场价格变化的这两个特点——周期性和价格信号放大性，意义非常重大。价格暴涨暴跌对整个农产品供应链来说破坏性非常大，每个环节的角色都付出了真金白银的代价，包括企业，也包括消费者和政府。如何减少农产品价格的波动，就成了我们供应链研究的重要课题。

思考

结合案例思考：如何减少农产品供应链的剧烈波动？

学习目标

◇知识目标

掌握采购提前期和生产周期的概念。

熟悉啤酒游戏的流程和步骤。

掌握牛鞭效应产生的原因、危害。

◇能力目标

能够根据啤酒游戏流程进行操作。

掌握牛鞭效应弱化策略。

◇素养目标

培养大局观意识。

一、啤酒配送游戏简介

“啤酒配送游戏”作为一个课程项目，目的是为了使参加学习和玩游戏的学生、经理和企业管理者更加直观地理解供应链和动态系统分析这两个概念。参加者通过这一游戏可以更加深刻地感受到供应链上的不确定因素给企业所带来的压力。由于每个参加者也是供应链的决策者，通过对库存水平和库存成本的控制来加深对供应链决策重要性的理解，并且从本质上了解产生“牛鞭效应”的原因。游戏的结果可以作为绩效评估的分析对象。在分析的过程中，共同对供应链的管理方法和技术应用提出供应链的核心问题，从而最后达到提高参加者的供应链技能目的。图 10-1 是一幅麻省理工学院的 CEO 培训图片。

图 10-1　麻省理工学院的 CEO 培训图片

这是一个供应链的模拟游戏，虽然它被称为“啤酒配送游戏”，并不需要啤酒来完成这个游戏，或许将它称作“制造 – 配送”游戏更为贴切。然而，制酒和配送啤酒不是更加有趣吗？许多人干脆把它称作“啤酒游戏”。在这个游戏中，零售商只销售啤酒，它的下游是直接的消费者——顾客，上游是批发商，接着还有分销商（代理商）和厂商。厂商只生产产品，当然这一产品就是啤酒，至于是哪个品牌？您充分发挥自己的想象力吧。其中，零售商、批发商、分销商、厂商形成一条直线型的供应链。当然实际环境要比这个模拟游戏复杂得多，但是你马上就会发现，在参与这一简单拟游戏的过程中，来自上下游、外部环境等不确定因素给企业所带来的影响让你感到无奈，更让你感到震惊。

课堂笔记

二、游戏规则

这是一条消费品的分销和配送链，呈直线型的供应链。由于这是一个供应的模拟游戏，所以参加者就必须遵从一定的规则，并且按照规则严格执行，才达到预期的实战效果。

（1）这是一条直线型的供应链，链条上的交易伙伴包括零售商、批发商、销商和厂商，将他们定义为“成员”。

（2）这一链条只有单一的产品（Single SKU）“啤酒”。（什么品牌？您的想力有多丰富，它的品牌知名度就有多高）。

（3）顾客和原材料设定为链条的外部环境因素。

（4）假定链条上没有任何的意外事件发生，例如厂商的产能问题、机器不要维修、运输服务永远不会出现延误问题等。

（5）由于是直线形供应链，链条上各成员之间的关系是固定的、直线式的关系。例如，零售商不能绕过批发商向分销商直接上传订单，厂商不能向零售商直接发送产品。

（6）配送节点：在成员之间增设一个配送节点，定义为区域配送中心（DC）；在配送渠道中，链条上各个成员的角色转换成“节点”。例如，从厂商至分销商的产品配送包括四个环节，厂商－仓库－DC－分销商仓库。

（7）作业环节：节点与节点之间的作业过程定义为“环节”。例如，零售商向分销商上传订单的过程就是一个环节的作业过程。

（8）作业周期：每个作业环节的完成时间，作业周期的单位为周。

（9）节点上的作业时间没有限制（各成员的反应速度），以增加实战的气氛，例如，厂商接到订单后，在原材料足够的情况下组织生产，并马上在一个作业周期向下游发货。

（10）成员成本控制：在这个模拟竞赛游戏中，各个成员的成本只涉及两个成本：库存持有成本（\$1.00/ 箱 / 周）和过期交货成本（\$2.00/ 箱 / 周），每个参赛成员的目标就是通过平衡库存持有成本和过期交货成本，实现总成本的最小化。

（11）供应链成本：这一链条上的所有成员的成本总和（零售商、批发商、分销商和厂商）为这一链条上的供应链总成本。

（12）需求链：同样，自下而上的需求链也是直线型的僵硬链条。上游只能通过下游的订单来获得需求信息。

（13）供应链透明度：这一游戏的供应链透明度所涉及的信息只有库存信息。也就是库存透明度的问题。简单设定为两个等级：①零库存透明度（适合初学参赛者）；②库存信息在毗邻成员之间传递。这也是多数直线供应链应有的特征（适合有相当经验的参赛者运用。此时游戏的目标提高到降低整个供应链总成本的高度，成员之

课堂笔记

间转化成一个团队，彼此之间进行有效的合作。）

（14）外部环境信息：这一模拟链条不受任何外部因素的影响，成员的决策只采用基于历史资料的预测方法。

（15）补货周期：一个作业周期只允许一次补货。

（16）原材料供应商：完全满足厂商的需求，与厂商的关系遵从游戏的其他规则。

（17）厂商：此游戏是配送体系的模拟运作，厂商的制造功能被简化为贴标签的作业，并遵从节点上的作业规则。

三、游戏组织与道具

游戏中老师消费者角色，并负责适时发布一定的信息。其中，零售商由 8 组学员扮演，每组 1 人；批发商由 2 组学员扮演，每组 3 人；制造商由 1 组学员扮演，为 3 人；另外司机两名。每组供应链共 19 人。

所需道具如下：

每个零售商：零售商角色资料卡（见表 10–1）1 张，零售商订货单 30 张。

每个批发商：批发商角色资料卡（见表 10–2）1 张，各零售商订发货统计表（见表 10–3）1 张。

批发商订货单 30 张，批发商发货单 30 × 4=120 张。

每个制造商：制造商角色资料卡（见表 10–4）1 张，各批发商订发货统计表（见表 10–5）1 张。

制造商发货单 30 × 2=60 张，订货单和发货单均可用自备纸条代替，格式如表 10–6 所示。

表 10–1　零售商角色资料卡

周次	批发商送货量	期初库存量	消费者需求量	销售量	本期欠货总量（顾客）	期末库存量	批发商欠货总量	订货量（批发商）	本期利润
1	4	8							
2	4								
3	4								
4	4								
5									
6									
7									
8									
9									

课堂笔记

续表

周次	批发商送货量	期初库存量	消费者需求量	销售量	本期欠货总量（顾客）	期末库存量	批发商欠货总量	订货量（批发商）	本期利润
10									
11									
12									
13									
14									
15									
16									
17									
18									
19									
20									
21									
22									
23									
24									
25									
26									
27									
28									
演练成绩：班级 ________，零售商 ________，总利润额________									

零售商角色资料卡说明：

1. 第 t 周的欠货量（顾客）= 上一周欠顾客货量 + 第 t 周的啤酒市场需求量 – 第 t 周的销量

2. 第 t 周的批发商欠货量 = 上一周的批发商欠货总量 + 上四周订单量 – 本周批发商送货量

3. 第 t 周的期初库存量 = 第 t–1 周的期末库存量

4. 第 t 周的期末库存量 = 第 t 周的期初库存量 + 第 t 周的批发商送货量 – 第 t 周的销量

5. 第 t 周的利润额 = 第 t 周销量 ×5– 第 t 周欠货量 ×2– 第 t 周期末库存量 ×1

表 10-2　批发商角色资料卡

周次	需求量	制造商送货量	期初库存量	发货总量（零售商）	本期总欠货量（零售商）	期末库存量	订货量（制造商）	本期利润
1	16	16	24	16	0	24		
2	16	16	24	16	0	24		
3	16	16	24	16	0	24		
4	16	16	24	16	0	24		
5								
6								
7								
8								
9								
10								
11								
12								
13								
14								
15								
16								
17								
18								
19								
20								
21								
22								
23								
24								
25								
26								
27								
28								
29								

课堂笔记

课堂笔记

续表

周次	需求量	制造商送货量	期初库存量	发货总量（零售商）	本期总欠货量（零售商）	期末库存量	订货量（制造商）	本期利润
30								
31								

表 10-3　各零售商订发货统计表

各零售商订发货统计情况表												
周次	零售商 A			零售商 B			零售商 C			零售商 D		
	需求量	发货量	累计欠货	需求量	发货量	累计欠货	需求量	发货量	累计欠货	需求量	发货量	累计欠货
1	4			4			4			4		
2	4			4			4			4		
3	4			4			4			4		
4	4			4			4			4		
5												
6												
7												
8												
9												
10												
11												
12												
13												
14												
15												
16												
17												
18												
19												
20												
21												
22												

课堂笔记

表 10-4　制造商角色资料卡

周次	本周需求量	制造产出量	期初库存量	本期发货量	累计欠批发商货量	期末库存量	计划生产量	本期利润
1	32	32	64	32	0	64		
2	32	32						
3	32	32						
4	32	32						
5								
6								
7								
8								
9								
10								
11								
12								
13								
14								
15								
16								
17								
18								
19								
20								
21								
22								
23								
演练成绩：________班级________制造商，总利润额 ________								

表 10-5　各批发商订发货统计表

周次	批发商 1			批发商 2		
	本周需求量	发货量	累计欠货	本周需求量	发货量	累计欠货
1	16			16		

课堂笔记

续表

周次	批发商 1			批发商 2		
	本周需求量	发货量	累计欠货	本周需求量	发货量	累计欠货
2	16			16		
3	16			16		
4	16			16		
5						
6						
7						
8						
9						
10						
11						
12						
13						
14						
15						
16						
17						
18						
19						
20						
21						
22						

制造商情况总表表格说明：

1. 第 t 周的累计欠批发商货量 = 第 t–1 周的累计欠货量 + 第 t 周的本期发货欠货量

2. 第 t 周的制造产出量 = 第 t–2 周的计划生产量

3. 第 t 周的期初库存量 = 第 t–1 周的期末库存量

4. 欠货与库存均有成本

5. 第 t 周的期末库存量 = 第 t 周的期初库存量 + 第 t 周的制造产出量 – 第 t 周的

本期发货量

6. 第 t 周的利润额 = 第 t 周发货量 ×5– 第 t 周累计欠货量 ×2– 第 t 周期末库存量 ×1

表 10-6　订货单与发货单

零售商订货单	
零售商	
订货时间（第几周）	
订货数量（箱）	

批发商订货单	
批发商	
订货时间（第几周）	
订货数量（箱）	

批发商发货单	
批发商	
发货时间（第几周）	
订货数量（箱）	

制造商发货单	
制造商	
发货时间（第几周）	
订货数量（箱）	

四、游戏流程

第一周开始：

（1）生产商把货生产出来（制造商填写制造商情况总表“制造产出量”）。

（2）制造商给批发商发货（制造商填写制造商发货单），再传递给批发商；制造商填写完整“制造商情况总表”和“各批发商订发货情况统计表”，但“计划生产量”不填写（前两周除外）。

（3）批发商收货（批发商填写批发商情况总表“制造商送货量”）。

（4）批发商给零售商发货（批发商填写发货单），再传递给零售商；批发商填写完整“批发商情况总表”和“各零售商订发货统计情况表”，但“订货量（制造商）”不填写。零售商收货（零售商填写“批发商送货量”）

（5）教师发布本周消费者消费需求，只允许零售商了解。零售商填写完整“零售商情况总表”（此时因预测下周需求量会是多少，再填写“订货量（批发商）”）。

（6）零售商填写本周订货单。

（7）零售商把订货单给司机；然后司机把订货单给批发商（时间为两周）。

（8）批发商收到零售商订货单后，将第一周零售商订货量（在第三周才收到）填写在“各零售商订发货统计情况表”第五周的“订货量处”，将汇总的零售商订货量填写在“批发商情况总表”的第五周“零售商订单总量”处。然后填写“订货量（制造商）”，再填写“批发商订货单”，交给司机。

（9）制造商收到批发商订货单，再填写制造商生产计划。

到此，所有角色手上表格第一周的项目填写完毕。

课堂笔记

宣布第一周结束，宣布第二周开始，重复以上步骤直至游戏完成。

五、供应链中"牛鞭效应"现象分析

1."牛鞭效应"现象

"牛鞭效应"是供应管理中需求信息扭曲的结果，阻碍了无缝隙供应链的形成。这种供应链上最终用户的需求沿供应链上游前进过程中波动程度逐级放大的现象，由于与我们在挥动鞭子时手轻微用力鞭梢就会出现大幅摆动的现象类似，故形象描述为"牛鞭效应"，供应链中的牛鞭效应现象如图 10-2 所示。

"牛鞭效应"
电脑沙盘模拟
演示

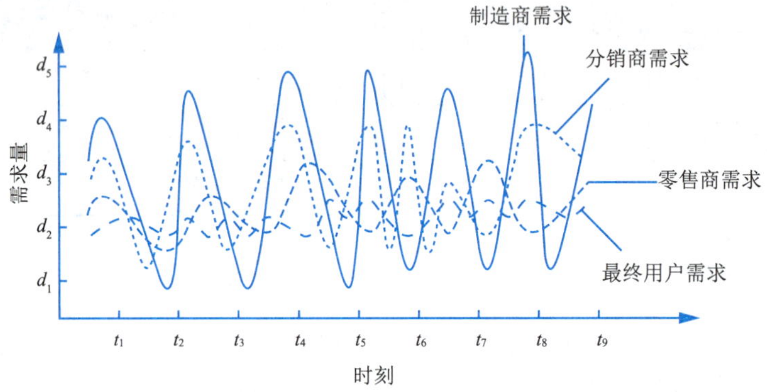

图 10-2　供应链中的"牛鞭效应"现象

2."牛鞭效应"产生的原因

"牛鞭效应"是营销活动中普遍存在的现象，因为当供应链上的各级供应商只根据来自其相邻的下级销售商的需求信息进行供应决策时，需求信息的不真实性会沿着供应链逆流而上，产生逐级放大的现象，到达最源头的供应商时，其获得的需求信息和实际消费市场中的顾客需求信息发生了很大的偏差，需求变异系数比分销商和零售商的需求变异系数要大得多。

（1）需求预测修正是引发"牛鞭效应"的直接原因。

在供应链中，每个企业都会向其上游订货，当供应链的成员采用其直接的下游订货数据作为需求信息时，就会产生需求放大。零售商按顾客需求预测订货，确定订货点和安全库存，通常采用指数平滑法来预测平均需求及其方差，观察的数据越多，对预测值的修正也就越多，增大了需求的变动性。同样，分销商按零售商的订货数量来预测需求，连续对未来需求进行修正，最后到达上游供应商手中的订货数量已是经过多次修正的库存补给量，变动更大了。

如同在"啤酒实验"中所示，在传统的供应链中，各节点企业总是以其直接下游的需求资讯作为自己需求预测的依据。比如，当某企业销售了 100 个产品时，他可能会乐观地估计未来，也为了保证不断货，他会增加进货，达到 120 个。同样地，由于资讯的不完全，批发商和分销商也可以做出比以往更多的库存的决策，传到制造商时，订单可能就是 200 个，甚至更多了。而实际需求最多不会超过 110 个，“牛鞭效应”也就产生了。

（2）订单批量决策。

在供应链中，每个企业都会向其上游订货，一般情况下，销售商并不会来一个订单就向上级供应商订货一次，而是在考虑库存和运输费用的基础上，在一个周期或者汇总到一定数量后再向供应商订货；为了减少订货频率，降低成本和规避断货风险，销售商往往会按照最佳经济规模加量订货。同时频繁的订货也会增加供应商的工作量和成本，供应商也往往要求销售商在一定数量或一定周期订货，此时销售商为了尽早得到货物或全额得到货物，或者为备不时之需，往往会人为提高订货量，这样，由于订货策略导致了“牛鞭效应”。

（3）价格波动。

供应链中的上游企业经常采用一些促销策略，比如价格折扣、数量折扣等。对下游企业来说，如果库存成本小于由于折扣所获得的利益，那么在促销期间，他们为了获得大量含有折扣的商品，就会虚报商品的销售量，然后将虚报的商品拿到其他市场销售或者推迟到促销结束后再销售，也有的将这一部分商品再转卖给其他经营者，这样就引起了需求极大的不确定性。而对消费者来说，在价格波动期间，他们会改变购买，但这并不能反映消费者的实际需求，因为他们会延迟或提前部分需求。如每年的三次长假，由于商家的促销，消费者会将假前的部分需求推迟，也会将以后的部分需求提前，集中到假期消费，这样需求的变动就比较大。所以，价格波动会产生“牛鞭效应”。

（4）短缺博弈。

当需求大于供应时，理性的决策是按照订货量比例分配现有供应量，比如，总的供应量只有订货量的 40%，合理的配给办法就是按其订货的 40% 供货。此时，销售商为了获得更大份额的配给量，故意夸大其订货需求是在所难免的，当需求降温时，订货又突然消失，这种由于短缺博弈导致的需求资讯的扭曲最终导致“牛鞭效应”。

（5）提前期。

总提前期是由用于订单处理、采购和制造商品、在供应链不同阶段运输商品的时间构成的。提前期越长，对企业的订购点和安全库存的影响越大，也会降低需求资讯的时效性，从而引起“牛鞭效应”。

（6）供应链的结构。

一般地说，供应链越长，处于同一节的企业越多，供应商离消费者越远，对需求的预测越不准。同时经过各环节的传递及各企业安全库存的多层累加，需求资讯的扭曲程度越大，“牛鞭效应”越明显。

课堂笔记

通过以上的分析，我们可以发现“牛鞭效应”产生的根本原因在于供应链中上、下游企业间缺乏沟通和信任机制，而每一个企业又都是理性人，有各自的利益，由此造成需求资讯在传递过程中不断地被扭曲。

3.“牛鞭效应”的直接结果

（1）导致供应链中产生过多的库存。

有关研究表明，在整个供应链中，从产品离开制造商的生产线至其到达零售商的货架，产品的平均库存时间超过 100 天。被扭曲的需求资讯使供应链中的每个个体都相应增加库存。有关报告估计，在美国就有 300 多亿美元沉积在食品供应链中，其他行业的情况也不相上下。

（2）增加了生产成本。

为了应付这种增大的变动性，要么扩大生产能力，要么增加库存量，这样无论从哪个角度都会加大单位产品的生产成本。

（3）提高了运输成本。

由于存在“牛鞭效应”，使运输需求随时间的变化而剧烈波动，需要保持剩余的运力来满足需求。

（4）降低了产品的供给水平。

订单的大幅波动使无法及时向所有的分销商和零售商供货，从而导致货源不足的频率加大，销售额减少。

4.“牛鞭效应”弱化策略

（1）缩短提前期。

一般来说，订货提前期越短，订量越准确，因此鼓励缩短订货期是破解“牛鞭效应”的一种好办法。

根据 Wal-Mart 的调查，如果提前 26 周进货，需求预测误差为 40%，如果提前 16 周进货，则需求预测的误差为 20%，如果在销售时节开始时进货，则需求预测的误差为 10%。并且通过应用现代资讯系统可以及时获得销售资讯和货物流动情况，同时通过多频度小数量联合送货方式，可以实现实需型订货，从而使需求预测的误差进一步降低。

使用外包服务，如第三方物流也可以缩短提前期和使小批订货实现规模经营，这样销售商就无须从同一个供应商那一次性大批订货。虽然这样会增加额外的处理费用和管理费用，但只要所节省的费用比额外的费用大，这种方法还是值得应用的。

（2）规避短缺情况下的博弈行为。

首先，当出现商品短缺时，供应商可以通过互联网查询各下游企业以前的销售情况，以此作为向他们配货的依据，而不是根据他们订货的数量，从而杜绝了下游企业企图通过夸大订货量而获得较多配给的心理。惠普公司就采用这种办法。其次，通过互联网，链中所有企业共用关于生产能力、库存水平和交货计划等方面的资讯，增加透明度，以此缓解下游企业的恐慌心理，减少博弈行为。制造商也能够了解到更加准确的需求资讯，合理有序地安排生产。

（3）加强出入库管理，合理分担库存责任。

避免人为处理供应链上的有关资料的一个方法是使上游企业可以获得其下游企业的真实需求资讯，这样，上下游企业都可以根据相同的原始资料来制订供需计划。例如，IBM、惠普和苹果等公司在合作协定中明确要求分销商将零售商中央仓库产品的出库情况反馈回去，虽然这些资料没有零售商销售点的资料那么全面，但这总比把货物发送出去以后就失去对货物的资讯要好得多。

使用电子资料交换系统（EDI）等现代资讯技术对销售情况进行适时跟踪也是解决“牛鞭效应”的重要方法，如 DELL 通过 Internet/Intranet、电话、传真等组成了一个高效资讯网络，当订单产生时即可传至 DELL 资讯中心，由资讯中心将订单分解为子任务，并通过 Internet 和企业间资讯网分派给各区域中心，各区域中心按 DELL 电子订单进行组装，并按时间表在约定的时间内准时供货（通常不超过 48 小时），从而使订货、制造、供应“一站式”完成，有效地防止了“牛鞭效应”的产生。

联合库存管理策略是合理分担库存责任、防止需求变异放大的先进方法。联合库存管理是使供应商与销售商权利责任平衡的一种风险分担的库存管理模式，它在供应商与销售商之间建立起了合理的库存成本、运输成本与竞争性库存损失的分担机制，将供应商全责转化为各销售商的部分责任，从而使双方成本和风险共担，利益共用，有利于形成成本、风险与效益平衡机制，从而有效地抑制了“牛鞭效应”的产生和加剧。

即企业之间采用供应链管理（SCM）系统，通过联合预测、协同计划，预测与补货；利用供应商管理库存（VMI）、联合管理库存、EOS 电子定购系统和准时生产（JIT）技术，实时地获得下游节点企业真实的需求信息，及时准确地进行订货，并通过与下游客户的真实沟通。

（4）加强企业和消费者的沟通，建立新型的客户关系。

通过互联网，企业和客户可以进行互动的交流，缩短了企业和客户的距离，便于企业了解客户的需求和趋势，因此企业做出的需求预测准确度高。而且上游企业也能够和客户交流所得的资讯，对下游企业的订单要求进行评估判断，这就有效地缓解了“牛鞭效应”。

同时，制造商也可以通过互联网，建立直销体系，减少供应链中的层次，简化供应链的结构，防止资讯在传递过程当中过多地被人为扭曲，避免“牛鞭效应”的产生。比如 Dell 公司通过 Internet 网、电话、传真等组成了一个高效的资讯网络，客户可以直接地向公司下订单要求进行组装、供应，使订货、制造、供应“一条线”完成，实现了供应商和客户的直接交易，有效地防止了“牛鞭效应”的产生。

课堂笔记

综上所述，对大多数企业而言，单靠自己的实力，要想在激烈的市场竞争中求得生存和发展，是相当困难的。企业之间通过供应链彼此联系起来，以一个有机的整体参与竞争，共同合作，优势互补，实现协同效应，从而提高供应链的竞争力，达到群体共存。供应链不仅涉及蛋糕的分配，还要把蛋糕做大及发现新的蛋糕，这都需要企业相互信任，互惠互利。为此企业之间应建立诚信机制，实现资讯共用，使各节点企业能从整体最优的角度做出决策，实现供应链的不断增值，各企业也都能获利，求得生存和发展。

◇项目小结

（1）通过这一“啤酒配送”课程的学习，最终的目的就是使学习者经过“模拟操作—理论贯通—实战讨论”这样周而复始的循环，从而克服并超越理念的障碍，一步一步提高个人的供应链管理技能，最后成为供应链的规划师 / 经理人，帮助企业在供应链优化过程中获得更大的竞争优势。

（2）“牛鞭效应”现象是一个非常抽象的一个概念，通过啤酒游戏来模拟产生的过程和原因能让我们更直观的理解本现象。同时通过本游戏还能够锻炼学生库存控制、销售预测、生产计划、成本控制等能力，是对以往所学课程和知识的应用和检验。

（3）“牛鞭效应”现象在供应链中是客观存在的，我们无法消除它给供应链带来的危害，只能对其产生的原因进行分析后采取相应对策对其危害进行弱化。

思考题

（1）在进行下达订单时，最大的困扰问题是什么？

（2）造成库存强烈波动的主要因素是什么，如何解决或缓解这些因素？

（3）游戏成员之间的关系问题令您产生什么样的困扰？在现实的合作伙伴关系问题方面，您有什么见解？

（4）如何建立物流作业管理流程，物流作业流程的主要特征是什么？

（5）为了降低“啤酒配送游戏”的供应链总成本，您有什么有效的措施？

（6）在现实环境中，您和您的公司是如何进行供应链的绩效评估？

（7）在生产职能部门的协作和生产企业协作中，最难以处理的问题是什么？

◇项目评价表

实训完成情况（40 分）	得分：
计分标准： 出色完成 30~40 分；较好完成 20~30 分；基本完成 10~20 分；未完成 0~10 分	
学生自评（20 分）	得分：

课堂笔记

续表

计分标准：得分 =2 × A 的个数 +1 × B 的个数 +0 × C 的个数			
专业能力	评价指标	自测结果	要求 （A 掌握；B 基本掌握；C 未掌握）
熟悉游戏流程	1. 游戏角色分工 2. 游戏流程 3. 生产和订货前置期	A □ B □ C □ A □ B □ C □ A □ B □ C □	熟悉游戏流程，根据自己情况选择游戏角色
执行力	1. 根据流程完成角色任务 2. 理解核心规则	A □ B □ C □ A □ B □ C □	根据游戏流程和自身角色完成老师规定的任务
结果分析	1. 供应链优化环节 2. 供应链优化方法	A □ B □ C □ A □ B □ C □	掌握牛鞭效应产生的原因、危害、弱化策略
职业道德思想意识	1. 爱岗敬业、认真严谨 2. 遵纪守法、遵守职业道德 3. 顾全大局、团结合作	A □ B □ C □ A □ B □ C □ A □ B □ C □	专业素质、思想意识得以提升，德才兼备
小组评价（20 分）			得分：
计分标准：得分 =10 × A 的个数 +5 × B 的个数 +3 × C 的个数			
团队合作	A □ B □ C □	沟通能力	A □ B □ C □
教师评价（20 分）			得分：
教师评语			
总成绩		教师签字	

课堂笔记

项目十一 采购与供应链案例综合分析

项目概述

案例分析是管理学最常用的学习方法，采购与供应链管理这门课理论性强，对高职学生来说理解难度较大，所以有必要对案例分析的方法进行系统论述。这本教材推荐戴维·泰勒（David Taylor）教授的物流与供应链案例分析框架，如图 11-1 所示，该分析框架适用教材其他案例的分析。在随后采购与供应链案例分析方法论述中，分析的步骤遵循 David Taylor 教授分析步骤，即所谓得采购与供应链分析五步曲。但具体到每一分析步骤时，吸收了原作者的内容，但也结合了笔者其他阅读的知识以及研究企业实践的心得。

任务一　物流案例分析要点

学习目标

◇知识目标

SWOT 分析法。

五力竞争模型。

ABC 分类法、供应链绩效分析模型。

课堂笔记

◇能力目标

掌握采购与供应链案例分析的基本步骤，并会撰写物流案例分析报告。

企业问题的识别与整理。

◇素养目标

培养学生的问题导向意识。

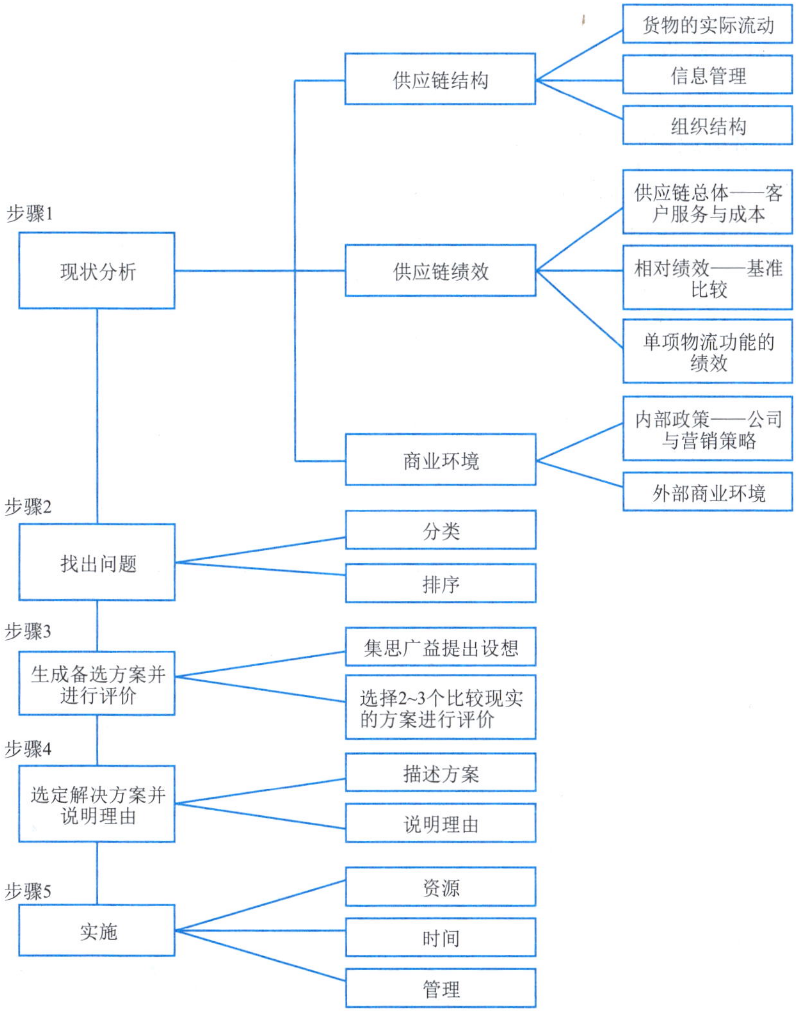

图 11-1　案例分析框架

一、现况分析

在对企业物流运作改进之前，我们首先要对目标企业物流运作的现况进行分析。概括起来，David Taylor 教授的物流现况分析包括三部分：供应链结构分析、供应链绩效分析、商业环境分析。

1. 供应链结构分析

在物流案例分析中，供应链结构分析也就是对物资的实际流动、物流管理所必

课堂笔记

备的信息和信息系统、供应链相关的组织与协调机构和机制等领域的分析。

首先探讨供应链中物资实际流动的分析。在介绍物资实际流动分析方法时，首先介绍 David Taylor 的分析法，随后介绍如何运用 SCOR 模型进行物资实际流动分析。在对物流案例进行物资实际流动分析时，专科学生仅需要掌握 David Taylor 物资流动分析模型。对本科生而言，除了掌握 David Taylor 物资流动分析模型以外，还要掌握如何运用 SCOR 模型进行物资实际流动分析。

（1）David Taylor 物资流动分析模型（物资实际流动）。

学生在对物流案例进行物资流动进行分析时，可以参考上述物资流动模型，绘制一个从原材料或零配件供应的起点开始，通过生产制造环节和分销配送环节，直到最终用户手中的货物流动示意图，如图 11-2 所示。作为物资流动的示意图，这个图应当尽可能地简单明了。例如，假设供应链中有 50 个零配件供应商，那么在图中“供应商”一列中不一定需要画上 50 个供应商来表示，只要注上一个数字“50”就可以了。当然，如果主要制造商有三家工厂，那么它们可以在“制造”一列中全部表示出来。

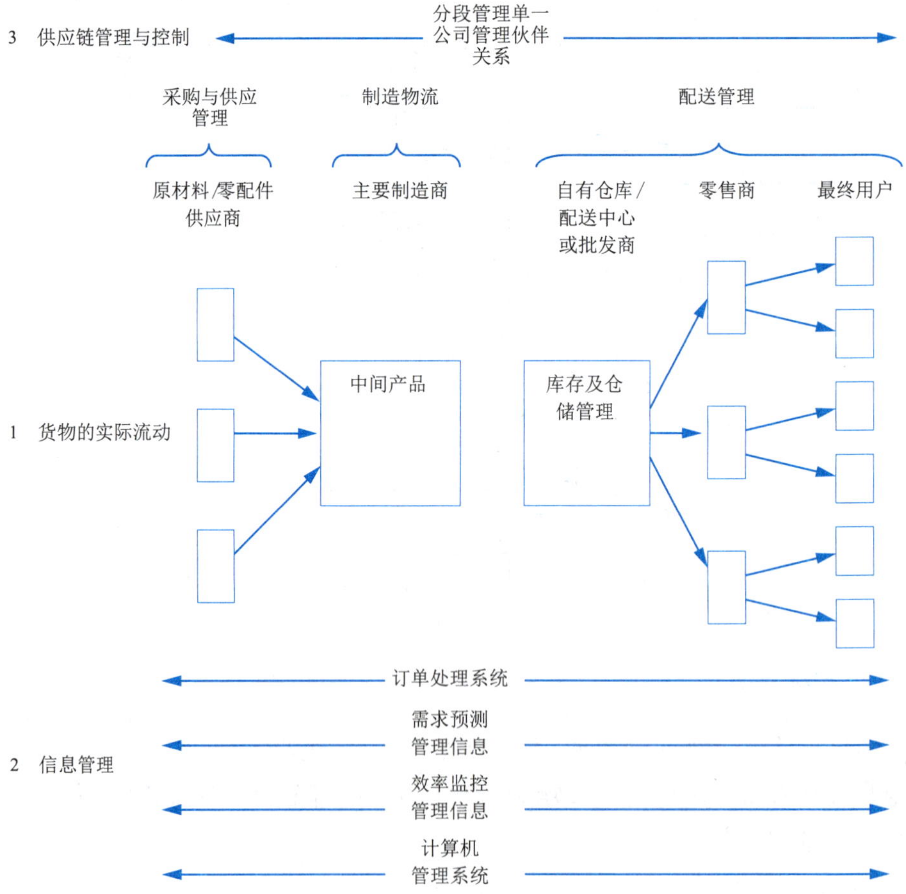

图 11-2 David Taylor 教授的物资流动分析

在绘制物资流动时，有两点值得注意，一是供应链节点，二是供应链节点之间物资移动。

从物流功能来讲，供应链节点通常表现为制造、存储、批发、零售等功能。从企业形态来说，供应链节点通常表现为供应商、制造商、配送中心、分销商、零售商等。在绘制供应链示意图时，应当尽可能描绘到最终用户。因为很多时候物流管理的难点，比如运输和存货管理等，出现在企业客户与商品实际最终用户之间。供应链节点绘制以后，需要标明相邻接点之间的运输模式。

（2）信息管理。

物流案例供应链结构分析的第二部分内容是信息管理。在 David Taylor 供应链管理模型中，信息管理包括：

订单信息处理

在案例分析时要关注供应链订单处理系统，简言之，就是订单是如何获取的，又如何向供应链上游传递；同时，还要关注随同货物向供应链下游移动所伴随的信息流，比如发货单、发票等信息流动，这部分信息流动的效率也会影响供应链运作。

需求预测信息

案例分析时，需要关注企业中需求预测具体由哪一部门执行，比如有些企业由销售部门进行预测，有些企业由生产部门进行预测，而有些则由物流部门进行预测。还要关注预测过程是否相应的技术支持，比如专业预测软件。

管理信息

这部分内容往往是物流运作效率改进所必需的信息，而企业以往经常忽略的工作，比如大多企业没有物流领域关键资源的生产率、利用率、成本、可靠性和反应性等信息。实际企业管理中，日常管理信息主要是围绕财务部门设计和收集信息，比如 ERP 系统。这部分财务导向的信息，由于设计主体对物流运作的陌生等原因，往往无助于物流管理改进。物流管理信息的缺乏或无效在本书案例众多有体现，比如关于 WQ 公司项目采购案例。

管理信息系统

这里主要是了解物流管理相关的软件系统和计算机硬件系统。物流管理的兴起及其效率的提高，很大程度上归结和依赖于近年来信息技术的发展。比如本书案例中零售企业 CV 公司物流成本和效率落后于竞争对手的一个重要原因是该企业配送中心没有配备相应仓库管理系统（Warehouse Management System，WMS）。

（3）供应链管理和协调机构与机制。

具体分析供应链管理和协调的机构与机制时，我们需要界定企业内部与物流管理相关的部门，需要检查企业是否为这些部门的协调建立相应的机制。公司高层对物流与供应链管理的理念和态度也是考核的内容。

课堂笔记

至于从供应链各参与主体来考虑时，需要确定供应链中的核心企业，也就是整个供应链发挥核心作用的参与体。还要了解供应链运作中是否已经建立了相应的激励和惩罚机制，比如各供应链各参与主体对CPFR（共同补货、共同计划与共同预测）投入的分担和对收益的分享政策。在案例分析时，应该引起注意的是，学界通常颂扬的双赢供应链管理模式在现实中是罕见的，更常见的是供应链参与体之间的博弈，以及强势供应链参与体的意志。

（4）如何运用SCOR模型进行供应链分析。

SCOR（Supply Chain Operations Reference model）模型提供了另一种分析物流活动的方法。SCOR是供应链委员会（SCC —Supply Chain Council）——一个非营利机构开发的供应链分析模型，如图11–3所示。

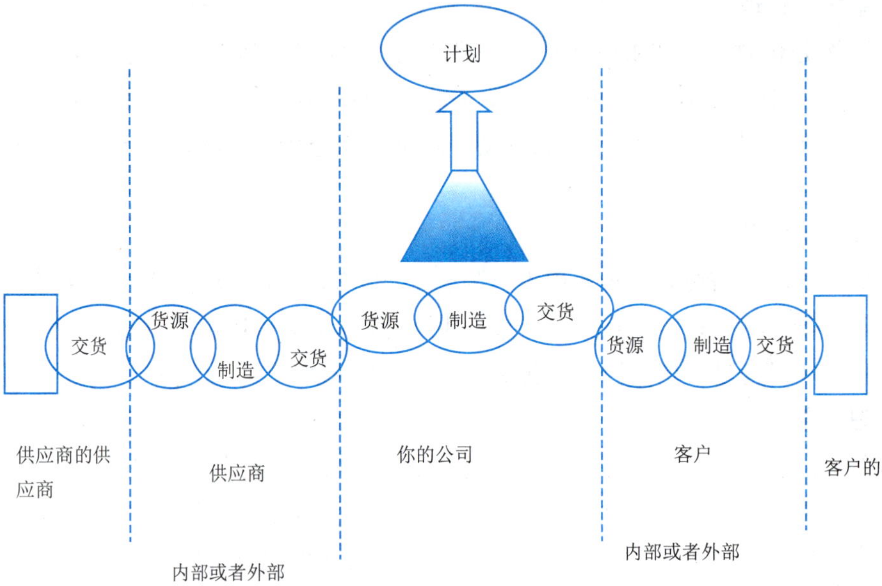

图11–3　SCOR分析模型

SCOR模型把整个供应链分解为货源搜寻、制造、交货和计划等四个流程。这四个流程分别简称分别是S、M、D和P。其中前三者成为供应链执行过程。计划流程可以认为是一个核心的流程，它对其他三个流程起到整体协调和控制的作用。当然每一执行过程都需要有一个计划，通常把这些计划过程称之为货源搜寻计划、制造计划和配送计划。现在的新板SCOR模型还包括逆向物流。在本阶段活动分析暂不考虑逆向物流。

在运用SCOR模型绘制供应链图时，需要掌握预备知识：缓冲存货点。

缓冲存货点（Decoupling Points，简称DP点）的表现形式，如图11–4所示。

缓冲存货点1：存货生产并运送到DC（仓库或配送中心）。在收到客户订单时，从存货中提货，运送出去。在这个缓冲点的存货最靠近客户。企业根据需求预测生产货物，补充存货。

缓冲存货点 2：存货生产。与缓冲存货点 1 相似，但是成品集中存放于工厂内，从这里将货物直接运送给客户，不经过分仓库或配送中心。

缓冲存货点 3：按订单组装。缓冲存货点处于这一位置时，存货是以在制品或半成品的形态保存着的，不保存产成品。收到客户的订单时再开始组装产品，然后运送出去。

缓冲存货点 4：按订单生产。只保存原材料和零部件存货。一旦收到客户的订单，就开始进行全部的生产，把产品完整地生产出来，然后运送出去，不保存成品。

缓冲存货点 5：按订单设计。收到订单后，才开始进行产品设计。产品设计要征得客户的同意，然后订购元件和材料。制造一旦完成，就把产品直接运送给客户。这一缓冲存货点通常用在项目中。

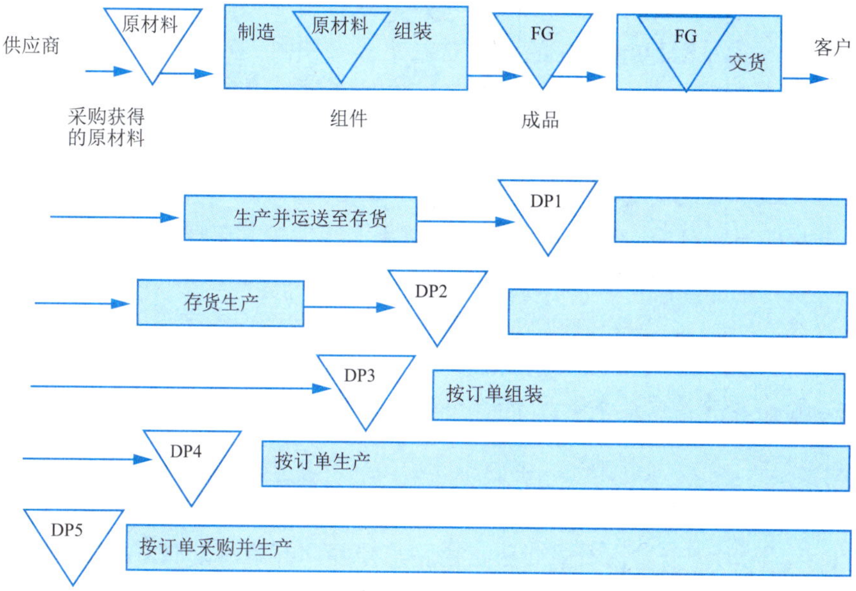

图 11-4　DP 点表现形式

分别针对上述五种 DP 点，又可以简化为存货型生产（DP1、DP2）、订单生产（DP3、DP4）以及定制生产（DP5）。对存货型生产、订单生产和定制生产，分别有 S1（存货型生产货源搜寻），S2（订单生产货源搜寻），S3（定制生产货源搜寻）；M1（存货型生产），M2（订单生产），M3（定制生产）；D1（存货型生产产品配送），D2（订单生产产品配送），D3（定制产品配送）。应当指出，前述每一流程，比如 S1，又有详细的过程要素。但本阶段绘制供应链流程图时，不需要涉及流程内的详细要素。掌握这些流程类别后就可以运用它们描述供应链节点之间的“线条”。每根线条都可以用来描述供应链的结构。通常包括下面步骤：

选择要建立模型的经营实体（地理、产品组合、组织等）；

确定 S（货源搜寻），M（制造），D（配送）发生位置；

由“实线”箭头标明供应链节点到节点的物资流；

应用适当的供应链运营流程（即 S，M，D 等）来标明每一供应链节点的活动；

描述每一供应链“线条”；供应链线条把物资经过的供应源、制造、配送以及供应链流程联系在一起。通过画出不同的供应链线条有助于了解供应链中哪些是共同的执行过程，哪些是独立的执行过程。用虚线表达计划过程，以显示与执行过程的联系；如果信息允许，标注 P1。P1 是通过汇总 P2（货源搜寻计划）、P3（制造计划）以及 P4（配送）而得。ACME 手提电脑事业部供应链线路如图 11-5 所示。

National Bike
的定制系统

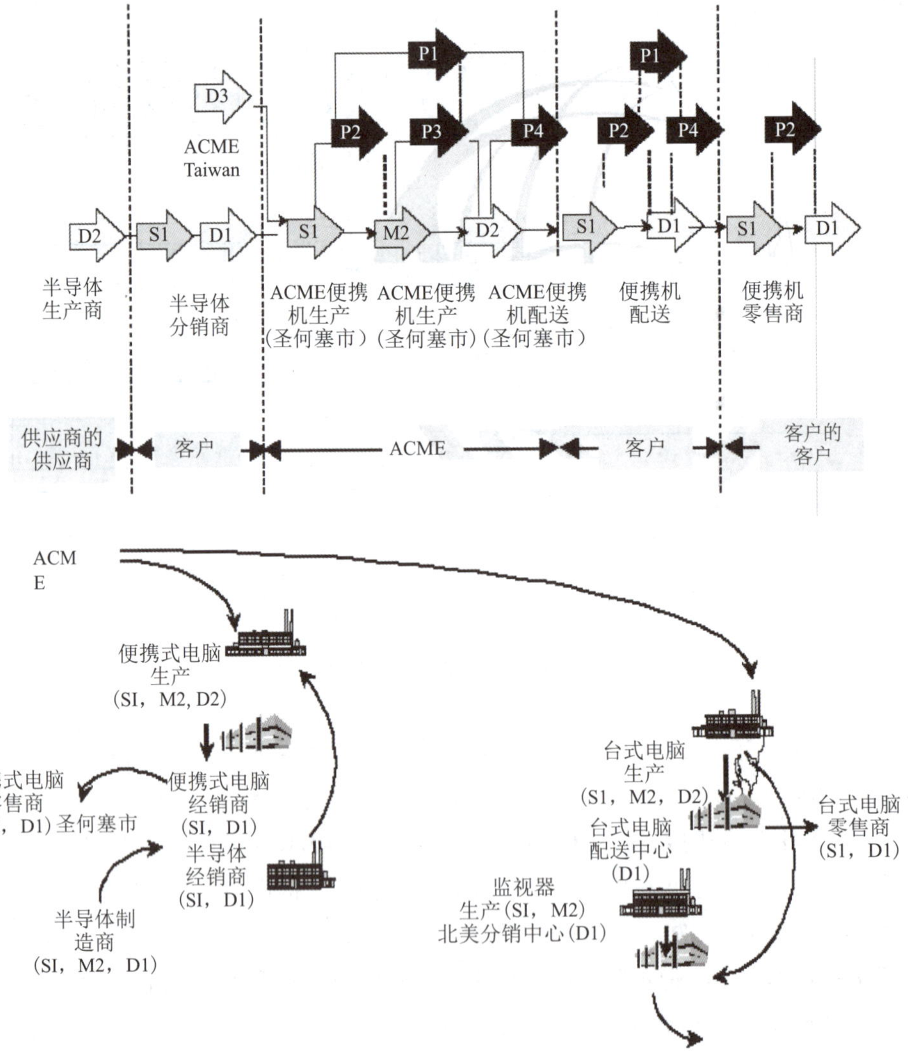

图 11-5　ACME 手提电脑事业部供应链线路

课堂笔记

2. 供应链绩效管理

不能测量，就不能管理。此话虽有些片面，但说明了绩效管理在企业管理中的重要性。随着企业规模和经营复杂性日益增高，企业需要从繁杂的信息中整理出有效的指标来标明企业经营的状态和成效。企业绩效考核已经从单纯注重财务效果的绩效考核体系发展到关注企业协调平衡发展的平衡计分卡考核体系，即对企业评价和考评时，除了关注财务指标，平衡计分卡还包括客户发展、企业内部流程以及企业与员工学习和成长的考核内容作为企业重要的组成部分，物流和供应链部门运作的好坏也影响着企业整体的绩效。

物流绩效管理是通常可以分为两个层次。第一层次是从整体供应链运作上来衡量供应链管理。鉴于 SCOR 模型的影响型和可比性，本书对供应链整体评价采用 SCOR 模型建议的测量框架。根据 SCOR 模型，整体供应链效果可以从配送可靠性 / 质量、反应性 / 灵活性、成本和资产管理效率四个角度考评。供应链考核指标分解如表 11–1 所示。

表 11–1　供应链考核指标分解

供应链管理测量	可靠性 / 质量	灵活性 / 反应速度	成本	资产管理效率
配送绩效				
订单完成绩效				
• 完成率				
• 订单完成前置期				
最佳订单完成绩效	×			
供应链反应时间	×			
生产灵活性				
物流总成本				
增值生产率	×	×		
保修成本		×	×	
现金周转期			×	×
库存周转天数			×	×
资产周转次数				×

供应链绩效管理的第二层次是物流单一功能的绩效衡量。换言之，就是对物流运作中的运输、仓储、采购、客户服务、库存管理等领域进行测量考核。比如运输中的车辆利用率分析，见快速消费品案例 CC 公司、第三方物流企业案例 HB 公司等，仓储管理生产率测量和分析见制造业案例 SFP 公司、仓储管理差异分析见电子产品制造商案例 SM 公司，采购绩效衡量见 WQ 公司项目采购案例，客户服务绩效考核见 CC 公司和医药工业案例 SZ 公司。在企业实际物流运作中，供应链整体绩效考核由于牵涉广和投入资源大，因此不是常备的绩效考核项目。单一物流功能绩效考核由于直接关系到物流日常运营，并且物流管理人员直接能够接触和了解，因而单一物流功能绩效考核是供应链管理经常进行的项目。

课堂笔记

供应链绩效考核的目的是了解供应链管理的优劣，找出差距。这里优劣的评价涉及评价标准的问题。企业评价供应链管理优劣时通常以两种基准进行比较。第一种是企业自身内部可以找到绩效基准的，比如把现状运行的绩效与自身历史成绩比较，再比如企业集团不同业务单元之间的比较；第二种是企业自身往往不能提供比较基准的，比如与竞争对手相比、与国际先进水平相比、与行业平均水平相比。企业进行第二种绩效比较时，企业可以通过行业杂志和专业期刊等搜集基准信息，也可以参加一些供应链管理基准比较组织，比如 SCC 等。企业是否可以展开物流绩效管理与企业是否建立和积累物流管理信息有关。前文所述的信息管理是物流绩效管理的基础。

物流绩效管理首先要回答第一个问题是，它包括什么，也就是衡量什么的问题。这里需要回顾物流管理的目的，物流管理的目的简而言之就是以最低的成本实现物流服务所需要的服务水平。因此无论是衡量整体供应链绩效，还是单一物流功能绩效，都需要牢记成本和服务水平这两个关键点。

供应链绩效管理的实质是标杆管理在供应链中的运用，在找出差距后是分析差距产生的原因，分析哪些原因是可控的，哪些原因是不可控的。接着是根据分析的结果制订改进方案，通过方案的实施提高整个供应链的绩效。而这是进行供应链绩效管理的最终目的。同时这个过程也是一个持续不断的过程，只有这样，供应链的绩效才能得到持续不断的改进。

3. 物流与供应链运作的商业环境分析

物流与供应链管理商业环境分析是供应链现况分析最后一个领域。在进行商业环境分析时，可以分为内部商业环境分析和外部商业环境分析。

内部商业环境分析主要关注企业营销政策。注意企业战略目标主要是关注利润还是市场份额等。通常企业营销政策和企业战略直接影响物流运作，比如物流成本预算、物流资源规划、物流服务水平。

在对供应链管理外部商业环境分析时，波特教授“五力模型”分析工具是一个有效的分析工具，它能反映行业竞争的激烈程度、行业产品生命周期、供应商的谈价能力、客户的谈价能力。这些因素影响企业中物流管理的重要性，通常竞争越激烈，供应链与物流管理作用也越重要。供应商和客户的力量也会影响企业存货缓冲点（DP 点）的位置。外部商业环境分析时，更加要关注与供应链与物流直接相关的因素，比如我国今年限载运输法规、燃油上涨、铁路集装箱运力不足、原料市场价格上涨等。这些因素直接影响企业物流的运作，比如运输方式的选择、物流成本控制等。

二、问题识别与整理

物流问题往往是和前面所讲的物流绩效考核密切联系。物流问题点通常也就是不达标的绩效。

在企业实际物流管理中问题交错盘缠，找出关键问题更是难上加难。本书案例全部都是问题导向型的物流实践，所以找出问题，并且对问题进行整理，是物流案例分析的重点。找出问题这一步骤中需要对问题进行归类和排序整理。

问题归类可以按照战略层次来归类，也可以按照物流功能来分。

本书中相当部分的案例运用绩效评估矩阵和相对绩效矩阵两种分析工具来确定关键问题。

1. 绩效评估矩阵

使用绩效评估矩阵（见图 11-6）时需要对要考核对象的重要性和表现给出分值。在矩阵图中很重要但表现不好的对象就是优先解决的问题。

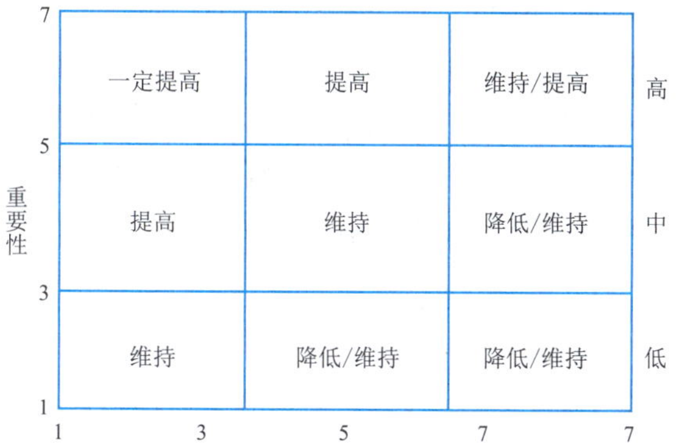

图 11-6　绩效评估矩阵

2. 相对绩效矩阵

在相对绩效矩阵（见图 11-7）中，把需要考核的对象与其竞争对手相比较，矩阵中重要性分值很高但与竞争对手差距最大的考核对象就是优先考虑的问题点。

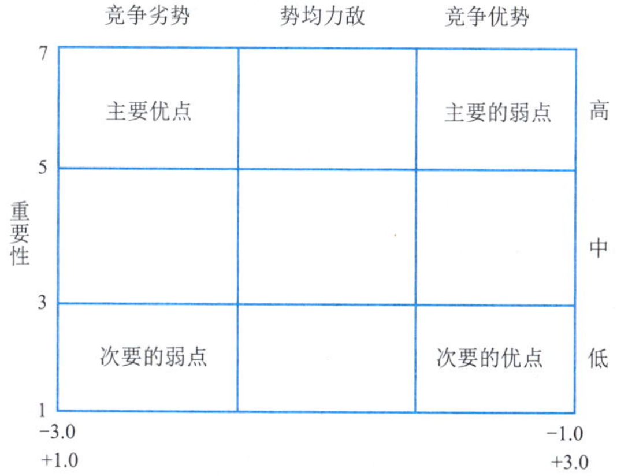

图 11-7　相对绩效矩阵

三、解决方案产生

问题识别和整理后，就进入解决问题对策阶段。

问题对策分析工具通常使用的分析工具为帕雷托分析，也就是通常所说的 80/20 分析法、ABC 分析法。这一分析方法几乎涉及物流管理所有领域，如成本控制、供应商管理、存货控制、仓库运营等。值得提醒的是，该方法并不是公式，而是一种管理理念，它的核心思想是找出关键因素，从而进行重点管理。不同的部门使用 ABC 分析法时，由于工作的重点和出发点不一样，因而在针对同一对象进行 ABC 分析时，分析考虑的因素和目的相差甚远。比如针对存货，库存管理部门主要目的是控制库存资金占用，因此库存部门使用 ABC 分析法，主要是找出资金占用最大的品类，然后针对这部分物资找出降低库存水平的对策。而仓储部门目的是为提高仓库运营的效率，所以运用 ABC 分析法时主要是找出流速最快的品类，然后安排库位等。这一分析工具灵活运用几乎贯穿本书所有案例。

采购领域的供应象限图（见图 11–8）也是供应链改进分析的一个常用工具。但应该说，它是 ABC 分析法采购领域的一种变形。该方法主要是根据采购物资获取的风险性和物资对企业利润贡献来划分采购物资。把供应物仔细分为不同的大类，每一种物资需要配以相应的供应和采购策略。

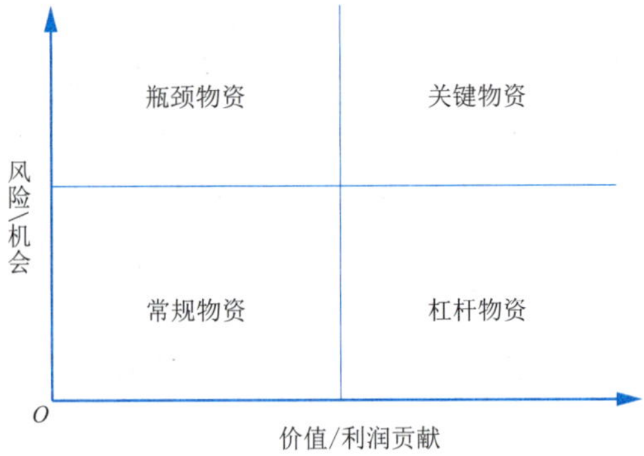

图 11–8　供应象限图

物流管理不善问题往往首先从单项物流功能中表现出来。本书大部分案例都证明这一点。比如书中 SFP 公司仓库生产率达不到运营的要求，家电企业 PS 公司库存问题，在解决这些问题时，运用了分析工具，比如库存管理 ABC 分析和仓库运作 80/20 分析，并且这些分析工具找到了问题点，但是在解决这些问题时，企业除了调整运作实施中不良环节外，还必须从供应链管理机制和机构着眼。这在库存管理的问题上更加明显，很多企业把库存管理效率不佳怪罪于物流部门，甚至仓储部门，其实存货问题往往起源于部门之间甚至供应链参与体之间各自为战，供应链缺乏有效管理机构和机制所造成。在解决物流问题时，除了考虑物流具体运作环节外，还要考虑问题相关的管理机制问题，否则问题解决往往治标不治本。物流问题解决时强调要从三个层次来分析分析问题，即首先从问题表现的各功能部门入手，这阶段采取的是就事论事态度；再下来从公司部门之间的协作来分析和解决问题，即在

课堂笔记

公司内部跨部门的改革，比如本书快速消费品案例 CC 公司解决存货问题时，便在企业内部采购、生产、销售、物流部门之间建立了 D&OP 协调机制；最后是从供应链各参与体协调机制来考虑问题解决途径，比如共享生产信息、VMI（Vendor Managed Inventory 供应商管理库存）等措施。

Sport Obermeyer 供应链优化

四、解决方案评价与选择

问题解决方案提出后，进入到方案可行性分析阶段，也就是方案评价和选择阶段。方案评估除了考虑公司预算、投资回报率等财务相关因素外，还要考虑更广泛的领域，比如员工对方案的支持等。

五、方案实施

这一阶段要考虑方案所需资源、时间进度、方案实施差异如何监控等。

案例分析最后要求学生完成案例报告。案例报告可遵循以下格式：

1. 前言

主要是包括案例包括的主要问题、主要措施和建议方案预期受益。这部分内容强调言简意赅。

2. 现状描述 / 正文

这部分主要是对现况进行描述。如果案例需要进行供应链整体分析时，本章 David Taylor 教授的供应链结构是一个很好的分析框架。学生也可以选择 SCOR 模型来分析物流运作现状。如果案例仅涉及单一物流功能运作，学生可以根据具体案例背景撰写这部分内容。

3. 要点分析

对案例中表现出来的问题进行分析。

4. 结论

5. 确定问题原因

6. 建议并提出改进方案

任务二　采购与供应链案例集

案例一

天地公司是一家有 30 多年历史的国营企业，其主打产品是日用洗涤品，在有国内外许多知名品牌企业参与竞争的市场中，公司得以立足的优势在于产品的价格，

课堂笔记

但这种优势正逐渐消失殆尽。

公司产品的生产过程一般是这样的，每月由公司在各地设的销售分部报下个月的销售计划，生产部的计划员汇总后，排出下个月的生产计划交生产部门执行；采购部按生产计划制订采购计划，向供应商下订单。储运部负责管理原材料和工厂的成品仓库，并且负责把产品送到各地销售分部租赁的当地仓库中，各地销售分部负责当地的销售。

去年年末公司在年终财务结算后发现，尽管公司的销售比前年增长了 10% ，但公司的利润率却下降了。公司的财务数据显示公司物流成本高居不下，每年都有较大的增长。时常发生这样的情况，某个品种某销售分部的仓库断货，而其他一些销售分部的仓库却有大量的同类产品积压，不得不从一个仓库送到另一个仓库。

有两个原因造成生产计划调整，一是因原料断货，二是销售分公司因为断货要求生产部紧急生产，原定生产计划的执行率通常不到 50%。公司有十几辆 5 吨和 8 吨的封箱车专门用于向各地销售分部的仓库运输产品，一般是每周各地销售分部向公司要货，他们直接把要货的品种数量报给储运部，储运部汇总当天的要货计划，第二天安排车辆送货。但各地销售分部时常发过来传真要求储运部当天发货。如果这时车辆都派出去了，储运部的经理就联系外面的车辆来送货，但这种运价一般要高于市场的正常价格。

以上这些现象已经引起天地公司管理高层的注意，他们认为必须对公司进行较大的调整，这种感觉越来越迫切了。

问题：结合案例，写一篇案例分析报告。案例报告应从供应链的角度去分析天地公司存在的问题并提出相应的解决措施，报告字数应不少于 500 字。

案例二

CT 公司是一家地区性生产销售各种饮料的公司，公司设有一个生产厂，在各地设立有分公司。产品生产出来后，运送到分公司的仓库，再根据当地客户的订单把产品送到客房的手中。

近两年，CT 公司发现公司的销量虽然增长了，但公司的利润却下降了。在年末进行全面盘点时发现，许多分公司的成品仓库内存在大量的积压产品，有的已经快过保质期了，而销售部经常因为缺货向供应链部门投诉，CT 公司专门成立了一个小组着手解决此事。

小组对公司的物流、生产、销售等环节进行了调查。在销售预测环节，发现销售预测是由各分公司销售部门制定，然后定期给 CT 公司的销售部门，经过调整后输出给生产计划部门。生产计划部门根据销售部门的销售预测制订生产计划。销售预测的准确率在 60% 左右，销售部门对预测的准确率进行考核，但考核分公司经理却没有这一指标。在询问供应链的部门如何确定生产批量时，计划部门表示一般是一个品种的生产批量都有比较大，以前曾经试行过小批量多品种来安排生产，但遇到生产部门的强烈反对，因为生产线更换品种要停机做许多准备工作，而且生产中原料浪费较大，影响生产部门的产出和生产效率，所以一般安排的批量较大，以减少更换品种的次数。

最后，调查小组在实地考察分公司的仓库中还发现这样的现象，成品仓库中有的同一产品有多个批次，如某仓库的某个产品，最新的批次是上周生产的，而最早的批次到现在已经过期了。

CT 公司的管理层希望调查小组完成调查，给出改进意见和措施。

请根据以上资料，回答问题。

问题：请根据提供的信息，针对 CT 公司的产品库存情况，撰写一份案例分析报告。（提示：分析报告应包括前言、现状分析、问题分析、改进措施和结论）

案例三

P 公司是一家经营休闲类服装的著名时装公司，经过多年的发展，P 公司已经在国内同类服装市场中占有率第一。

P 公司采用 OEM 方式进行产品的生产，即公司只负责产品研发、销售以及售后服务，产品的制造、材料采购等到交由 OEM 供应商负责，销售物流及成品仓储，交由第三方物流公司负责。

由于 P 公司销售的产品款式多、数量大，因此 P 公司认证了大量的 OEM 供应商。这些供应商多分布在珠江三角洲区域，专业为品牌服装公司进行代工。因此 P 公司与其他品牌公司存在着相同的供应商。这种结构如图 11-9 所示。

服装行业中，关键材料的成本占了服装成本的 70% 以上，为了更好地进行成本控制，P 公司认证了材料供应商，要求 OEM 供应商必须从指定的材料供应商处采购材料，其供应价格也由 P 公司和材料供应商商洽决定。而对于服装上使用的辅料，由于品牌、样式繁多，P 公司允许 OEM 供应商自行采购，但是要求 OEM 供应商在报价清单中，必须标明这些辅料的采购成本。

随着市场竞争的日趋激烈，服装业同样面临巨大的成本压力。P 公司最近一年多来，发现在供应商管理方面，多次发生问题，主要表现是：

（1）OEM 供应商数量过多，每家供应商承担一部分订单，但质量差异性大，报价高，且供应商对于小订单不重视。

（2）供应商辅料报价混乱，报价差异性大，虚高成本的现象时有发生，甚至同一辅料供应商对于不同的 OEM 供应商的同一辅料报价相差一倍以上。

（3）P 公司由采购员负责与供应商洽商采购价格，但是采购员却按照负责的产品大类划分，由此导致同一供应商有多个买手去议价，虽然采购总量很大，但是单品价格却比较高。

课堂笔记

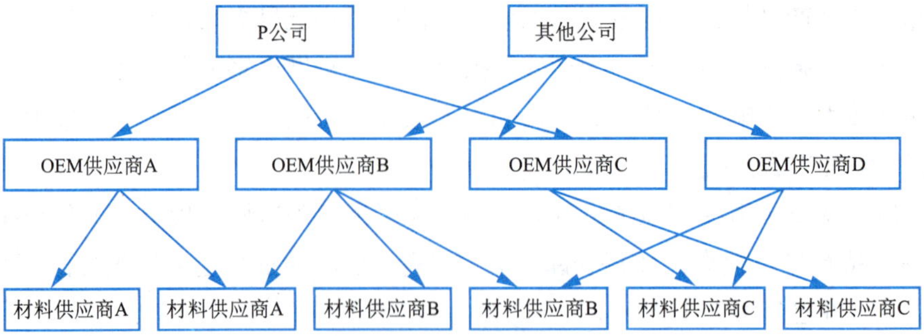

图 11-9　P 公司供应商结构

根据以上案例的资料，请回答问题 1 ～ 4。

问题 1：简述 P 公司采用 OEM 生产方式是基于哪些方面的考虑？

问题 2：请评价 P 公司当前采用的供应商管理策略优点与缺点。

问题 3：如何解决单款产品报价高的问题？

问题 4：如何解决辅料管理中存在的问题？

案例四

某计算机公司是一家大型 IT 产品制造企业，其产品包括台式计算机、笔记本电脑、打印机等产品，产品主要销往中国。该计算机公司在北京和东莞建有两家制造厂，每家有 50 万台 IT 产品的生产能力，两家工厂各配备了 5 000 平方米的材料仓库，根据客户订单的要求，两家工厂之间可以互相调货。该计算机公司的供应商根据产品的不同，其分布也不一样，其核心零部件，包括 CPU、打印机机芯的供应商分布于美国、日本、新加坡等地，辅料以及包装材料供应商主要依赖国内资源。在销售过程中采用代理商销售的方式。

在公司经营过程中，面临的环境是 IT 行业的快速发展，国内外许多 IT 企业加大了在国内的营销力度。根据资料显示，2007 年中国的 IT 市场第一季度总体规模达到 500 多亿元，打印机市场平均价格约下降 25%。

根据以上案例提供的资料，请回答问题 1 ～ 3。

问题 1：利用波特的竞争性理论分析公司的竞争环境。

问题 2：描述该公司的供应链结构，并用图形表示出来。

问题 3：如何通过优化供应链提高该公司竞争力？

案例五

ZZ 公司是一家生产某国际知名品牌饮料的合资企业。该知名品牌的饮料在国内与三家大的企业集团进行合作，ZZ 公司是其中一家集团公司。这三家企业集团划分了全国的市场，ZZ 公司分到其中几个省份。ZZ 公司在这几个省份都投资建设了生产厂（行业内叫装瓶厂），而每一家装瓶厂要负责这个品牌系列产品的生产，并在自己所在的省份的行政区域内组织和管理销售。集团公司总部的职能是协调与管理这几个装瓶厂的运作，并提供必要的支持和帮助。

各装瓶厂只负责所辖地区的销售，在自己的辖区内设立分公司、营业所或配送中心，各装瓶厂需把产品运送到分公司、营业所或配送中心的仓库，根据客户的订单再从仓库把产品送到客户手中。每一家装瓶厂都有从原材料采购到成品配送的一整套体系，体系的运作方式基本相同。

分公司、营业所或配送中心是各装瓶厂的基层销售单位，一般是根据行政区域进行划分。TX 装瓶厂就是其中最有代表性的一家装瓶厂。该厂在 20 世纪 90 年代初成立，发展到至今有 10 个营业所或分公司（SC1-SC10，Sale Center 销售中心，一个 SC 可能就是这个省份的一个地级行政区域）。各分公司、营业所或配送中心租用当地仓库，主要使用分公司自己配置的车辆为客户送货，而从装瓶厂的工厂仓库向各分公司、营业所或配送中心的仓库送货主要使用第三方运输商。很明显，各分仓库都必须保存一定的产品库存为当地的客户提供 24 小时的送货服务，这个服务承诺在整个集团公司是统一的。

这个国际知名品牌的系列产品是软饮料产品，分为碳酸饮料和非碳酸饮料，主打是碳酸饮料，近年来也相继开发了一些非碳酸饮料的品牌。所以公司的产品包括碳酸饮料以及非碳酸的水、果汁和茶饮料。

ZZ 公司各装瓶厂都实行了集中采购，所有生产的原辅材料、进行促销活动的市场用品、办公用品和材料以及生产线的备品备件都是由采购部门负责进行采购。除生产所需几种主要的原材料之外，其他所需物品使用部门只需提供物品的时间限制、规格、数量等的要求，由采购部门向供应商寻价，供应商报价，必要时提供样品，由使用部门审查，确定供应商。采购部门与供应商签订供需合同，并负责催货、到货后验货直到最后付款的全过程。这是采购促销活动的市场用品、办公用品和材料以及生产线的备品备件的一般流程。

采购生产所需的主要原材料如主剂、糖、空瓶、瓶盖、包装材料等，采购程序有所不同。这些材料的采购全部在国内进行，集团公司给出了提供这些原材料的供应商的一个名录，这些供应商必须通过公司总部的质量认证才能被选入名录，而各装瓶厂的采购部门只要从名录中选择供应商，从名录外的供应商处采购是被绝对禁止的。该品牌的产品有自己的一套非常严密的质量认证体系，比 GB 19000 系列质量认证的要求还要严格。以糖的采购为例子：装瓶厂一般从名录选择 2~3 家，至少选择 2 家。

采购部门还需要对供应商进行评估。评估的内容有成本、产品质量、配送是否及时，售后服务的质量、培训援助、IT 系统的情况等，按照供应商在这些方面的表现打分，得到供应商绩效的综合分数，再依据这个分数调整采购的比例。

课堂笔记

例如某装瓶厂，今年厂里按集团公司的安排选了两家糖的供应商，其中一家的采购比例达到了 85%，但就是这家供应商的供货却很不稳定，结果有两次因为糖马上就要用完，而订购的还没有到货，只得向临近的兄弟厂紧急借糖。采购部门统计了所有该供应商的送货数据，如表 11-2 所示。

表 11-2 供应商送货时间统计

送货时间	提前3天	提前2天	提前1天	准时送货	延迟1天	延迟2天	延迟3天	延迟4天及以上
次数	0	3	7	18	9	5	4	2

根据以上案例，回答问题 1 ~ 8。

问题 1：根据案例内容，简要描述 ZZ 公司供应链包括哪些主要环节？

问题 2：根据案例内容，简要描述 ZZ 公司非主要原材料采购流程包括哪些环节？

问题 3：根据案例内容，ZZ 公司哪些物料采购采用集中采购？你认为这一模式可能带来哪些好处？哪些不利的影响？

问题 4：画出采购 / 供应策略象限矩阵。

问题 5：根据案例内容，糖最不可能落在哪一个象限？如果采用分散采购，办公用品最不可能落在那一象限？

问题 6：根据案例内容，以及你所学过的采购知识，回答在选择供应商时应该考虑哪些因素？

问题 7：根据表 11-2 的信息，该供应商及时交付的百分比是多少？

问题 8：根据案例内容，ZZ 公司采用单一供应商策略还是多供应商策略？你认为 ZZ 公司采用如此策略主要出于什么考虑？

案例六

佳华连锁公司 1997 年成立以来，经过几年的努力，已成为在省内区域最大的连锁超市企业。有各种超市业态的大小门店 300 多家，并且有一个大型的配送中心。虽然公司发展势头强劲，但目前存在的一些问题已经开始显露出来。

首先是缺货或胀库的问题，如今年某月份有 200 多个商品断货达一个月以上，有的甚至断货达数月，这就严重影响门店的销售。但同时还有许多商品经常出现积压，形成胀库。如表 11-3 所示是某个月任选的 8 种商品的库存数据和销量情况，它是公司库存情况的一个缩影。

公司采购商品是根据预测来订购。采购部门根据过去历史销售数据，并对当前市场情况进行推测的基础上，预测出所需商品的品种与数量，然后与供应商进行商品的谈判与采购。但采购部门对不同地区和不同门店的需求并不能总是很好地把握。

课堂笔记

特别是新的商品引进方面，为满足不同地区、不同消费者的各种需求，公司需要引进大量的商品。但商品总量的增加并不代表销售数量的增加。如去年公司引入的新品成活率只有 30% 多，近 70% 被淘汰。

再有是在与供应商的合作上，公司的员工报怨供应商没有给予足够的支持，比如多次发生的送货延迟、送货的品种数量与订单不符等。而采购部门为了防止缺货总是加大订货量，销售不出去的那部分可以退回供应商。退回的商品经常是凌乱不堪，还有包装破损，供应商的意见很大。配送中心也需要投入大量的精力来处理这些商品，给配送中心的运营造成不小的影响。而门店对配送中心也有意见，认为配送中心经常断货，送货不及时，有破损。

此外公司的门店虽都有 POS 系统，但与公司的衔接不好，公司不能及时得到门店的销售信息。而配送中心的库存数据通过电子表格的方式报给采购部门，门店看不到这个数据，并且数据的准确性总难以令人信服。

佳华公司的高层管理者已经认识到必需要采取一些行动，否则公司的成长与壮大就是一纸空谈。

问题 1：请根据表 11–3 所示数据计算每种商品的库存天数和总的商品库存天数填入表 11–4。(仅以表中给出的 8 种商品为代表，当月天数为 30 天。计算结果保留一位小数)

表 11–3　库存数据和销量情况

库存商品名称	库存商品代码	单位	本月期初库存数量	本月期末库存数量	本月销售数据
A	100023	件	584	606	714
B	110176	箱	1 236	964	3 300
C	230240	箱	2 543	1 669	2 527
D	420031	件	34	44	23
E	120089	个	173	59	290
F	450192	箱	790	578	821
G	520157	件	77	195	122
H	340145	件	4 562	3 826	6 291

表 11–4　数据汇总表

库存商品名称	库存商品代码	单位	本月期初库存数量	本月期末库存数量	本月销售数据	平均库存	当月库存周转次数	库存天数
A	100023	件	584	606	714			
B	110176	箱	1 236	964	3 300			

课堂笔记

续表

库存商品名称	库存商品代码	单位	本月期初库存数量	本月期末库存数量	本月销售数据	平均库存	当月库存周转次数	库存天数
C	230240	箱	2 543	1 669	2 527			
D	420031	件	34	44	23			
E	120089	个	173	59	290			
F	450192	箱	790	578	821			
G	520157	件	77	195	122			
H	340145	件	4 562	3 826	6 291			
合计								

问题 2：写一份案例分析报告，报告应包括对佳华公司目前存在问题的分析以及你所认为合适的解决策略，字数不得少于 500 字。

案例七

天地公司是一家有 30 多年历史的国营企业，其主打产品是日用洗涤品，在有国内外许多知名品牌企业参与竞争的市场中，公司得以立足的优势在于产品的价格，但这种优势正逐渐消失殆尽。

公司产品的生产过程一般是这样的，每月由公司在各地设的销售分部报下个月的销售计划，生产部的计划员汇总后，排出下个月的生产计划交生产部门执行；采购部按生产计划制订采购计划，向供应商下订单。生产所需的原料主要有 8 种（原料库存和货值数据见表 11–5）。储运部负责管理原材料和工厂的成品仓库，并且负责把产品送到各地销售分部租赁的当地仓库中，各地销售分部负责当地的销售。

去年末公司在年终财务结算后发现，尽管公司的销售比前年增长了 10%，但公司的利润率却下降了。公司的财务数据显示公司物流成本高居不下，每年都有较大的增长。时常发生这样的情况，某个品种某销售分部的仓库断货，而其他一些销售分部的仓库却有大量的同类产品积压，不得不从一个仓库送到另一个仓库。

有两个原因造成生产计划调整，一是因原料断货，二是销售分公司因为断货要求生产部紧急生产，原定生产计划的执行率通常不到 50%。公司有十几辆 5 吨和 8 吨的封箱车专门用于向各地销售分部的仓库运输产品，一般是每周各地销售分部向公司要货，他们直接把要货的品种数量报给储运部，储运部汇总当天的要货计划，第二天安排车辆送货。但各地销售分部时常发过来传真要求储运部当天发货。如果这时车辆都派出去了，储运部的经理就联系外面的车辆来送货，但这种运价一般要高于市场的正常价格。

以上这些现象已经引起天地公司的管理高层的注意，他们认为必须对公司进行较大的调整，这种感觉越来越迫切了。

表 11-5　天地公司原料库存与价值

原料名称	库存数量	商品单位货值
001	6 000	4.8
002	120 000	1.1
003	1 000	6.2
004	800	10
005	150	450
006	95	300
007	10 000	0.5
008	9 000	1.2

根据以上案例，回答问题 1 ～ 2。

问题 1：对原材料库存进行 ABC 分类，计算过程参考表 11-6，并说明分类结果。

问题 2：结合案例，写一篇案例分析报告。案例报告应从供应链的角度去分析天地公司存在的问题并提出相应的解决措施，报告文学应不少于 500 字。

表 11-6　数据统计表

原料名称	库存数量	单位货值	原料库存货值	占总库存的百分比	原料库存货值累计	百分比累计
002	120 000	1.1	132 000	46%	132 000	46%
005	150	450	67 500	24%	199 500	70%
001	6 000	4.8	28 800	10%	228 300	80%
006	95	300	28 500	10%	256 800	90%
008	9 000	1.2	10 800	4%	267 600	93%
004	800	10	8 000	3%	275 600	96%
003	1 000	6.2	6 200	2%	281 800	98%
007	10 000	0.5	5 000	2%	286 800	100.0%
合计			286 800	100%		

案例八

联合公司是一家全球性的连锁零售企业，在北京地区开出一百多家便利超市。

课堂笔记

最近一段时间，各个超市对货品供应和物流服务投诉较多，联合公司选定了 8 个项目（货品价格、货品质量、品项完整率、配送正确率、预定送货日期、订单完整性、缺货通知、紧急送货），对 5 个有代表性的超市进行了调研，让超市对每个项目的重要性作出评价，评价结果如表 11–7 所示。

表 11–7　超市对各项目的重要性评价

超市＼项目代码	货品价格	货品质量	品项完整率	配送正确率	预定送货日期	订单完整性	缺货通知	紧急送货
CS1	6	6	7	6	5	5	6	5
CS2	7	5	6	5	4	4	7	5
CS3	7	4	5	6	6	5	6	7
CS4	6	7	6	4	5	6	5	4
CS5	5	6	6	6	7	4	5	6

同时，联合公司让超市对这些项目公司服务表现良好性进行了评价，评价结果如表 11–8 所示。

表 11–8　超市对各项目的服务表现良好性的评价

超市＼项目代码	货品价格	货品质量	品项完整率	配送正确率	预定送货日期	订单完整性	缺货通知	紧急送货
CS1	3	4	5	6	5	3	6	2
CS2	3	5	6	5	4	4	7	3
CS3	4	5	5	6	5	5	6	3
CS4	3	6	4	6	4	4	7	3
CS5	4	6	4	6	4	4	6	2

根据以上案例，回答问题 1 ～ 2。

问题 1：请你根据案例中给出的评价数据，计算每个项目的平均值，填入表 11–9 中，然后画出绩效评估矩阵，并把调研项目的序号填入所画出的绩效评估矩阵中。

表 11–9　计算表

项目序号	项目	表现良好	重要性
①	货品价格		
②	货品质量		
③	品项完整率		
④	配送正确率		
⑤	预定送货日期		

课堂笔记

续表

项目序号	项目	表现良好	重要性
⑥	订单完整性		
⑦	缺货通知		
⑧	紧急送货		

问题 2：根据矩阵分析结果，说明公司对哪些项目的服务一定要提高？对哪些项目的服务要提高？对哪些项目的服务要维持 / 提高？对哪些项目的服务要维持？

案例九

G 公司是专业生产硬盘视频播放机的企业，其产品根据内置硬盘容量的大小，分别有 120G，160G，250G 几种规格。这些产品除硬盘容量不同以外，其他结构完全相同。

G 公司制造模式是按照营销部门提出的销售预测，编制主生产计划，然后运行 MRP，分解出物料需求计划，进行物料采购。生产出成品后，放在仓库中，接到客户订单后直接发货。

G 公司生产线每天的产能很大，基本可以满足每天订单的需求量。其主要材料硬盘的供应商库存也比较大，在 G 公司下达采购硬盘订单后，2 小时内可以到货。而其他部件，虽然交货周期长，但其价值相对较低，且各个型号通用。

因此，从下达硬盘采购订单到生产为成品，一般在一天以内，而 G 公司的客户对交货期的要求是下达订单的 2 日内发货即可。

根据以上案例提供的资料，请回答问题 1 ~ 3。

问题 1：请分析 G 公司的产品可能发生断货或者库存积压现象的原因是什么？

问题 2：G 公司目前的存货缓冲点在哪？如果通过改变供应链上存货缓冲点的方法来改善库存问题，你建议可以把缓冲点移到哪一点？这两点之间的区划在哪里？

问题 3：G 公司准备按照你的建议，改变存货缓冲点，此时，G 公司的销售、计划、生产、采购、物流部门应该做出哪些改变来保证新的生产方式顺利进行？

案例十

R 公司是一家中等规模的高科技产品公司，其主要产品为台式计算机、打印机等 IT 产品。2009 年 10 月，R 公司新研发了 L1000 型彩色激光打印机（以下简称 L1000 型打印机），与市场同类产品相比，其技术方案先进，性价比高，因此销售部门对这款产品寄予厚望。

课堂笔记

打印机的核心主要分两部分：机芯和打印机控制器。R 公司的打印机机芯由国外的供应商供应，而 R 公司则集中精力完成打印机控制器的研发和打印机的组装制造。表 11-10 为组成 L1000 型打印机的主要物料清单及物料采购成本。

表 11-10 L1000 型打印机的主要物料清单及物料采购成本

序号	物料编码	物料名称	单位	数量	采购成（元）
1	A-100	L1000 型打印机机芯	台	1	2 000.00
2	A-101	L1000 型打印机控制器	块	1	500.00
3	E-100	L1000 型打印机包装箱及楦体	套	1	100.00
4	E-101	L1000 型打印机书	本	1	2.00
5	E-102	L1000 型打印机保修卡	本	1	2.00

由于采购途径的不同，L1000 型打印机的采购提前期也不尽相同，其各个物料采购前置期如表 11-11 所示：

表 11-11 L1000 型打印机物料采购前置期

序号	物料编码	物料名称	供应商地点	提前期（周）	最小订货批量
1	A-100	L1000 型打印机机芯	日本 大阪	8	200
2	A-101	L1000 型打印机控制器	中国 广东	4	400
3	E-100	L1000 型打印机包装箱及楦体	中国 广东	2	100
4	E-101	L1000 型打印机书	中国 北京	2	500
5	E-102	L1000 型打印机保修卡	中国 北京	2	500

R 公司生产计划部门根据营销部门的销售预测，每月 1 日向各个供应商下达一次采购订单。新产品预计 2010 年 1 月正式投放市场。2009 年月 10 月初，生产部门收到了营销部门的销售预测，具体数量见表 11-12。

表 11-12 L1000 型打印机销售预测

型号	2010-1	2010-2	2010-3	季度合计
L1000 型打印机	300	400	500	1 200

根据以上案例提供资料，请回答问题 1~3

问题 1：根据产品特性，你推荐 R 公司生产计划部门应该如何订货，为什么？

问题 2：根据你选择的订货的方法，为了保证 2010 年 1 月产品如期上市，请为 R 公司制订一个 2009 年 11、12 月的采购计划。

问题 3：假设制造所需的前置期忽略不计，请计算 L1000 型打印机提前置期为多少周？

案例十一

拥有多年大型电子行业供应链管理经验的李强，新近受聘于一家新兴的电子产品公司，任职供应链管理总监。公司希望通过李强的加盟，可以解决一段时间以来公司存在持有大量库存而又时常断货的问题。公司背景如下：

彩虹电子有限公司是我国一家以生产家用音像电子产品为主的公司。其产品主要为家用视听产品，包括各种新型数字平板电视机、高保真音响设备。由于公司以专业化专注于家用视听产品的研发和销售，因此，成立 3 年来，业绩增长十分迅速，产品销量已跃升到年销量 160 万台，公司的中高端产品 42 英寸液晶平板电视机在国内的市场占有率已经跃居第二，公司前景十分美好。

彩虹公司的组织结构较为精炼。在公司总经理的领导下，按照职能分为几个大的系统。包括销售系统、供应链系统、研发系统、后勤职能系统。在业务管理上，采用了先进的矩阵方式管理，公司整体运行十分通畅。

公司销售系统由中央市场推广部以及四个区域销售公司负责在全国的产品销售。公司采用分销模式，即在全国各个省份指定一家经销商，负责公司产品在该地区的销售。公司的销售经理负责协助这些第三方分销公司完成产品进货、产品培训、销售支持、价格管理等工作。

公司供应链系统由综合计划部、采购部、制造厂、物流公司等组成。负责从客户订单确认到交货，生产计划与物料采购等所有与供应制造有关的全部工作。

李强首先对公司的供应链结构进行初步的了解，公司在惠州有一个研发、制造和物流基地，负责从产品研发、生产到物流配送的全部工作。公司建立有完整的 ERP 企业资源管理系统，完成公司的物料计划、库存和生产管理、销售订单处理等一系列工作。

公司供应链系统目前存在的主要问题是，一方面一些型号的产品存在大量库存，占用公司大量的流动资金；另一方面，一些畅销的型号又频频发生缺货，导致大量商机的丧失，这从公司的库存和销售报表（见表 11-13：彩虹公司“超净系列”平板液晶电视产销分析表）中可以窥见一斑。

表 11-13　彩虹公司“超净系列”平板液晶电视产销分析报表

产品型号	数据项目	2006 年 1 月	2006 年 2 月	2006 年 3 月	2006 年 4 月
26 英寸	期初库存数	2 000	1 500	2 200	1 600
	新到货数	1 500	2 000	800	1 900
26 英寸	销售数量	2 000	1 300	1 400	1 200

课堂笔记

续表

产品型号	数据项目	2006 年 1 月	2006 年 2 月	2006 年 3 月	2006 年 4 月
42 英寸	期初库存数	120	20	120	0
	新到货数	1 800	1 500	1 980	2 650
	销售数量	1 900	1 400	2 100	2 600

从报表中，李强发现“超净系列”平板电视中，26 英寸规格的产品，销量相对平稳，且呈略微下降的趋势，而 42 英寸规格的电视机，销售量在持续上升，超过了 26 英寸电视机。同时，计划部的同事反映 42 英寸的电视机畅销，但是库存过低，有断货风险，而 26 英寸电视机则一直有很高的库存。当李强追问看到大屏幕产品的销售在上升，为什么不加大这类产品的供应量的时候，计划人员说：“我们是按销售预测制订计划的，由销售公司来的销售预测，十分不规律，偏差非常大。并且，由于液晶电视机的显示屏采购提前期非常长，达到 2 个月，供应商每月只在月初和月中接受 2 次订单，因此，需要提前 2 个月下达采购订单。”

李强还了解到，销售公司每月仅在月初提供一次当月的销售预测，所以，计划员只能根据去年的同类产品的销量推算 60 天以后的销售量。但是由于市场变化非常快，这些推算的数据往往与实际情况偏差比较大。

李强带着销售预测汇总表（见表 11–14 彩虹公司“超净系列”平板液晶电视销售预测汇总表），找到负责营销的销售总监洪先生，了解销售预测的情况。

表 11–14　彩虹公司“超净系列”平板液晶电视销售预测汇总表

产品型号	数据项目	2006 年 1 月	2006 年 2 月	2006 年 3 月	2006 年 4 月
26 英寸	订单数量	2 000	1 300	1 400	1 200
	预测数量	3 000	3 000	2 500	3 000
42 英寸	订单数量	2 400	2 100	2 300	2 750
	预测数量	1 800	1 300	2 000	2 500

在与洪先生沟通后，李强发现目前销售系统对于销售预测很不重视，认为供货是供应链部门的事情，自己只要把公司的产品卖出去，完成销售任务就可以了。现在的销售预测数据，是在供应链部门的大力要求下，才由销售系统的部门文员打电话询问各地区的负责人，索要各区域的销售预测，然后把上报的数据汇总以后提供给综合计划处的。经过进一步了解，李强还了解到销售公司的负责人，由于工作也很忙，没有时间搜集各省份销售经理的销售预测数据，同时，也没有要求各省份销售经理上报销售预测，因此，一般都是凭经验和感觉说一个数量报给部门文员。有

时，销售公司的负责人怕产品供货不足，也故意多报预测数量。

当李强问综合计划部的计划员如何评价预测准确性的时候，计划员告诉李强，现在采用的是统计预测数量与所接收订货数量，来计算出预测偏差率，然后将结果反馈给销售部门，希望反馈的数据可以让销售部门改进预测准确性。但是反馈的结果往往不被销售部门重视。

了解到这些情况以后，李强对公司供应链存在问题如何解决有了自己的打算。根据上述案例，请回答问题 1 ~ 4。

问题 1：请根据案例提供的内容，计算 26 英寸和 42 英寸产品在 2006 年 1、2、3、4 四个月的预测偏差率，并填入表 11-15（精确到小数点后 1 位）。

表 11-15　预测偏差率

产品型号	数据项目	2006 年 1 月	2006 年 2 月	2006 年 3 月	2006 年 4 月
26 英寸	订单数量	2 000	1 300	1 400	1 200
	预测数量	3 000	3 000	2 500	3 000
	预测偏差率				
42 英寸	订单数量	2 400	2 100	2 300	2 750
	预测数量	1 900	1 400	2 100	2 600
	预测偏差率				

问题 2：彩虹公司综合计划部用产品的库存周转天数来评价当前库存管理的绩效，对于库存周转天数的计算，公司有如下规定：

库存数据：采用每月的月初和月末库存数据计算；

时间周期：一律采用 30 天作为库存周转的时间周期。

请根据上述规定，计算彩虹公司 26 和 42 英寸电视机 2006 年 1、2、3 月份的库存周转天数，并填入表 11-16 内相应空格内（精确到整数即可）。

表 11-16　计算汇总表

产品型号	数据项目	2006 年 1 月	2006 年 2 月	2006 年 3 月	2006 年 4 月
26 英寸	期初库存数	2 000	1 500	2 200	1 600
	销售数量	2 000	1 300	1 400	1 200
	存货周转天数				
42 英寸	期初库存数	120	20	120	0
	销售数量	1 900	1 400	2 100	2 600
	存货周转天数				

课堂笔记

问题 3：请根据上述计算结果，分析当前彩虹公司 26 英寸产品和 42 英寸产品库存存在的问题，并说明这些问题产生的主要原因是什么？

问题 4：根据问题 3 分析的原因，您建议李强应该采取什么措施来改进当前库存存在的问题？

◇项目小结

案例教学是一种通过模拟或者重现现实生活中的一些场景，让学生把自己纳入案例场景，通过讨论或者研讨来进行学习的一种教学方法。教学中既可以通过分析、比较，研究各种各样的成功的和失败的管理经验，从中抽象出某些一般性的管理结论或管理原理，也可以让学生通过自己的思考或者他人的思考来拓宽自己的视野，从而丰富自己的知识。

案例教学在课程组织教学的过程中的应用体现了以下三个特点：

（1）强调学生学习的主动性和积极性，努力激发学生的学习兴趣，吸引他们参与到这一过程中，对抽象的理论知识能有更直观、透彻的理解。

（2）重视学生分析问题、解决问题能力的培养，让学生了解分析问题的思路，要解决什么问题，如何解决，应用什么理论和方法，需要什么数据，怎样解读计算结果，并根据分析结果，提出针对性的对策和措施，训练学生综合运用所学知识去解决实际问题的能力。

（3）注重教师在教学中的“导演”作用，使教师和学生之间不只是简单的知识“单向”传递，而是师生之间思想、心得、智慧的“双向”交流，教师和学生都能承担更多的教与学的责任。

采购与供应链管理是一门理论性非常强的课程，如何让高职学生达到理论与实践的融合是要思考的问题。本项目通过案例教学法培养学生了解、把握采购与供应链管理的全貌，学会运用所学的专业知识，在一特定环境中，分析某一经济活动，既有采购的技能，又有综合分析问题的能力，从而为解决以后在实际工作中遇到的采购问题打下良好的基础。

本项目选择一些来源于大公司中有代表性的一些案例，有针对性的设计了一些问题。在教师的引导下，以小组为单位，运用所学知识来表达对实际问题的看法，激发同学们的创新和实践能力，锻炼表达和辩论能力，深化所学，为将来论文的撰写与实际工作中问题的处理打下基础。

◇项目评价表

实训完成情况（40 分）	得分：
计分标准： 出色完成 30~40 分；较好完成 20~30 分；基本完成 10~20 分；未完成 0~10 分	
学生自评（20 分）	得分：

课堂笔记

续表

<table>
<tr><td colspan="5">计分标准：得分 =2×A 的个数 +1×B 的个数 +0×C 的个数</td></tr>
<tr><td>专业能力</td><td>评价指标</td><td>自测结果</td><td colspan="2">要求
（A 掌握；B 基本掌握；C 未掌握）</td></tr>
<tr><td>案例分析步骤</td><td>1. 案例分析五部曲
2. 分析问题方法
3. 改进方案</td><td>A □ B □ C □
A □ B □ C □
A □ B □ C □</td><td colspan="2">掌握采购与供应链案例分析的基本步骤并会撰写物流案例分析报告</td></tr>
<tr><td>解决问题方法</td><td>1. SWOT 分析，五力模型
2. ABC 分析与绩效分析</td><td>A □ B □ C □
A □ B □ C □</td><td colspan="2">灵活运用所学采购与供应管理分析方法</td></tr>
<tr><td>案例分析</td><td>1. 完成案例分析
2. 完成案例分析报告</td><td>A □ B □ C □
A □ B □ C □</td><td colspan="2">完成案例分析报告和案例分析</td></tr>
<tr><td>职业道德思想意识</td><td>1. 爱岗敬业、认真严谨
2. 遵纪守法、遵守职业道德
3. 顾全大局、团结合作</td><td>A □ B □ C □
A □ B □ C □
A □ B □ C □</td><td colspan="2">专业素质、思想意识得以提升，德才兼备</td></tr>
<tr><td>小组评价（20 分）</td><td></td><td></td><td>得分：</td><td></td></tr>
<tr><td colspan="5">计分标准：得分 =10×A 的个数 +5×B 的个数 +3×C 的个数</td></tr>
<tr><td>团队合作</td><td>A　B　C</td><td>沟通能力</td><td colspan="2">A　B　C</td></tr>
<tr><td>教师评价（20 分）</td><td></td><td></td><td>得分：</td><td></td></tr>
<tr><td>教师评语</td><td colspan="4"></td></tr>
<tr><td>总成绩</td><td></td><td>教师签字</td><td colspan="2"></td></tr>
</table>

课堂笔记

参考文献

[1] 梁世翔 . 采购管理（第四版）[M]. 北京：高等教育出版社，2023.

[2] 全国人民代表大会常务委员会：中华人民共和国政府采购法，2014.

[3] 张彤，马洁 . 采购与供应管理 [M]. 北京：清华大学出版社，2020.

[4] 马士华，林勇 . 供应链管理（第五版）[M]. 北京：机械工业出版社，2016.

[5] 刘刚桥，师建华 . 采购管理实务 [M]. 北京：清华大学出版社，2019.

[6] 邓莉 . 采购管理 [M]. 重庆：重庆大学出版社，2013.

[7] 韩媛媛，孙颖荪 . 供应链管理（第二版）[M]. 西安：西安电子科技大学出版社，2016.

[8] 万志坚，王爱晶 . 供应链管理（第三版）[M]. 北京：高等教育出版社，2014.

[9] 刁柏青，等 . 物流与供应链系统规划与设计 [M]. 北京：清华大学出版社，2013.

[10] 王焰 . 一体化的供应链战略、设计与管理 [M]. 北京：中国物资出版社，2012.

[11] 吴晓波，耿帅 . 供应链与物流管理 [M]. 杭州：浙江大学出版社，2013.